纪念中国经济特区成立 **30** 周年丛书

纪念中国经济特区成立30周年丛书

深圳电子信息产业的改革与创新

魏达志　编著

商务印书馆

2010年 · 北京

图书在版编目(CIP)数据

深圳电子信息产业的改革与创新/魏达志编著.—北京:
商务印书馆,2010
(纪念中国经济特区成立30周年丛书)
ISBN 978-7-100-07216-8

I.深… II.魏… III.①电子工业—经济发展—
研究—深圳市 ②信息工业—经济发展—研究—深圳市
IV.① F426.63 ② F49

中国版本图书馆CIP数据核字(2010)第108072号

深圳电子信息产业的改革与创新

魏达志 编著

商 务 印 书 馆 出 版
(北京王府井大街36号   邮政编码 100710)
商 务 印 书 馆 发 行
三河市尚艺印装有限公司印刷
ISBN 978-7-100-07216-8

2010年8月第1版   开本 787×1092 1/16
2010年8月北京第1次印刷   印张 22 3/4
定价:40.00元

"纪念中国经济特区成立30周年丛书"编委会

总序

2008 年是中国改革开放 30 周年,2010 年是中国经济特区创办 30 周年。相隔有岁,但特区之建立与改革开放之推行有如孪生弟兄,相继着力,共推中国走向现代文明。若言中国新一轮现代化自改革开放始,其坚实之第一步,则从建立经济特区起。1980年,党中央、国务院以非凡勇气建立经济特区,30 年过去,如今各级各类经济开发区已遍地开花,与当年的先行者——经济特区一道,映射中国经济发展之跫然足音。其中,尤以深圳经济特区最具代表性。特区的价值难以尽数,最重要莫过于其试验性。"摸着石头过河",社会之变革无法在电脑上模拟,任何不慎都可能导致不菲的代价。特区之试验性,上至决策者的政令,下至创业者们义无反顾地"南下",热血满腔,而前途难知。所幸家国有幸,大事得成。今日,经济特区的建设已是成绩斐然,堪称伟业。凡此种种,无须赘言。

先贤语:"三十而立。"30 年中,特区在争议声里昂然前行,以速度迅捷与财富累积彰显优势。30 年之后,昔日之茁壮少年已成长为成熟稳重的青年,提高城市现代化水平、注重社会综合协调发展成为摆在特区建设者面前新的课题。年岁的增加给了我们盘点的机会,角色的转换更需我们多加理性审视。回顾 30 年来之成就与缺陷,斟酌当下纠结之矛盾与困境,对于特区而言,此种反思与审视,大有裨益。30 年历程,固非一帆风顺,个中甘苦,非回顾,无以显其曲折与别致,面对当今,则无从知晓成就与困顿之所由来。"疏通知远,书教也",贯通 30 年历史,恰可观其中之丰赡与缺漏,正可作今天与明日之风帆。而此举,于深圳大学,更是当仁不让之责任。

深圳大学作为深圳经济特区目前唯一一所综合性大学,本身即改革开放之产物。建校虽略晚于特区,但深圳大学自创立始,即秉承"脚踏实地、自强不息"之精神,与特区之发展同声气，为特区之进步尽心力。大学诸君虽身处"滚滚天下财富，岁岁人心浮动"之境地，但能力戒浮躁、潜心向学，自觉加强学养、恪守学范，以做真学问为研究之精义，以追求独立思想为著述之信仰，以回馈社会、造福人民为修学之旨归。历时二十七载，孜孜不倦，本套丛书即为研究成果之一束。

丛书以"纪念中国经济特区成立30周年"为统摄，既宏观中国，又微观深圳，以特区经济研究为主，兼及政治、文学、文化、传媒等社会发展诸方面的论述。各位著者均为学林翘楚，术有专攻，又多在深圳特区工作、生活有年，耳闻目睹鹏城扶摇之历程，切身感知特区变革之硕果，可谓学界中有实力亦最恰当之发言者。丛书之编纂，既为展示深圳大学特区研究这一特色学科之部分成果，更乃致贺深圳特区而立嘉年之薄仪寸礼。丛书本欲涵盖特区教育、法律、艺术等诸方面，但因另有他述，或限于条件，未能周全，亦存憾意。

雄关漫道，迈步从头。特区发展30年为一节，30年之后亦为一始。年初汪洋书记曾三问深圳：而立之年，立起了什么？迎接30年，深圳要做什么？未来30年，深圳要干什么？诚然，30年之中，成绩彪炳，但年岁日增，积年必有陈陋。如何总结过往，破旧立新，谋大格局，成大事业，领航未来，任重道远。

期冀本套丛书能引起关注、批评，并为特区之继续发展略尽薄力。

是为序。

章必功

2010 年 5 月

目录 Contents

国家创新型城市的内涵与能力构建
——强化国家创新型城市与自主创新领先区的十大能力

魏达志

深圳作为国家创新型城市，正以全面创新的方式拉开了自主创新领先区的建设序幕，应该注重创新能力的培育，并考虑全面提升城市的创新能力；借鉴国际先进经验，充分运用后发优势，高标准、高起点、大视野、严要求，紧密结合实际，继续保持深圳企业技术创新的强势地位，同时根据深圳知识创新体系薄弱、高等院校和研究院所尚未能形成研究集群的情况，应当加以强化，并根据城市创新体系和完善市场经济体系的需要，在不断强化薄弱环节的同时，不断培育如下十大创新能力。

一、人力资源配置能力——自主创新的重要前提

人力资源配置能力是城市创新能力的重要组成部分，包括城市创新体系中的各类人力资源的配置。科技人力资源是人力资源中的重要组成部分，包括专业技术人员、科技研发人员及其规模、构成、发展趋势和科技人力资源的培养状况。科技人力资源是现代科学技术的支撑载体，也是城市技术创新的不竭动力。创新能力是一个国家综合竞争力的基本保证，而创新能力的基础依托就是科技人力资源。城市创新体系中的研究型大学、研究机构、高技术创新企业等知识、技术型生产组织就是科技创新人才的集聚基地、培养基地和发展基地。

在知识经济时代，高新技术产业的崛起，推动了经济领域一场空前的革命，知识在这场革命中成为经济的直接驱动力。因此科技人力资源和科技人力资源管理也就成为为经济发展提供直接动力的关键因素，科技人力资源亦成为城市创新的主体性资

源、能动性资源、资本性资源、高增值性资源和再生性资源。

二、科技经费投入能力——自主创新的基本条件

发展高新技术需要高投入，这是因为当今高新技术是知识、人才、资金等密集程度很高的新兴科学技术群体。高新技术研究往往需要大量财力资源的投入，这是由高新技术及其产业知识密集型和人才密集型特点所决定的。科技财力资源包括科技活动的经费投入及其来源结构、规模，必须指出科技经费中的 R&D 经费及其占国内生产总值（GDP）的比重，是评价国家科技竞争力的主要指标。

科技经费投入是自主创新系统构建的基本条件，包括 R&D 资金投入规模与来源，如 R&D 经费投入占国内生产总值的比重、城市 R&D 经费投入总额与年递增率、产业界、政府、国外与风险投资资金占 R&D 资金投入比例、软科学战略研究资金投入总额等等；包括企业研发投入能力，如 R&D 经费投入总额与年递增率、R&D 投入占销售额的比例与年递增率、企业研发机构占社会研发机构总数的比例、科技企业孵化器数量与投入总额，等等；还包括高校科技投入能力，如高等院校实验室的数量、国家、省、部级重点实验室数量、高等院校科研经费总额、大学 R&D 经费占城市 R&D 经费的比例、高等院校图书馆数与图书藏书总量、高等院校每百人拥有公共图书馆藏书量等等。

三、研发成果转化能力——自主创新的制度安排

一场新的科技革命悄然兴起，对世界经济的发展产生了深刻而广泛的影响。这不仅表现在各国对高新技术领域投资的迅速增加，高新技术产业已经成为国民经济增长的主要产业部门，而且还表现在主要从事科技知识生产的研究与发展部门、主要从事科技知识分配与扩散的教育培训与信息传输部门自身活动规模的迅速扩大。

当前科学技术对经济增长始终起着重要的作用。科学技术成果日新月异，并迅速地被商业化、产业化，极大地提高了社会生产力并带来了新的经济繁荣。现代科学技术促进了生产力在量上的增加，推动了生产要素本身的改进与更新，使其引导着未

来的产业方向，不仅决定了生产力的发展水平、速度、效率和质量，而且决定了城市的经济结构、产业结构、产品结构与生产方式。所以在当今时代，财富主要不是来自对劳动和土地等一般要素的占有，而是源于有组织有系统的研究与发展活动。国家的综合国力、城市的创新能力、企业的竞争能力均依托于科学技术的理论成果和应用成果。因此，研究发展成果的转化能力，成为制度安排的一个结果，也是支撑一个城市和区域综合竞争力和核心竞争力的关键。

四、科技产业产出能力——自主创新的成果体现

由于高新技术产业的高创造性、高垄断性、不可重复性以及高新技术产品生产具有的边际成本递减性和边际利润递增性等特征，使得人们对高新技术产品的消费充满了个性、偏好和变化，亦使得高新技术产业在发展的过程中，产品的更新换代速度有了很大的提高。因此高新技术产业发展除了具有传统工业经济发展的经济学特征之外，还有其自身独特的经济学特征，包括规模经济、范围经济、关联经济与速度经济的效应等等。

经济全球化的竞争方式为技术创新、产业转型与经济增长不断地提供新的动力。深圳的高新技术产业经过二十余年的发展，高新技术产业已经成为深圳最大的特色产业，是深圳的第一支柱产业和第一经济增长点。作为国际化的高科技城市，发展高新技术产业、进一步提升拥有自主知识产权的产品品牌，仍然是我们当前与未来工作之中的关键与重中之重。了解并把握高新技术企业的数量、规模与产出能力成为建立城市创新能力评价指标体系的基础部分。

五、知识产权保护能力——自主创新的关键环节

知识产权由工业产权和版权两者组成，也是将"知识"，即人类创造性脑力劳动所取得的"知识形态的商品"和"产权"，即"财产权和所有权"两者的结合。它所具有的专有性、时间性和地域性的法律特征，使其拥有人身权和财产权两方面的内容；它所拥有的劳动价值和使用价值，使其具备了获得法律保护的前提条件。而建立

完整的知识产权法律制度并提供强有力的知识产权保护，将会呼唤并发挥出人类更为伟大的知识和智力的创造性潜能。

在市场经济体制下，知识产权作为无形资产，不仅具有可观的经济价值，而且作为一种法定的独占权，更具有独特的竞争价值。知识产权所能提供的这种竞争优势，为高新技术企业的发展提供了有力的保障。科技与经济竞争的胜败，不仅取决于产品的质量和成本，归根结底取决于知识产权的占有能力和知识产权的保护能力，加强知识产权保护已经成为提升城市创新能力的一种必然趋势和重要行为。

六、创新政策调控能力——自主创新的科学导向

产业政策是一个国家的政府根据本国的国情、经济发展的阶段以及产业发展规律，实现社会资源最优配置的政策体系。而政府创新政策的调控能力则成为政府扶持科学技术、扶持高新技术产业以及其他创新产业发展的有力手段。这是因为，现在市场经济既离不开市场调节，也离不开政府作用，而产业政策正是按照成本最小化的原理，将市场机制与政府调控进行优化的有机结合，是市场力量与国家作用在一种新的条件下实行平衡的方式方法，并成为发挥两者组合功效的成功途径。而创新政策的调控能力，将为城市的科学技术发展和高新技术产业发展提供更为明晰的指向，体现为全局性、长期性、战略性和前瞻性的目标组合和政策组合，并且这种组合在市场经济的条件下，仍然将产生重要的导向作用并形成强大的调控能力。

七、科技资源集聚能力——自主创新的要素聚变

在知识经济时代，科技资源的配置、集聚与优化比以往任何时代都显得更加重要。科技资源是科技人力资源、财力资源、物力资源、信息资源以及组织资源等要素的总称，是由科技资源各要素及其次一级要素相互作用而构成的系统。社会经济发展的不同时代对科技资源需求在不同方向、不同层次上的差异性，要求对科技资源在不同方向、不同层次按适当比例进行配置和集聚。

生产要素资源配置的结构变革是划分经济时代的标志。知识经济时代必须提高对

科技资源重要性的认识。科学技术是第一生产力，科技资源是国家第一资源，科技资源配置是战略配置，不仅是部门配置，而且是长远性、关键性、全局性资源配置。科技资源配置与集聚表现在不同科技活动主体、领域、空间和时间的分配和运动过程，无论在宏观或微观层次，都努力使科技资源的运用达到节约、高效、创新的优化配置目标，并通过新的集聚实现科技资源配置规模、配置结构、配置方式等方面的飞跃和完善。

八、系统协作互动能力——自主创新的扩散共享

在城市创新体系中，系统协作的互动能力是推动城市经济发展的重要因素。由于不同城市的经济发展、组织制度、历史文化与环境条件的不同，不同城市创新系统的组织结构、主体布局、运行方式和运行绩效也有所差异。城市创新系统的系统协作表现了高新技术的高度差异性与高度融合性，反映了科学与技术的互动作用以及高新技术产业的聚集而引发的群聚效应。

系统协作的互动能力涉及城市的科技资源条件、创新主体与行为、城市体制与外部环境等一系列因素，这些因素都在发挥着各自的作用。系统协作互动能力，包括创新主体的内外部活动、创新主体之间相互作用和组合方式、城市之间的区际交流和国际交流，以及国家创新系统、城市创新系统、集群创新系统、企业创新系统之间的联系、活动和效应，使城市在创新能力提升和创新成果扩散等方面体现整体性、相关性、结构性、动态性和环境适应性等特征。

特别是深圳，要强调建立跨区域的城市创新体系，以跨区域的城市创新体系推进并实现与香港、东莞、惠州的经济一体化。

九、创新环境建设能力——自主创新的宏观要求

当今世界科学技术的发展突飞猛进，世界经济全球化与一体化的趋势，使科技进步与创新和高新技术的产业化对创新环境更加依赖，这就对我国发展科学技术和高新技术产业的环境创新、制度创新提出了全新的要求。因此，在发展科学技术和高新技

术产业的过程中，我们无法回避技术进步与创新环境的关系这一重大命题。如果忽略了创新环境、创新制度对技术进步的作用，忽略了良好的环境建设和制度建设对促进高新技术产业发展巨大的推动作用，那么就忽略了城市创新能力建设中的根本因素。

只有形成鼓励和促进发展科学技术和高新技术产业持续创新的环境与制度背景，才能保证科学技术及其高新技术产业具有持续的内在动力。因此，环境与制度创新是城市科学技术和经济持续发展重要的支撑能力。科学合理的企业制度与组织创新推进持续不断的技术创新，充足规范的风险投资有序推动产业化的发展进程，而创新的文化环境则不断推进创新企业家和创新企业的成长。

十、经济增长贡献能力——自主创新的最终体现

高新技术产业的发展水平，不仅决定着国际竞争力的高低，而且决定了一个国家在世界经济中的分工地位。因此积极发展高新技术产业，充分发挥高新技术对其他产业的影响力，不断提升高新技术产业对城市经济增长的贡献，是我们发展高新技术产业并提升产业国际竞争力的关键。

当技术进步对经济增长的贡献率越来越高时，说明技术进步与知识创新成为经济增长中最重要的因素。高新技术产业发展能够从总体上提高国民经济的技术含量和集约化程度，降低初级产业部门的比重，相应降低单位产出对资源的消耗，减轻对环境的压力，从而有力地推动经济结构的优化升级，提高国民经济的整体素质和经济效益。因此，高新技术产业的创新产出与贡献，就成为高新技术产业创新能力的具体体现和逻辑结果，并成为评价城市创新体系和创新能力的重要指标。

（作者为深圳市人大常委、深圳大学产业经济研究中心主任、教授）

第一章
观念创新对计划思维和计划经济的突破

改革开放三十年来，人们解放思想、实事求是、与时俱进，革新旧的观念和体制，这在作为对外开放的"窗口"和改革"试验田"的深圳更是首当其冲。随着改革开放的深入，人们的思维不断地转变，逐渐冲破陈旧的观念，进行各种有益的探索。这在深圳电子信息产业中得到了深刻而具体的体现。

第一节 观念创新的概述

一、观念创新的概念

所谓观念创新，实际上就是转变观念，就是用能够适应新形势和新变化的新观念去代替已经跟不上形势发展要求的旧观念。

观念是一种社会意识。观念更新实际上是生产力、生产关系以及相应的社会体制的变革在人们意识形态领域内的反映。观念不是消极地、被动地反映社会存在，而是对社会存在有着积极的、主动的反作用。

对于企业来说，观念创新十分重要。随着科学技术的不断进步，过去陈旧的经营管理方式已经不再适应先进的生产力发展的需要，转变企业落后的经营管理方式是现代企业的必然要求。市场经济的建立和发展、企业经营管理方式的转变、大量科技研发机构的创立等等，都是在人们的观念不断创新中一步步慢慢地产生的。都说"只有想得到才能办得到"，任何新事物的产生首先要在思想意识中产生，也就是要在观念上创新。

当然，观念的转变是一项长期的任务，应当积极引导，循序渐进，多做深入细致的思想教育工作，切不可操之过急，敷衍了事。

二、观念创新的地位与意义

随着科学技术的日新月异和经济全球化的发展，各行各业的竞争也日趋激烈。应对竞争最有效的办法就是不断创新，不断创新是市场经济体制下所有国家、所有行业、所有企业和所有人竞争取胜的共同对策。只有在现有成果的基础上不断创新，才能适应社会发展的需要，才能提高整个社会的福利。

创新可以说有很多种类型，比如说：工业企业的产品创新和服务业的服务创新；生产工艺、方式、方法等方面的技术创新；企业环境或个人环境方面的组织和机构创新；管理对象、管理机构、管理信息系统、管理方法等方面的管理创新；企业营销策略、渠道、方法等方面的营销创新；企业及其成员的言和行方面的企业文化创新；企业融资渠道的融资创新等等。总之，创新是一个内涵深刻、外延广阔的名词，是各行各业各个领域，无论个人或组织都值得研究的课题，是成长意识的本能体现。

然而，在这所有的创新中，观念创新是一切创新的前提。任何人都不能封闭自己的思想，若思维成定式，就会严重阻碍创新。有些企业提出"不换脑筋就换人"，也是这个道理。有些公司不断招募新的人才，重要原因之一就是期望其带来新观念、新思维，不断创新。可见，观念创新的地位是非常重要的，观念创新是最关键的创新，也是其他一切创新的基本前提，如果没有观念创新，也就不可能有其他一切创新。

第二节　改革开放三十年来的观念创新

一、改革开放推动了观念创新

根据对于社会主义的本质和根本任务的科学认识，以历史唯物主义原理为指导，小平同志提出了判断改革开放和一切工作是非得失的"三个有利于"标准，即"是否有利于发展社会主义社会的生产力，是否有利于增强社会主义国家的综合国力，是否有利于提高人民的生活水平"。这一判断标准的提出，为解放思想、实事求是提供了新的理论武器，它不仅为经济特区在改革开放中继续"大胆试、大胆闯"提供了有力的保证，而且也为推进全国的改革开放指明了方向。

"对外开放"与"对内开放"是统一的，小平同志强调"两个开放"是一个整体，要推进"对外开放"，必须打破国内计划经济体制下形成的条块分割、地区封锁和地区封闭，推进全国统一市场的形成并逐步与国际市场接轨，并通过地区协作等横向经济联系等形式，使"对内开放"与"对外开放"衔接起来。

小平同志始终把兴办经济特区同我国实行对外开放政策联系在一起。他在谈到对外开放的重要意义时指出："任何一个国家要发展，孤立起来，闭关自守是不可能的，不加强国际交往，不引进发达国家的先进经验、先进科学技术和资金，是不可能的。"[1] 社会主义的根本任务是发展生产力。实行对外开放，吸收发达国家的资金、技术和先进管理经验，是发展社会主义生产力的需要。如果不坚持开放政策，我们制定的发展经济的战略目标就不可能实现。只有站在这个战略的高度上，才能明确创办经济特区的意义以及经济特区应发挥的作用。小平同志在第一次视察深圳经济特区后，便就特区在对外开放中的地位、功能和作用问题作了明确论述。他说："特区是个窗口，是技术的窗口，管理的窗口，知识的窗口，也是对外政策的窗口。从特区可以引进技术，获得知识，学到管理，管理也是知识。"他还说："特区成为开放的基地，不仅在经济方面、培养人才方面使我们得到好处，而且会扩大我国的对外影响。"按照小平同志的论述，特区作为我国对外开放的"窗口"和"基地"，主要应在利用国外资金、技术、知识、管理经验来发展社会主义经济方面进行崭新试验，同时，它还要在充分利用国内和国外两种资源、开拓国内和国外两个市场的过程中发挥枢纽作用，成为我国与国际经济联系的桥头堡，通过积极参与国际竞争与合作，不断扩大我国的对外影响。

二、三十年来观念创新的演变历程

(一)改革初期的观念创新

深圳是社会主义中国对外开放的"窗口"，是改革的"试验田"，深圳人正是凭着

---

[1]　《邓小平文选》第 3 卷，人民出版社 1993 年第 1 版。

一股"敢为天下先"的闯劲，突破固有的计划思维和计划经济，才创造了"深圳速度"、"深圳奇迹"。

深圳特区成立初期，不断引进外资，创办"三来一补"（来料加工、来样加工、来件装配和补偿贸易）企业和三资企业。在所有制结构上与内地企业有所不同，打破了以公有制为主的局面，以外资的参加成分为主。特区的国有企业，有的开始是国营，发展到一定阶段以后向合资经营发展，有一定的外资参与成分。比如爱华电子有限公司就是这样。它原来是电子工业部直属企业，是国营。后来它拿出一部分现成的厂房作价投资，和深圳市电子工业公司搞内联，并同日本外商实行合资经营，投资200万美元，成立了华丽公司。此外，它还利用特区的有利条件和自己现有的生产能力，接受外商的来料加工装配。它的所有制形成了一种多层次的结构。

给特区的企业更多的自主权。邓小平同志在1983年视察深圳蛇口工业区后，指出蛇口之所以发展这么快的原因是给了他们一点权力。他说的就是经济体制改革问题，而且是我国经济体制中长期没有得到解决而又关系重大的核心问题，即"放权"问题。

在改革开放的形势下，企业拥有更多的自主权，冲破了人们因袭已久的旧观念，跳出了长期以来习以为常、不以为非的旧框框，甚至挣脱了现行的某些具体政策的束缚。企业的自主权表现在多方面。如国有企业已开始逐步改变党委领导下的厂长（经理）负责制为厂长（经理）负责制；合资或独资企业，实行董事会领导下的厂长（经理）负责制。厂长对企业的生产经营活动负有全面责任，实行统一指挥。涉外企业在人财物、产供销等方面具有充分的自主权。例如，企业有权根据生产需要进口原材料和设备；有权根据市场供求情况在一定幅度内自行定价和销售产品，等等。对于特区中的社会主义企业来说，为了对付市场上竞争对手的挑战，同样感到"权"的重要性和迫切性。如果我们的企业还像过去那样，拨一拨动一动，不拨不动，一切按行政命令行事，显然不能适应特区市场变化的需要，有了权，企业才有活力，才能办得有声有色。

为了适应特区多种经济形式存在的需要，深圳锐意改革劳动制度，把固定工制度改为劳动合同制的用工制度，打破了过去国家统包统配的制度，企业自行招聘，择优录用，并通过劳动合同规定企业和劳动者双方的权、责、利。它最主要的特点是打破"铁饭碗"，企业有权按合同规定辞退职工，职工也可以向企业提出辞职。这样就保证了企业可以按照自己的要求吸收素质高的职工，有利于加强企业的经营管理和提高企业的经济效益，劳动者也可以根据自己的兴趣和特长，择善而从。

劳动用工制度改革以后，企业经济效益显著提高，反应很好。劳动合同制从1980年开始，首先从合资、合作和外商独资企业中试行，之后逐步推广到国有企业事业单位和集体所有制企业。1983年，深圳市政府正式颁布了《深圳市实行劳动合同制暂行办法》，以法规形式规定全市新招职工一律实行劳动合同用工制度。与此同时，特区还实行其他用工形式，比如固定工制度和临时性用工等，以适应不同企业特殊的需要。

深圳特区有国有企业，集体企业，中外合资、合作和外商独资企业。1982年以来，特区企业通过试点逐步进行了工资改革，国营和集体企业实行工资总额同经济效益挂钩，按比例浮动的办法；合资、合作和外商独资企业按百分之七十比例从劳务费中提取工资的办法。

企业的工资改革，贯彻按劳分配原则，多劳多得，反对平均主义，坚持在提高劳动生产率的基础上不断提高工资水平，坚持思想政治教育和物质鼓励相结合等基本原则。体现奖勤罚懒，奖优罚劣，多劳多得，少劳少得，体现脑力劳动与体力劳动，复杂劳动与简单劳动，熟练劳动与非熟练劳动，繁重劳动与非繁重劳动之间的差别。至于工资的分配形式，是实行计件工资还是计时工资或者是结构工资制；是否建立津贴、补贴制度以及浮动工资、浮动升级等，均可由企业根据实际情况，自行研究确定。特区的工资制度改革，打破了原有的固定工资制度，把市场经济的概念融入生产经营中，不仅调动了广大职工的积极性，还提高了企业的经济效益。

(二)90年代的观念创新

90年代，深圳进一步解放思想，加快改革开放的步伐，继续发挥"窗口"和"排头兵"作用，不断优化产品和产业结构，提高电子企业的自主研发能力，积极转变企业经营管理机制，进一步打破计划性的思维方式和计划经济体制。

深化改革，调整产业结构，促进产品升级换代。以彩电和收音机为主导产品的格局悄然改变，这一时期投资类和通信类产品的工业产值已接近消费类的产值，并显示出高新技术产品的产值逐步占主导地位的特征。深圳市积极开展了"三优化"活动即优化产品结构、优化资金投向和优化人员组合。在优化产品结构方面，深圳电子工业迅速朝高新技术产品方向发展，涌现出一批从事高新技术产品投入和高产出的企业。例如，中国长城计算机集团公司，深圳科技开发公司与美国IBM合资组建的深圳长科国际电子有限公司，成为 IBM 在全世界最大的一个微机板卡生产基地；日本三洋电机株式会社在与深圳华强集团公司长期合资的基础上，不仅扩大投资建立了产值达 2 亿美元的激光拾音头及其系列产品和新型电池的生产基地，而且三洋的产品开发基地移师深圳，筹建广东三洋集团公司。在优化资金投向方面，深圳康佳电子股份集团有限公司与黑龙江省牡丹江市创造的康佳牡丹模式，不仅改变了黑龙江省的电子工业面貌，也使康佳集团进一步提高了效益，受到国家有关部门的高度评价，它标志着深圳电子工业已经具备了从粗放型管理向集约型管理过渡的条件。在优化人员组合方面，深圳电子行业把加强企业管理，发挥员工积极性和创造性，作为提高经济效益的突破口，收到了明显效果。

特区还积极进行企业经营机制的转变。股份制改造已成为转变企业经营机制的重要途径。已经上市的股份公司都集中财力、物力上项目，扩大生产，增加赢利。如康佳，积极利用资金扩大生产，增加赢利。尚未上市的公司也抓紧进行内部股份化改造：一方面相继推进若干基础好的骨干企业准备上市；另一方面将暂不上市的全资企业改组为有限责任公司。此外，在集团总公司内部提倡互相间环形持股，促成以资产为纽带，把整个集团结合起来。

承包经营责任制进一步完善。主要是完善"两保两挂"办法，避免承包基数不准确和短期行为等问题，提出了"四、四、二"构成法，即总利润中，40% 资本报酬率，40% 是实现利润，20% 是人均利润，有的采取"一厂一策"、"一厂一法"实行股东单方承包，有的采用租赁经营或包干上缴利润，有的是净资产全员风险抵押承包和剩余收益制，等等，使企业活力大大增强。此外，集团管理模式初步形成。普遍成立了"五个中心"经营管理模式：管理中心、内部财务结算中心、投资中心、资产经营中心和服务中心，"三来一补"企业也加快了转型的步伐。

深圳电子信息企业在优化产业结构的同时，开展跨国经营和生产，积极拓展国际市场，不断加强自主知识产权产品的开发。深圳市电子行业继续实施市场多元化战略，千方百计寻找拓展国内外市场的新途径。康佳集团继在澳大利亚、俄罗斯、沙特阿拉伯和土耳其等国建立分公司或合资公司之后，又与印度合作建立印度康佳公司，由康佳控股生产康佳牌彩电供应当地及周边国家。长城计算机集团亦在西非洲地区建立了第一个合资公司，为长城牌计算机进入非洲地区奠定了基础。华为、中兴和生产镍氢电池的民营企业比亚迪公司等一大批拥有自主知识产权产品生产的企业，也都纷纷以不同形式成功开展了跨国经营和生产。

在自主知识产权开发方面，深圳电子企业积极主动建立自己的科技研发体系。许多电子信息企业都在高新区设立研究开发中心，相当一部分企业的研发经费已超过销售收入的10%，90年代末有5个企业博士后工作站。深圳高新区研发中心类型大致有三种：一种是生产基地设在东莞、惠州等周边地区，研发中心在高新区，如联想、TCL、创维等；一种是分部式的研发中心，即高新区的企业在办好本地研发中心的同时，还在北京、上海、南京、美国的硅谷等地设立研发中心，如科兴、中兴等；还有一种是跨国公司研发中心设在高新区，如美国朗讯、中国台湾凌阳和香港伟易达等。形成了以市场为导向，以产业化为核心，以企业为主体，以国内外大学和研究所为依托，辐射周边地区的研究开发体系。

(三)世纪之交的观念创新

建立产、学、研为一体的产业园区。深圳的高新技术产业园区实行开放式管理模式，即在国家有关法规政策范围内，不改变政府各部门现有职权的管辖范围，不打断政府的审批链条，形成政府各部门对高新区支持的"合力"，充分发挥各部门的积极性。从地域上看，不实行四周边界封闭，而是与南油、蛇口、华侨城等形成一个大信息圈。高新区根据现状，实行了决策层（高新区领导小组）—管理层（高新办）—经营服务层（服务中心）的三级管理体制。

世纪之交，深圳市政府在深圳高新区成立了深圳虚拟大学园，拥有国内著名院校33所，18个国际网络成员。深圳虚拟大学园联席会议为虚拟大学园的领导协议机构。深圳虚拟大学园的主要职能是：发挥名校的优势，形成各学科的高层次培训教育基地，成为有系统和全方位培养、塑造、引进大批高素质人才的新源泉；作为各大学科技成果转化的"窗口"，促进高校先进技术源源不断地涌向深圳，逐步形成本地科研开发能力，成为重要的新技术、新产品、新观念的新源泉；积极促进大学和就业，大学和风险投资机构的交流与合作，为技术成果转化创造机会，成为新产业和新企业的新源泉；作为与国际著名大学联系的"窗口"，成为引进国外智力资源的新源泉。

新世纪初，深圳经济特区再出大手笔：从寸土寸金的地皮中"挤出"100多平方公里，兴建高新技术产业带，以电子信息为主导的深圳高新技术产业带，集高科技产业化、研究开发和高等教育于一体。应该看到，东部沿海地区投资环境较好，具有众多的高素质劳动者，这是沿海经济先发优势之所在。经济要靠诸多因素拉动，而最大的拉动因素就是高科技。产业带集高科技产业化、研究开发和高等教育于一体，由便捷、发达的交通通信网络连接起来，各片区的发展各有侧重，产业带沿线的城镇为其提供生活和产业配套。

在很短的时间内，东部生态科技片区低密度、组团式、生态化的规划，吸引了一大批产学研一体化的高新技术企业。西部前海片区的正式启动，让致力于软件、通信技术孵化和出口加工的创业者纷至沓来。最大的中部龙岗片区里，政府各办事部门在管委会大楼一字排开，他们已为 10 多个项目办完开工手续。超大规模集成电路生产线及设计、测试、封装等产业在 IC 产业园落户；为产业带做高级人才支撑的"大学城"，仅基础设施投资就达 20 亿元，清华、北大、哈工大等名校都在这里设立育才基地。

第三节　观念创新的典型例证

一、深圳爱华电子"外引内联、经营多样"

爱华电子在 1980 年 10 月就已经开始生产，以后逐年扩大。产品的品种也不断向高精尖发展。从开始的三大类（电视机、录放机、收录机）发展到以生产微型计算机为主。

爱华电子公司是国有企业，也是电子工业部定点生产微型电脑系统、CRT 终端显示器和软磁盘片以及家用电器的骨干企业。爱华公司作为中央部属企业，有它的优越性。首先，技术力量强。其次，资金比较雄厚。再次，设备较好，因为它既可以从国外进口先进设备，又可以从国内调来较好的设备。

中央企业要能在特区生存和发展，要能够引进先进技术，还必须实行"外引内联，多种经营"。爱华很早就同香港新利贸易有限公司合资经营，从日本引进一条比较先进的生产线，主要生产全自动遥控电视机、高级音响和录音机，成立了华利公司。投资 200 万美元，我方和港方各占一半，分成的办法，是生产出来的产品各占一半。双方所分产品的价格和销路，由各方自行决定。

爱华公司利用特区的有利条件，利用已有的技术力量和劳动力，接受外商的来料加工，来料装配。1981 年的加工收入达 110.43 万港元；1982 年达 137.84 万港元；1983 年达 171.05 万港元。来料加工的收入，尽管增长较慢，在他们整个的收入中所占的比重也不大，同时还容易受外商的牵制，如料不来时就停工待料，但他们认为，像他们这样的企业适当作一些来料加工还是必要的。首先，对培训工人、提高工人的技术水平有好处。其次，当自己的生产任务不足时，接受一些来料加工，有利于解决多余的劳动力。再次，可以促进管理水平的提高，并能了解到香港市场的变化，积累与外商交易的经验。

二、深圳蛇口三洋厂"经营管理之道"

蛇口三洋厂是日本三洋电机株式会社与我国内地合营的电子工业企业。全厂有三个分厂：独资经营的"日本三洋厂"，与北京计算机二厂合资经营的"北京三洋厂"和与长春市三个单位合资经营的"长春三洋厂"。三洋厂的经营管理有以下几个特点：

(一)直线制和职能制相结合

日本人在中国投资办厂，遇到的第一个问题是管理人员缺乏经验，生产工人素质较低，经常发生权责不明和工效不高的现象。三洋厂结合日本企业管理的做法，用大房间办公，总经理同管理部门的工作人员一起在大厅里办工。总经理室设在玻璃隔间里，直接观察和指导管理人员工作，领导各职能部门，并直接指挥车间经理工作。在管理体制上采用车间、生产线、组长三级管理，管理幅度较小，一般只设正副职各一人，层次关系直接，三级管理人员同室工作，发现问题快，信息传递迅速。层次之间级别森严，上下之间采取命令关系，下级只有反映权，不得有任何对抗发生。上级决定下级的升留调动，且执行甚严。

(二)管理重点放在线组基层

总经理室设有车间工作情况的电视，可以随时观察线组的工作状况。各种生产指标、质量指标和其他主要经济指标直接报总经理室，随时分析生产动态。车间经理要定时提出简要的分析报告。线长和组长对上级提出的问题必须及时查清，作出回答。

为加强科学管理，由线长或组长定期或不定期地主持、进行动作研究和时间研究，通过解剖操作，时间研究，不断改进工作方法，提高工作效率。加强对职工训练，要求按科学方法操作，由线长负责把关。蛇口三洋厂曾在半年内进行五次大动作改革，生产率提高 2.5 倍。同时注意挑选操作能手，提拔他们担任组长，并负责检查和教授操作技术，把科学管理落实在线组上。

质量指数、质量分析和质量责任也全部落实在线组上。厂部管理人员只将技术要求，按线组分解下达，由线组对厂部直接负责质量管理，开展练兵、比赛、考核、检查。线、组长自己担任质量分析员，使用各种质量管理手段，每天定时进行质量分析，并进行简短的质量"训导"，及时地公布个人的产量和质量成绩，表扬先进，督促后进。

(三)行为研究和思想教育相结合

总经理要定期分析职工工作状况和思想状况，应用行为科学原理，抓住活的情况，及时表彰或惩罚。严格纪律，明确厂规制度，使人人知晓。经理以身作则，带头贯彻执行。同时加强说服教育，伴之以罚款和纪律处分。

工厂注意改善职工的生活环境和工作条件。例如，改善工人工作的位置，增加舒适性；改善车间采光，安装空调设备；解决吃饭、住宿等方面的问题，采取送饭到组、保证 24 小时热水供应等措施；经理带头慰问病号，董事长探望病员，访问工人家庭，按时给职工赠送生日礼品等。

工厂重视培养职工的企业集体感和荣誉感。经理经常同工人一起参加植树、野餐等活动，组织联谊活动，支持工会举办文化、体育活动，对优胜者发奖。组织宣传，编写报刊，送报到家，活跃思想活动，树立三洋厂的自豪感。

三洋厂提倡正面教育，开展纪律竞赛活动，以教育为主，尊重职工人格，不轻易开除工人，下工夫做人的工作，提高工人的自觉性和积极性。为满足北方单身职工的需求，工厂积极组织文体活动，为职工购买理发工具、修车工具，设立免费服务小组。逢年过节，还组织秧歌拜年活动，活跃职工的文化生活。

(四)实行建议制，依靠群众进行管理

实行建议有奖制度，鼓励职工揭露管理中存在的问题，积极采纳职工提出的合理化建议，及时解决管理中潜在的矛盾。比如有一次，一个工人提交了一份工时损失报告，指出厕所修理不及时，饮水设施不足，材料供应不当等问题，厂部在接到报告的一小时内便答复了该员工，并在当天立即动手，组织力量采取措施加以解决。对提出建议的员工颁发奖金和提拔使用。

支持和建立车间、线、组意见书制。为使建议制经常化、制度化，要求车间定期

写出经济分析报告。这一措施收到良好效果。比如收音机车间的经理注意分析职工思想动态，有一次当他发现一些妨碍生产的思想苗头产生后，立即写了一份扼要的分析报告，公司极为重视，立即予以采纳，并把分析思想动态列为全厂的理性制度加以执行。

三、深圳光明华侨电子厂"合资经营"

光明华侨电子厂（康佳电子有限公司前身），是广东省华侨企业公司与香港港华电子企业有限公司合作兴办的来料加工厂，1979 年底该厂更名为广东省光明华侨电子有限公司，由双方合资兴办，成为全国侨务系统第一家合资经营的电子企业。协议规定首期投资总额 430 万港元，省公司占 51%，港方占 49%。中方提供工厂建筑用地 3.2 万平方米，使用年限十年，土地投资每年每平方米 20 元，共计 600 万港元。产品 70% 外销，30% 内销。产品的出厂价略低于国际价格和香港市场的价格，半年调整一次，如果国际市场价格波动可由董事会临时决定调整，所得毛利除缴纳所得税外，还要扣除职工奖励及福利基金 10%，企业基金 10%；其所得净利润，第一、二两年主要用于补足双方投资的补足部分，第三、四、五年主要用于再投资，扩大再生产。从第六年开始，每年所得的净利润按双方股份比例分红。如果双方统一把净利润继续用于再投资，可申请退还已缴纳部分的所得税。如若亏本也按股份比例分担风险。

在资金管理方面，双方投资各自筹集。生产经营所需之流动资金由公司向银行贷款，利息计入成本。由香港港华公司经销的产品从光明公司电子厂发出后，在 60 天内，港华公司要全部付清货款。公司每月从营业额中提取 0.05% 的费用，作为深圳市沙河工业区红线以外的公用设施资金。试制新产品和改进技术措施所支付的费用，直接计入生产成本，或从成本中按一定比例提取，提取比例经董事长决定后执行。

四、华强电子工业总公司"科技之路"

深圳华强电子工业总公司建立之初，有职工 2744 人，其中，工程技术人员 365 人，公司固定资产 7200 万元，属下有台资、内联和自办企业共 10 家。主要生产经营彩色电视机、组合音响、收录机、电脑应用类产品、电视共用天线系统、铁路无线通讯设备、行输出变压器、数字微波终端机、电子产品注塑件、电子琴和扬声器等。华强电子工业总公司立足于"依靠科技进步,创造一流产品,深化企业改革,不断开拓创新"。为了实现这一目标,总公司采取了以下措施:

1. 积极培养、招揽人才,建立一支能够负起技术引进、消化吸收、开发创新的技术队伍。

2. 成立技术开发公司,狠抓新产品开发。

3. 采取产品课题承包,优化组合,提高新产品开发人员的待遇,调动他们的积极性。

4. 与国内科研单位和大专院校挂钩,联合开发高科技产品。

5. 将国内先进技术引进到特区来,创办外向型经济。

6. 利用特区毗邻香港的优势,与外商合作,引进高科技产品。

经过各方面的努力,该公司的产品逐渐向多门类、多品种、多层次方向发展,产品的科技含量也在不断地提高。由于经营方向的对头,产品的适销对路,公司的经济效益显著提高,为出口创汇做出了很大的贡献,在全国的电子企业中,该公司榜上有名。

五、深圳电子集团公司"横向经济联合"

中国电子工业领域内第一个横向联合的新型综合企业集团——深圳电子集团公司,于1986年初成立后,经过几年的奋力爬坡,辛勤创业,特别是在党的改革、开放、搞活方针指引下,充分发挥组织起来的优势,冲破传统思想观念和旧习惯势力的束缚,初步把这个集团公司建设成为外向型、综合型、效益型的规模经济,为深圳电子工业的健康发展,打下了良好的基础。

组建企业集团有利于冲破传统体制的束缚,打破条块分割,促进社会主义市场经济新体制的建立。企业集团公司,由于各种不同的功能,形成了不同规模和种类的企业集团,比如,以某种产品为"龙头"而形成的集团——电子集团公司。实践证明:电子工业部、广东省和深圳市有关部门共同决定组建深圳电子集团公司的决策是完全正确的。企业集团都是以共同利益和目标凝集在一起的,以国有企业为主体,广泛发展纵横向经济技术联系,多种经济成分并存,以一业为主,多种经营,多种功能的、跨行业的企业或企业集团。

企业集团是按照经济运行的客观规律,运用经济和法律手段,把众多自主经营而在技术经济上有内在联系的企业结合在一起的经济联合组织。它可以对这些企业的发展进行统筹规划和协调，把它们的生产经营活动纳入集团经济运行的轨道，因而企业集团的组建客观上要以政企分开为前提。只有在政府转变职能，变直接管理为间接管理，把企业经营自主权切实还给企业，自身集中力量抓行业规划、政策研究、组织协调、检查监督、咨询服务，切实保护企业的合法权益，使企业在真正做到自主经营的条件下，企业集团才能真正建立起来。由于企业集团一般都具有跨部门、跨行业、跨地区的特点，因而企业集团的组建有助于打破企业间长期存在的条块分割的格局，使企业摆脱隶属关系的束缚，促进横向经济联合的发展。

六、深圳中兴通讯"激励创造供给"

据调查，在"中兴通讯"的发展过程中，企业的领导层一直在不断探索适合市场经济要求，具有企业管理特色的激励与约束机制。

"中兴通讯"的母公司深圳市中兴新通信设备有限公司，是 1993 年由民营企业中兴维先通、国营 691 厂和深圳广宇工业（集团）公司共同投资组建。两家国有企业控股 51%，民营企业中兴维先通占 49% 的股份，在经营管理上，公司采取"国有控股，授权经营"的经营机制。国有股东控股的董事会与经营者签订授权经营责任书，规定经营者必须保证国有资产按一定比例增值，若经营不善，经营者须以所持股本和股本分配收益抵押补偿；若超额完成指标，则获得奖励，补偿与奖励均为不足和超额部分的 20%；并明确公司人、财、物的经营权全部归经营者，董事会不干预企业日常经营。经营者是企业的创立者，也是企业风险的最大承担者。如果企业经营不善，遭受的损失不仅是人力资本，还包括实实在在的物质资本。这样，企业就建立了较强的风险意识和面向市场的灵活的经营机制，增强了企业的活力，而且避免了企业经营者的短期利益行为，在体制上为企业的持续发展奠定了坚实的基础。（《深圳特区报》2000年 2 月 22 日）

应该说，对中兴通讯的高层领导的激励与约束机制问题得到了较好的解决。公司目前面临的最为关键的问题是对技术骨干、市场及管理骨干员工的激励机制问题。由于政策条件的限制，新进技术骨干与持有公司职工股的老员工在薪酬结构上存在较大差异，这个问题如果不能及时解决，必将影响企业的持续发展。

参考文献

1.《深圳科技纵览》(1997—2007),广东经济出版社。

2. 深圳年鉴编委会:《深圳年鉴(1980—2007)》,深圳年鉴社。

3.《深圳特区报》:1983—2008 年。

4. 厉有为等:《深圳经济特区的建立与发展》,广东人民出版社 1995 年版。

5. 廖月辉:《中国经济特区发展史》,海天出版社 1999 年版。

6. 马名驹等:《改革与观念创新》,甘肃人民出版社 1987 年版。

7. 彭立勋:《邓小平经济特区建设理论与实践》,湖北人民出版社 1999 年版。

8. 深圳市史志办公室:《中国经济特区的建立与发展》(深圳卷),中共党史出版社 1997 年版。

9. 魏达志:《深圳高新技术领域前沿的 10 大企业》,海天出版社 2000 年版。

10. 曹龙骐等:《寻觅"根""魂"——中国经济特区改革创新路径探索》,人民出版社 2005 年版。

第二章

理论创新与改革开放和市场经济的确立

第一节　市场经济理论概述

一、市场经济的概念与含义

所谓市场经济，是指依靠价格、供求、竞争等市场机制实现各类经济资源的一种社会经济运行方式。具体来说，有四个方面的内容：一是整个社会经济的运行以市场为中心；二是社会再生产的总过程，即生产、流通、分配和消费以市场为导向；三是社会资源和生产要素通过市场竞争来配置，市场决定各类生产要素的流向，并依靠市场力量形成均衡价格；四是价值规律和市场机制是调节经济运行的主要机制。[1]

要深入理解市场经济的内涵，还必须进一步了解市场经济与商品经济的联系和区别。商品经济是一种经济形式，它与自然经济和产品经济相对称；市场经济是一种经济运行机制，它与计划经济相对称。商品经济从发展程度来看，可以分为简单商品经济和发达商品经济两个阶段。市场经济则是商品经济发展到发达阶段的产物，是商品经济的现代化形式和发达形态。也就是说，市场经济是社会化的商品经济，只有以社会化大生产为基础的商品经济，才能成为市场经济；市场经济是市场化的商品经济，只有建立了统一市场和市场体系的商品经济，才是市场经济；市场经济是货币化的商品经济，只有商品经济关系货币化，金融市场、金融工具和金融手段全面介入经济运行，才能形成市场经济体制；市场经济是开放化的商品经济，当一个国家的商品经济

---

[1]　刘长龙、计保平：《社会主义市场经济理论》，中国经济出版社 2002 年版。

全面对外开放、参与世界市场、融汇于世界经济之中，才能形成市场经济。总之，市场经济必定是商品经济，而商品经济未必就是市场经济。

二、现代市场经济的构成要素

现代市场经济好比一台大机器，它由不同的零部件组成，这些零部件就是市场经济的构成要素。市场经济的构成要素很多，其基本框架有：

(一)现代企业制度

现代企业制度是现代市场经济运行的微观基础，是现代市场经济的一个重要构成要素。现代企业制度的典型特征就在于资产所有权与法人财产权相分离，资产所有权掌握在出资者（所有者）手中，而法人财产权则由企业法人独立拥有。公司是现代企业制度的主要形式，公司包括有限责任公司和股份有限公司两种形式。在现代企业制度中，企业作为微观经济决策的主体首先必须是自主经营、自负盈亏、自我发展、自我约束的市场经济主体。其次，必须具有独立的法人地位。作为独立的法人，一方面要求企业拥有独立的、明确的财产权，即法人财产权。法人财产权是法人企业独立使用、处置和支配企业资产的权利。法人财产权是独立的、它既独立于企业的出资者，又独立于其他企业；另一方面企业作为独立的法人必须承担相应的责任，实现资产的保值与增值并自负盈亏。

(二)完善的市场体系

在市场经济中，市场是联系所有经济关系的纽带，是资源配置的基础。要想发挥市场机制配置资源的基础性作用就必须有一个完善的市场体系。所谓市场体系是指由多种市场有机结合而构成的市场总体。一个完善的市场体系首先要包括各种各样的市场。一般来讲有商品市场和要素市场。商品市场包括生产资料市场和消费品市场；要素市场包括金融市场、劳动力市场、技术市场、信息市场、房地产市场等等。此外，完善的市场体系还包括现货交易市场和期货交易市场、区域性市场和全国统一大市场。其次，完善的市场体系必须是统一的、开放的、有序的。就统一开放而言，它要求形成全国统一市场，要求消除地区之间设置的市场进入壁垒，要求商品买卖在全国范围内展开。就有序而言，它要求市场竞争行为在统一的政府和法律规范下合理、有序、充分地展开。最后，完善的市场体系还表现在市场上的价格必须合理。在此，价格既包括商品的价格，又包括要素的价格。价格合理一方面要求价格能灵敏地反映供求关系，并随供求关系的变化而变化。另一方面要求各种商品的比价合理，只有这样才能贯彻等价交换原则，才能正确引导资源的合理配置。总之，完善的市场体系是一种市场比较完整、竞争比较充分、价格比较合理的市场体系。这是市场机制发挥作用的条件和前提。

(三)健全的宏观调控体系

　　宏观调控是现代市场经济区别于自由市场经济的一个根本特征，是现代市场经济的一个有机组成部分。因此，要建立现代市场经济就必须建立和健全宏观调控体系。健全的宏观调控体系包括：（1）宏观调控目标要明确。在现代市场经济中，宏观调控目标是实现经济稳定。这一目标可具体化为充分就业、物价稳定、经济持续增长、国际收支平衡。（2）宏观调控手段要合理。在现代市场经济中，国家进行宏观调控的手段有经济手段、行政手段、法律手段和计划手段。其中应以经济手段为主，以行政手段为辅。值得一提的是经济计划也是宏观调控的一个重要手段。（3）宏观调控的政策选择和政策搭配要合理。在市场经济中发挥作用的宏观经济政策有财政政策、货币政策、收入政策、投资政策、产业政策等。其中，财政政策、货币政策是调节总需求的政策；产业政策、投资政策是调节总供给的政策。

(四)完善的社会保障体系

　　社会保障制度是市场经济条件下维护社会稳定的重要措施，是消除经济动荡和社会混乱的稳定器。众所周知，市场经济并不是万能的，它存在着许多问题，同时又是社会问题。如果处理不好就会影响社会稳定，破坏经济发展的正常秩序。要维护经济和社会稳定，就需要建立和健全社会保障制度。社会保障制度包括社会保险、社会救济、社会福利和社会优抚。其中，社会保险是最主要的内容，它包括养老保险、失业保险和医疗卫生保险等。

(五)完备的法律制度

　　市场经济是一种法制经济，它从本质上要求用法律形式规范调整各种经济关系。在市场经济中，市场主体的一切活动都必须以法律为边界，在法律所许可的范围内进行。市场经济中的法律较为完备，有规范市场主体的法律，如《财产法》、《公司法》、《企业法》等；有保障市场秩序的法律，如《经济合同法》、《反不正当竞争法》、《证券法》、《社会保障法》等；有规范政府行为的法律，如《计划法》、《预算法》等。法律制度在市场经济中具有重要作用，它是国家调节经济的一种重要手段。一方面法律手段可以调节经济活动，如《财产法》、《公司法》、《合同法》等都可以对经济主体的内部经济活动进行直接调节；另一方面可以为市场经济的有序运行提供法律保证。

三、现代市场经济的一般特征

(一)企业经营的自主性和营利性

在市场经济中，作为市场主体的企业既是明确的产权主体，又是独立的经营主体和责任主体，是一个独立的商品生产者和经营者，并能够自主决策、自主经营、自负盈亏。生产经营者进行生产经营的目的不是为了自我消费，而是为了获得价值增值和盈利。经营者对资源的配置，首先考虑的是经济效益，投资决策也受盈利左右，目标是为了追求利润的最大化。

(二)企业间经济活动的竞争淘汰性

竞争是市场经济的灵魂，每个主体都按竞争的原则办事，优胜劣汰、适者生存，都要在竞争中求生存、求进步、求发展。市场竞争是多方面的，交易双方自始至终都充满着各个方面的较量。其中价格竞争具有关键意义，它是充分发挥市场调节作用的重要机制。市场竞争作为外在的压力迫使企业不断发展。

(三)经济活动领域的开放性

市场经济是以社会化大生产为基础的高度发达的商品经济。大机器工业的建立，交通运输、通讯事业的发展，分工与交换的日益深化，生产技术的不断革新和生产社会化程度的不断提高，彻底摧毁了封闭停滞的自然经济的技术基础，把各民族、各地区和各国连成了相互依赖的整体。生产的发展、市场和竞争的扩大，必然冲破民族、国家和地区的限制，把分散的地方市场联合为统一的全国市场，把各国市场联合成为世界市场。自由竞争的市场经济在本质上是没有国界的。分工的国际化、生产的跨国化、资本的全球化、市场的一体化，都是现代市场经济的必然产物和基本特征。

(四)发达的市场契约关系

市场经济是一种以交换为基础的经济形式。在市场活动中，商品生产者在经济上是完全独立的，它们之间的交易是完全平等、自由的交易，一方只有符合另一方的意志才能让渡自己的商品，占有他人的商品。在市场交易中，不存在身份和地位的高低之分，任何人都不能利用行政强制和暴力来达到不平等交换的目的。因此，人们也把市场经济当作一种契约经济，把契约自由当作市场经济的一个基本特征。这种交易的平等和自由必须由政府通过法律来加以保护，这是市场经济正常运行的基本保证。[1]

(五)政府对经济活动的宏观调控

由于市场机制具有自发性和滞后性的特征，市场经济仅靠自身的运转难以避免周期性的经济波动，难以实现长期的经济稳定，有时甚至会发生经济危机。市场机制在分配中难以防止两极分化，也难以处理好生态环境和资源保护等重大问题。所以实行市场经济的国家或地区，为了弥补市场机制的缺陷，往往需要政府加强对经济的宏观管理，干预市场的运行。

第二节　围绕改革开放进程的理论创新

一、改革开放使理论创新成为必要

首先，改革开放需要理论指导和支撑。改革开放实践中面临的新情况、新问题需要从理论上作出回答，为理论创新提供了社会需求，这些新情况、新问题也就成为理论创新的生长点。例如，我们改革目标的确立、改革路径的选择都需要从理论上给予支撑。

其次，改革开放使马克思主义理论中一些具体观点时代的局限性日益显现出来。与时俱进是马克思主义的理论品格，通过理论创新才能赋予马克思主义新的活力。马克思主义产生于19世纪40年代，必然会带有时代的局限性。

第三，改革开放使中国步入了世界舞台。面对全球化趋势，我们必须从全球视阈出发

---

[1]　叶亚飞:《现代市场经济研究》，沈阳出版社2007年版。

来回答和思考面临的诸多问题，使理论创新成为必要。走向世界舞台之后，我们必须考虑的一个问题就是理论的普世性问题，即理论创新的过程增长、民族性和世界性关系的问题。增强理论的普世性需要理论创新。例如，和谐世界理论的提出，和平与发展时代主题的揭示，是我们走上世界舞台之后提出的新的理论观点。

二、改革开放使理论创新成为可能

首先，改革开放的全方位推进和成功实践，为理论创新提供了丰富的现实材料。理论创新是建立在实践基础之上的，是现实材料的理论加工，是实践经验的理性升华。从改革开放以来的理论创新来看，没有改革开放的实践，也就没有理论的创新。

其次，改革开放为理论创新营造了一个日渐宽松的社会环境。民主政治的发展，大众文化的涌现，理论对话平台的建构，都有助于理论创新。

第三，改革开放使西方的一些理论得以引进和传播，为理论创新提供了参照和借鉴。改革开放以后，许多新的理论被引进，这些理论使我们开拓了眼界，同时也指导我们发现了实践中存在的诸多问题。

第四，改革开放造就了理论创新的主体。改革开放以来，一批知识精英成长起来，他们思维敏捷，视野开阔，具有独立精神、批判精神和创新意识，知识精英的一些理论构想为其他新理论的提出奠定了基础。

三、改革开放使理论创新得以成功

首先，改革开放使理论创新有了明确的主题。十一届三中全会以来的理论创新，实际上就是围绕改革开放展开的，中国特色社会主义理论体系的主题就是改革开放。

其次，改革开放使理论创新的进程得以加速。改革开放加速的过程也是理论创新提速的过程，十一届三中全会以来新的理论之所以不断生成，与改革开放进程的加速、向纵深发展有密切关系。

第三，改革开放使理论创新成果的风格带有时代特点。适应改革开放的需要，这些理论成果都是实践型的理论；适应和平与发展的时代特点，这些理论成果的建设性、发展性、宽容性较为突出。改革开放需要理论的指导，因此，这些年来理论创新的成果主要是实践性的理论，而不是一种学术性的理论或者学究性的理论。改革开放的实践需要理论的指导，这促使我们的理论创新主要产生的是实践性的理论，同时改革开放的实践使现在的理论成果带有更多的建设性、发展性和宽容性。改革开放赋予理论新的时代风格。

第四，改革开放使理论创新成果在实践中得到检验。检验理论创新成果的过程，也是推动理论发展的过程，实践进一步推动了理论的发展。

在新的历史条件下，理论创新面临着一系列新的问题，出现了一些新的困境，这是改革开放发展到今天的一个客观结果，也是当前改革开放面临的重大挑战。[1]

第三节　围绕市场经济建设的理论创新

一、深圳特区市场体系的构成和特点

市场是商品交换关系的总称，是经济活动和关系的综合体。市场体系是一个有机整体，其内部各类市场之间的关系，是协调统一、互相联系、互为制约的关系。市场的范围越广阔，体系越完善，商品经济就越发展。因此，商品经济的存在、发展，与市场的扩大、市场体系的完善是不可分割的。特区的改革是从建立和完善市场体系开始起步的。

市场的特点，在相当程度上取决于商品经济的特点。深圳所有制结构的多层次性、建设资金的多渠道性、调节经济活动形式的特殊性、行政隶属关系的多样性、生产社会化程度的不平衡性、经济发展目标的外向性，决定了深圳市场体系具有不同于国内和国外市场的一些特点：[2]

(一)市场发展的计划性

特区实行的市场经济，既不同于资本主义国家那种完全由市场调节的市场经济，又不同于国内计划成分较大的商品经济，但深圳特区毕竟是我国社会主义社会的一部分，全国的有计划的商品经济必然对特区有一定程度的制约或影响。因此，深圳要

[1] 《羊城晚报》2008 年 4 月 14 日。
[2] 郭祥焰：《改革开放在深圳》，辽宁大学出版社 1992 年版。

发展什么市场,如何发展,需要政府的宏观计划指导;政府通过价格、税收、信贷等经济杠杆,制约和影响市场关系;政府对市场活动进行必要的工商行政管理和法律监督,以保证市场的健康发育成长。

(二)市场主体的多成分性

特区的建立,打破了我国长期以公有制经济为市场主体的框架。多种经济成分一齐上,加入市场活动的主体经济,既有全民、集体、个体,又有外商和各种联营经济(包括内联、合资、合作)为重要组成部分,个体经济(包括外商独资)为必要补充,互相联系、互相制约的新型市场体系格局。生产资料市场允许外商经营,这是在理论和实践上的一个重大突破。

(三)市场关系的竞争性

特区政府对市场没有实行垄断和统一的计划价格,没有把市场置于国家的直接控制之下,而是提倡公平竞争。深圳市场的竞争性主要表现在:一是市场价格基本开放,按照价值规律的要求,通过价格波动对市场起调节作用;二是提倡并实行多家经营,相互竞争,如经营生产资料的企业达 300 多家,经营房地产的企业达 40 多家;三是政府为企业创造平等竞争的条件,如对内外资企业在银行利率、水电供应、外汇调剂、所得税率等方面一视同仁。

(四)市场活动的开放性

深圳以发展外向型经济作为主要的战略目标,使深圳的各种市场,明显具有外向开放的特点。[1] 主要表现在:一是内地的产品可以自由地注入深圳市场;二是深圳企业生产的各类产品,不用国家调拨分配,可直接进入市场;三是境外的各类产品包括生产资料和生活资料,比较容易进入特区市场;四是深圳的产品主要流向国际市场,部分流入内地。此外,各类市场允许外商参与经营。

(五)市场流通的多渠道性

深圳各类市场的建立,结束了商品生产和流通主要通过国家调拨、纵向计划分配

---

[1]   李云鹏:《中国特色社会主义——奇葩深圳特区市场经济初探》,中共中央党校出版社 1993 年版。

的单一流通渠道和多环节的体制。深圳市场的主体是多种经济成分，商品的生产和流通主要是在政府的宏观指导下，以市场体系为中介，通过多种形式的横向联系来实现的，除少量国家计划分配的渠道外，还有企业的自销渠道、兼营渠道、零售渠道，各种对象、各种产品都可以到市场上去交易，从而形成了城乡畅通、地区交换、纵横交错、四通八达的多渠道、少环节的流通网络。

(六)市场范围的完整性

随着深圳商品经济的不断发达，市场活动的范围也逐步扩大，不仅消费品进入市场，而且生产资料也进入市场；不仅有形的商品进入市场，而且无形的劳务信息等也进入市场，房地产作为特殊的耐用消费品，也进入市场。除此之外，产权市场、文化市场、经纪市场等也在日益发展，充分体现了深圳市场的完整性和广泛性。

二、深圳以市场为导向的电子信息产业

(一)工业初创期的电子工业

1984 年的电子工业产值占工业总产值的 57%，地位十分突出，但是净产值率只有 19.8%，销售利润率只有 14.3%，增值不大，产品外销少，外汇不能平衡，经济效益不高。其主要原因，一是开发新产品少，大都是进行后工序组装，加工深度低，大路货多，这是工业初创时期的一种过渡现象；二是国产化程度低，以大量外汇进口原材料、元器件，成本高；三是有些企业不掌握国际市场行情，缺少自己的购销网络。原材料、元器件、散装件的进口，产品的外销，均依赖香港中间商或合办企业的外资一方，他们对进口的物资提价，对加工装配后出口的产品压价，因此我方收入相当微薄。电子工业存在的这些问题在办特区初期难以避免。

(二)把握市场行情，适应市场需要

深圳市电子工业公司扎扎实实地对港澳及世界的电子市场进行调查，使自己的产品适应国际市场的需要，港商和外商纷纷要求订货，在其公司的经理室，前来洽谈的客商接连不断。这家公司的产品绝大部分供出口，生产受国际市场的制约。为了摸准市场需要，把生产的主动权掌握在自己手中，这家公司改变了等客上门的经营方式，主动派人去香港考察市场需求。公司曾派出一个精干的考察小组去香港，和 30 余家

电子行业进行广泛的接触，对电子市场的需求进行了较为深入的调查研究。在调查中，他们发现高档电子产品，如高级音响设备、高级卡式录音机、电视机已经滞销，国际市场的需求日渐减少，而电脑电话却供不应求，光是美国就需要 6 亿台。低档录音机和微型收音机的销路仍很可观，电子手表在中东和非洲还有很大市场。由于对市场需求了解比较清楚，他们就有的放矢地和港商进行洽谈，达成来料加工和进料加工的协议多项，其中有电脑电话机芯近 200 万个，电子手表 288 万块，微型收音机 204 万台。这家公司接到订单后，采取多种措施来保证产品质量，港商对质量表示满意，纷纷要求继续订货，订单越来越多，如香港乐声电子钟表有限公司就要求加工电脑电话机芯和电子手表共 250 万只。

(三)开拓销售渠道，紧跟市场潮流

各企业逐步在国内外市场建立了稳定的销售渠道，形成了一个以国际市场为主的市场结构，以计算机软磁盘片行业为例，当年全市出口剧增，主要原因是华源、运兴和爱华等生产软盘片的企业都通过各自的方式，建立了稳定的国际市场销售渠道。通过竞争，确立了深圳软盘片制造业在国际市场上的重要地位。深圳企业对国际市场潮流反应快，新产品层出不穷。这对于加强深圳产品在国内外两个市场的占有率非常重要，在当年的全国家电产品订货会上，正是由于它的"新"，深圳产品极其畅销。[1]

(四)以市场为导向，重开发保质量

80 年代后期，深圳京华电子有限公司以市场为导向，克服资金不足、市场疲软等困境，取得可喜成绩。在国内视听市场剧变，一度抢手的组合音响和双卡收录机陷入滞销，而袖珍、质优、价廉的"随身机"变得畅销的时候，公司决策者获悉此市场信息，立即不失时机地组织技术力量，大力开发并在很短时间内推出京华牌 JW-100B、JW-118、JW-90、JW-98、JW-92、JW-88、JW-208 等型号的袖珍收录放音机，功能由单放发展到收放、又由收放发展到收录放。为适应山区和边远地区消费者的需要，又开发出有短波收音功能的 JW-118 袖珍收录放机和 JW-208 型自动倒带收放机。由于京华牌袖珍机产品质量可靠，售价比进口同类产品低近一半，十分抢手。京华公司还进一步加强与外商合作，参与国际市场竞争。

---

[1] 深圳市人民政府编：《崛起的深圳：深圳改革开放历史与建设成就》，海天出版社 1999 年版。

三、企业创新实践的理论概括

(一)赛格集团的市场经济之路[1]

1979年以来，深圳市作为全国改革开放的试验场，以极快的速度建起了一大批电子工业企业。到1985年底，深圳市的电子企业已达到167家，全行业职工有1.7万人，电子工业的产值占全市工业总产值的一半以上。它们通过逐步调整过去以军用品为主的产品结构和服务方向，开始走上了以生产民用品为主的轨道。1985年，深圳电子工业的发展速度开始大幅下降（1983年电子工业总产值比1982年增长154%，1984年比上年增长219%，而1985年仅增长32%），同时，随着整个特区经济的高速发展，电子工业也暴露出一些严重的弊病。一是技术水平低下，生产方式大部分是"三来一补"。二是资金短缺，设备简陋。三是管理方式落后，大部分企业仍沿用数十年不变的"大锅饭"式管理。四是深圳的电子工业分别是由电子工业部、国务院侨务办公室、中央军委总参谋部通信部、广东省电子局、广东省侨务委员会，以及本市地方政府和全国大部分省区有关部门投资和管理，形成了多头管理、多方审批、重复引进、重复生产的局面。五是这些企业大量消耗国家紧缺的外汇，产品则流入国内，严重影响内地市场，大部分产品质量差、成本高，即使在偏僻落后地区推销，也没有回头客，前景极为暗淡。

1985年2月，国务委员谷牧在深圳经济特区工作座谈会上强调指出，深圳要更上一层楼，真正成为以工业为主、以出口创汇为主的外向型经济特区，只能成功，不能失败。3月28日，全国人大六届三次会议的政府工作报告进一步指出，改革要坚定不移、慎重出战、务求必胜，经济建设要稳步前进，防止盲目追求高速度。深圳电子行业的现状，显然已不能适应形势需要。1985年7月，深圳市政府、广东省政府和电子工业部经过磋商，一致同意以市属、省属、部属电子企业参加，组建深圳电子集团公司。

根据改革开放形势的要求，并按照深圳的具体情况，深圳电子集团公司的组建采取与其他企业组建集团公司完全不同的全新的方法：凡是参加集团的企业都保留原有的独立法人地位，有充分的自主权。集团公司不用行政命令来组建，不发红头文件，各企业加入自愿、退出自由。按照深圳的规定，集团公司对下属企业应当收取管理

---

[1] 郭晓编：《崛起中的深圳电子工业》，电子工业出版社1988年版。

费，但是，电子集团公司在成立的头几年里却不取分文。集团公司对企业实行宏观指导，主动服务，力求形成集团为企业服务，企业维护集团的互利互助的格局。为强化集团与成员企业之间的联系，采取集团和企业交叉投资，即集团对企业投资和企业对集团投资的办法，使集团和成员企业之间建立起经济上的血缘关系，互为股东，互相渗透，逐步从"利益共同体"发展为"命运共同体"。

深圳电子集团公司的基础是深圳市电子工业总公司和电子工业部在深圳的企业。10月5日，他们向其他部门、地方在深的电子企业发出通知，要求自愿加入集团的企业开始报名登记。到11月底，自愿报名企业有103家，加上集团公司的直属企业和正在注册登记的企业，集团的成员企业共为117家。

1986年2月，深圳电子工业集团开业庆典刚结束，就派出考察团，在新华社香港分社的协作下，用了两周时间访问了60多家香港的电子企业及有关机构，并与工业、金融、贸易、科技、教育界人士讨论了加强交流、共同开发电子新产品、开拓国际市场等重要课题。香港电子企业虽然具有品种多样、投产、转产迅速、资金雄厚等优势，但也有技术力量薄弱、来料加工企业多、对电子工业强国的依赖成分大等弱点，大都希望与深圳电子工业集团公司合作，许多香港企业还提出了具体的合作意向。

10月，集团公司组团赴加拿大多伦多市考察访问，与安大略省官方就进一步开展技术经济合作交换了意见，参观了STM公司研究与发展中心，考察了十余家有名的电子企业及其用户，并举办了旨在宣传中国经济特区良好的投资环境和各项优惠政策、详细介绍本公司情况的招待会。1987年4月，他们派出考察团赴新加坡，用10天时间参观访问了十几个有关企业和金融机构。同年5月，他们又组成考察团赴美国，与5个较大的销售商和两家有关机构进行洽谈，并到纽约、芝加哥、洛杉矶、旧金山等大城市了解电子产品市场，带回一大批电视机、电子琴、电话机、音响设备的订单。

在深入调查研究的基础上，集团公司开始向海外市场进军。作为进军的第一步，他们在1986年3月与香港深业集团共同组建了深业赛格有限公司，这个公司开业不久就取得大批订单。此后，他们又与日本东京互惠株式会社互派商务代表，分别在东京和深圳设立办事处，公司代表在商社的协助下，以较好的价格推销了大量产品，又以较低价格购入了大批零配件。他们还与加拿大STM公司签订协议，合作开发生产32位超级微型计算机，该计算机比国际上同类产品性能优越，价格却低一半。

集团向海外进军的第二步是在世界各地建立起自己的销售网络。1987年到1988

年不到两年的时间内，该公司先后与香港天丰实业有限公司合作，在香港成立了盛光实业有限公司，与珠光公司在澳门注册成立捷辉实业有限公司，与加拿大 STM 公司在加拿大安大略罗卡姆合资成立 STM 赛格有限公司等。集团公司 1987 年 2 月与肯尼亚 HEIMNS 公司在蒙巴萨合资开办的肯尼亚赛格有限公司是一家技工贸结合的高科技企业，在潜力巨大的非洲市场开设了一个窗口。为了巩固和扩大海外销售网络，经过一段时间的酝酿，1988 年 5 月，集团公司作为加拿大 STM 公司和香港 STM（远东）有限公司的大股东，参与购买了美国东部 95 家零售店销售网。这个销售网原属加拿大保维高有限公司，拥有大型货车队、货仓、店铺及 3000 多名雇员，买下这个销售网，就意味着该公司在美国有了一批长期稳定的直接销售点。同时，他们还与其他中外企业合资收购了香港生产微电脑及其外围设备的艺高公司的股份。不懈的海外探索，为集团公司带来了巨大的经济效益。集团公司成立之初的 1986 年，出口产值为 4.8 亿元，1987 年增长为 8 亿多元，1988 年增长为 12.6 亿元。

为了实现"立足深圳、依托内地、面向世界"的发展战略，把集团成员企业中大部分"三来一补"式的低附加值劳动密集型企业，改造成技术密集的外向型企业，深圳电子工业集团公司果断地采用了负债经营的策略，先后向银行贷款数千万元，投入老企业的改造、新企业的运营和新产品的开发。

公司领导为集团公司第一个五年计划制定了"两年打基础、三年上水平"的发展战略，具体经营策略是，"集中力量、突出重点"。他们首先抓了三大重点：一是为整机配套的专业化大批量的基础类产品，为此兴办了生产彩电行输出变压器的金塔电子有限公司、生产插件的三都电子有限公司、生产中周及电感元件的力通电子有限公司、生产环球覆铜板公司等；二是高科技投资类新产品，为此兴办了生产温盘磁头的德达磁技术公司、生产半导体器件的深爱半导体有限公司等；三是市场需求迫切、能形成大的生产规模的产品，为此兴办了生产铁路通信电台的华电通信有限公司、生产三合电子有限公司等一批企业。在此基础上，他们还与国内外其他企业合作筹建了一批重点配套项目，如高性能彩色显像管项目、石英晶体振荡器、软盘驱动器、卫星通信用玻璃钢天线等。

国际市场的风云变幻常常给敏感的国内电子企业带来巨大影响。日元在 1985 年后不断升值，给国内依靠日本供应元器件的许多彩电生产厂家带来严重的困难。集团公司下属专门生产彩电的华发电子公司，果断地迎着困难上，以较短时间开发出新型机种，减少了 100 多个元器件，不仅顶住了日元升值带来的压力，而且使企业的生产和外销也获得高速增长，1986 年外销彩电 8 万台，1987 年外销 20 万台。

正如华发公司所做的那样，电子集团公司的新产品开发工作都是以市场为导向的，改变了过去新产品开发出来后再去找市场的被动做法。为了适应国际市场的经济环境，调动一切积极因素，他们形成了多种新产品开发方式。一是合资开发，即引进国外资金技术共同开发；二是引进开发，即引进国外先进技术进行开发；三是"客座"开发，或叫委托开发；四是转让开发，即接受有前途项目的技术转让进行开发；五是入股开发，即由合作对方将技术折合成一定比例的股份入股，共同开发；六是联合开发；七是国外开发，即派员与国外科研机构合作在国外开发后，在国内组织生产。集团公司 1986 年开发新产品 78 项，新增产值 2.5 亿元；1987 年开发新产品 215 项，新增产值 4.3 亿元。大力开发新产品决策的实施，使企业的应变与竞争能力大大增强。

为了使产品打入国际市场，集团公司在筹建期间就为推行国际先进标准、严格质量执法做了许多工作。他们与电子工业部标准化研究所联合成立了深圳电子技术标准化咨询服务公司，作为集团公司质量标准化的核心机构。他们建立了深圳电子产品检测中心，还在集团公司本部设立了品质部，聘请了国内一流专家作为集团品质监管的高级顾问，对集团内部质量过硬的产品使用统一的 SEG 商标。到 1987 年底，集团公司的质量保证体系已基本得到完善，对于企业决策的顺利施行起到了重要的保证监督作用。

为了扩大经营业务范围，更好地开拓国际国内两个市场，经市政府批准，在 1988 年初，深圳电子工业集团公司更名为深圳赛格集团公司（"赛格"，为深圳电子工业集团公司英文缩写 SEG 的译音）。至此，集团公司打基础的工作基本完成，开始进入"上水平"阶段。

从 1988 年开始，赛格集团集中力量狠抓了以下几项工作。首先是优先发展投资类、基础配套类和高科技产品，调整原来以生产消费类电子产品为主的产品结构。以市场为导向，使产品结构逐渐多样化、合理化。其次是逐步完善科研开发体系，根据国际市场的需求，采取多种形式研制多规格、多档次、多款式的新产品，力争在市场竞争中确立和保持优势地位。为了探索国有资产有偿使用的新路子，赛格集团先后租赁了北京计算机一厂、重庆国营 789 厂、株洲电子研究所、江西 834 厂等内地企业，既为企业在内地建立了一批生产基地，也为国家救活了一批走下坡路的企业。他们还在深圳建立了国内首家电子配套市场，为发挥深圳的"窗口"作用、实现电子元器件的中国内地—深圳—国际大跨度大范围的汇集、配套、交流，做了初步的大胆尝试。

同时，赛格集团进行了国有企业股份制改造工作。他们首先选定经济实力较强、效益较好的下属企业——达声电子公司作为试点单位，设计发行了普通股、风险股和优惠股三种股票。为了明确企业和职工的投资风险及投资责任，使职工与企业成为命运共同体，追求更大的经济效益，达声公司的股份化不采取一步到位的办法，初期只实行企业内部持股。1989年，达声公司实现利润200万元，比上年有较大幅度的增长。实践证明股份制改造的路子走对了。此后不久，达声公司就成为我国最早上市的几家股份公司之一。

在探索市场经济之路的过程中，也有过失败的教训。1986年前后，在深圳市规模较大的企业中，掀起了申办集团公司的热潮，但许多企业因为缺少经济实力，政企分离问题尚未完全解决，因此也走了一些弯路。但从整体发展来看，深圳在改革探索市场经济之路上是成功的、有益的，为全国经济的进一步发展闯出了一条光明之路。

(二)同洲电子为生存而创新

1994年，同洲电子成立之初，只有几间房、十来个员工，主要从事LED显示屏的自主研发、生产和销售。不久，国内股市开设，同洲电子把握住机遇，很快就占据了证券显示屏市场的半壁江山。掘到第一桶金之后，同洲电子总裁袁明很快就意识到，LED显示屏市场难以支撑公司的长期发展，为了生存，公司必须寻找新的业务增长点。1996年，欧美发达国家的数字电视市场刚刚启动，这一信息迅速得到了同洲电子的关注，经研究分析，袁明认准了数字电视必将取代模拟电视这一趋势，决定将数字电视作为公司新的战略发展方向。当时，国内尚是模拟电视一统天下，有关数字电视的领域对同洲电子来说，是完全陌生的。面对困难，袁明一面积极从各种途径引进技术人才，一面组织技术人员日夜苦读国外数字电视技术资料，而自己晚上也同技术人员一起加班。1998年，同洲自行研发的数字卫星接收机问世，并在同年的全国广播电视产品展览会上得到了广电总局和专家的高度评价。1999年，国家启动了"村村通"工程，需要大量数字卫星接收机，为同洲带来了难得的机遇。当时，竞争对手主要来自国外，而同洲电子的产品价格只有国外同类产品的三分之一，最终，同洲电子占领了65%以上的市场份额。

随着数字电视概念不断升温，数字电视机顶盒市场也逐渐得到了业界的关注，一些家电厂商凭借雄厚的资金优势，迅速加入了市场角逐。面对这一竞争态势，袁明深知，这一次对同洲来说，不仅是创不创新的问题，更重要的是，创新得够不够快。首先，同洲电子比以往更注重研发的速度，新品推出的速度往往提前国内对手半年到一年。凭借技术优势，同洲电子始终以高端新产品为主要利润来源，从而回避了与国内竞争对手血拼价格。其次，同洲电子充分发挥了自己"定制研发"的实力。在数字电视市场，由于各地区电视运营平台采用的加密方式、提供的增值服务不同，对数字机顶盒的接口、功能等的需求也不一样，这一点决定了数字电视机顶盒需要根据运营商的具体情况做不同程度的修改，也就是"定制研发"。这非常考验数字机顶盒企业的反应能力和创新能力，而这正是同洲电子的优势所在。

自主创新使同洲电子初获成功，如何使创新精神真正融入企业，在袁明看来，这需要一系列机制的保证。为保证技术领先，同洲电子投入巨资，打造了一支800多人的国内规模最大的专业性数字电视研发团队，配备了国内最齐全的数字电视研发、测试、产业化设备，并在深圳市政府专门立项扶持下成立了交互式数字电视工程技术研究开发中心。同洲电子为这支团队搭建了科学合理、层次分明的技术研发体系，主要包括中央研究院和数字电视、IPTV等各产品事业部的研发中心。其中，中央研究院主要从事前瞻性研究，跟踪全球最先进的技术，着眼于公司未来3—5年的发展；而产品事业部研发中心则以市场为导向，从事具体的产品规划开发和客户服务。同洲电子还开始涉足数字电视专利和标准领域。截至目前，同洲电子已承担了国家科技攻关和国家级新产品等数十个科研和产业化项目，并参与了20多项国家和行业标准的制定。2006年7月，同洲电子获批设立博士后科研工作站，成为数字机顶盒产业首家被获准的企业。这将使同洲电子的创新能力得到进一步的提升。[1]

(三)三诺电子站在巨人的肩上

深圳三诺电子有限公司成立于1996年，经过十多年的发展，其主营的"三诺"（3NOD）数字多媒体音响产品已在国内多媒体音响市场占有一席之地。三诺建立了"卓越品质、完美服务、超凡价值"的三大承诺。"三诺"品牌已经成为我国数字音响与电脑产品的知名品牌。回顾三诺的发展历程，可以看到的是三诺一步一个脚印，在坚持创新中发展壮大。

三诺十多年来的创新活动为企业注入了发展的动力，其基础就是对市场需求的准

---

[1]   同洲电子网：http://www.coship.com。

确把握，它不是仅仅被动地适应市场，而是主动地去创造市场。随着家用电脑和互联网的普及，人们的娱乐方式发生了巨大的变化。曾经风靡一时的发烧音响已经不能够满足消费者的需求，取而代之的是能够与电脑、MP3、MP4 等网络音乐新音源配合使用的多媒体音响，传统音响市场的衰退是必然的趋势。加之近年来消费者心理和需求已经发生了很大的变化，传统音响从体积、造型和色彩上都已经不能满足消费者对于个性、时尚和品位的心理需求。众多音响企业开始转向设计生产体积小、色彩丰富、造型时尚并且能够与使用场合相和谐的音响产品。三诺曾经在国内第一个推出可换彩壳的多媒体音响。2006 年三诺推出的一款以追求时尚的女性消费者为主要目标的 V21 音响也是以外形取胜，赢得了消费者的关注。[1]

我国迷你音响市场上日本的一些著名品牌处于领导地位，与它们相比，三诺等新生品牌在技术、品牌、营销等各个方面都有较大的差距。如果新生品牌的产品没有某个特别吸引人的创新亮点，就无法在这个市场中获得机会。三诺的做法是针对细分化的市场推出创新的产品概念，它率先提出了"专业桌面音响"，这种音响能与笔记本电脑、MP3、PDA、迷你随身听甚至手机等产品搭配使用，可以用于办公桌、家居的书房、卧室床头或者学生宿舍等空间较小、个人氛围较为浓厚的场所。其推出的国内首款专业桌面音响——M-POD100 主要面对那些希望在工作的同时方便地享受音乐进行休闲的用户。M-POD100 外观时尚小巧、音质优秀，市场定位明确，一面世就引起广泛关注。三诺准确判断了消费者对于音响产品的需求变化趋势，想消费者之所未想，真正做到了"创新超越期望"，给消费者带来了惊喜。

在进入音响市场之后，三诺提出了这个目标："致力于成为全球最大的多媒体音响和电脑周边设备提供商之一"。作为一个新生的小企业，通过提供配件制造服务，不但有利于回避零售市场上的风险，还能够从客户那里得到更大的市场份额和稳定的收益，学到它们经营管理的经验。在很长一个时期，三诺绝大部分产品都服务于 OEM 市场，为众多国内外知名电脑品牌提供音箱配套。在长期的 OEM 生产经营中，三诺与国内外众多知名企业形成了良好的合作关系，在不断地为客户提供更好的服务和更有价值的产品的同时，积累了超出一般音响企业的研发能力，为企业的可持续发展奠定了基础。三诺把这种战略比喻为"在巨人的肩膀上成长"。

---

[1]　深圳三诺电子有限公司：http://www.3nod.com.cn。

参考文献

1. 张思民：《深圳 IT 企业发展启示录》，《经济与管理研究》2000 年第 3 期。

2. 曲建：《深圳发展高新技术产业的探索》，《特区经济》1999 年第 4 期。

3. 刘国光编：《深圳特区发展战略研究》，深圳特区经济研究中心。

4. 罗清和编著：《经济发展中的产业战略：以深圳为背景对产业发展的应用分析》，中国经济出
版社 1999 年版。

5. 《深圳特区报》：1983—2008 年。

6. 《特区经济》：1987—1992 年。

7. 同洲电子：http://www.coship.com。

8. 深圳市科技工贸和信息化委员会：http://www.szsitic.gov.cn。

第三章

市场机制创新与电子信息产业发展

自深圳经济特区成立 30 年来，深圳经济得到突飞猛进的发展，尤其是作为深圳经济支柱产业的电子信息产业。这得益于我国打破计划经济，转为以市场经济为主的经济运行方式。而市场机制作为市场经济的内在调节机制，在市场和市场经济的运行过程中发挥了重要的作用。市场机制既决定着市场运行的轨迹，也制约着市场功能的发挥及实现程度。在深圳电子信息产业的 30 年发展过程中市场机制的发展和创新发挥了重要作用。

第一节　市场机制的概述

一、市场机制的含义和特征

(一)市场机制的含义

市场是经济运行和经济活动的载体，在市场运行过程中，各种经济活动都表现为市场活动，各种市场主体都要借助市场运行过程中的市场活动转换为各种经济目的及其利益结果。市场通过市场机制使各种市场要素相互联系、相互制约，促使市场正常有序运行。[1]

市场机制是市场运行的实现机制，作为一种经济运行机制，是指市场机制体内的

---

[1]　王冰：《论市场机制的涵义及特征》，《中国农业银行武汉管理干部学院学报》2000 年第 3 期。

价格、供求、竞争、风险等要素之间互相联系及相互作用机理。市场机制可分为一般和特殊两种。一般市场机制是指任何市场都存在并发生作用的市场机制，主要包括供求机制、价格机制、竞争机制和风险机制。特殊市场机制是指各类市场上特定的并起独特作用的市场机制，主要包括金融市场上的利率机制、外汇市场上的汇率机制、劳动力市场上的工资机制等。

市场机制的内涵，指的就是这些机制因素在市场运行过程中对经济活动的制约功能或调节作用。这些具体机制的内在规律，也就是价值规律、供求规律、竞争规律、货币规律等发挥作用的过程。在这些规律发挥作用的过程中，也就形成了价格变动机制、供求平衡机制、竞争机制、利益分配机制等，所有这些具体的机制有机地结合在一起则共同构成了市场机制。在市场经济条件下，资源与经济物品的配置、经济活动和社会生产的调整，一般都是通过市场机制的作用来实现的。

(二)市场机制的特征

1.市场机制具有微观性

市场机制的微观性是指市场机制自动运行和发生作用的领域是微观经济，即个人和企业。在市场经济条件下，价值规律对宏观经济虽然有调节作用。但这种调节是间接的而不是直接的。市场机制发生作用的领域是微观经济，而不是宏观经济。这是因为，竞争和交换都是在各个生产者之间进行的，价格变动直接影响的是各个生产者的利益。

2.市场机制具有内在性

市场机制的内在性是指市场机制的自我协调组织能力，这种协调组织能力是市场机制内部各种市场要素相互作用而产生的，而不是由外部力量的作用形成的。市场机制的作用是由市场要素的相互作用引起的。例如，价格机制引起价格和商品供求变化，是由于商品价格与商品供给和商品需求之间的相互作用和制约，是由市场要素之间的相互作用决定的，而不是由人为决定的。一旦人们的行为违背或损伤了市场机制的内在机理，就会破坏市场的正常运行，市场机制就难以发挥作用。

3.市场机制具有连锁性

市场机制的连锁性是指市场机制是各种市场要素相互联系、互为因果的运动过程。市场机制中任何一个机制作用的发挥都会引起其他机制的连锁反应，并且需要其他机制的相互配合。例如，市场中的商品供求发生变化后会直接引起商品价格的变化，当供给大于需求时，则商品价格下跌，当供给小于需求时，则商品价格上涨；商品价格的涨落会引起市场主体利润的变化，商品价格上涨则利润增加，商品价格下跌则利润减少；利润的变化又会引起投资活动的变化，利润增加则投资增加，利润减少则投资减少；投资的变化会引起工资和利率的变化，投资、工资、利率的变化会引起供求关系发生新的变化；供求关系新的变化又会引起价格、利润、投资、工资、利率等发生新的变化，各种市场机制就是这样循环反复。

4. 市场机制具有制约性

市场机制的制约性是指市场机制通过对市场经济人利益的制约来发挥其对市场活动的调节作用。由于市场经济人对利益的追求，市场经济人的市场行为在价格、供求、竞争等机制的制约下变化。例如，价格机制通过价格的变化，影响每个生产者和消费者的利益，生产者因为产品价格的改变，改变生产经营行为，消费者因为商品价格的变化，改变购买行为，通过价格机制协调生产与消费的关系；在竞争机制和风险机制作用的情况下，生产者迫于激烈的竞争压力，投资者感受到获取利益的诱惑和风险的存在，为了获取更大的经济利益，生产者主动寻找市场、开拓市场，努力改变生产技术，加强企业管理，降低生产交易成本，提高生产效率，从而使生产要素的配置效率不断提高，投资者积极寻找市场潜力大，风险小的产业加以投资。市场机制对市场活动的调节作用正是通过对市场主体经济利益产生制约性影响而发挥出来的。

5. 市场机制具有动态性

市场机制的动态性是指市场机制在各种市场要素相互作用的运动过程中发挥调节作用。各种市场要素不是静止的，一成不变的，而是运动的，相互作用的。当市场运动过程中出现了某种市场信号时，市场机制会针对这种信号进行市场运行协调，市场机制作用的结果是需要一个运动过程才能反映出来的。因为市场以及各种市场要素都是在不断运动变化着的，当市场运行中出现了某种市场信号时，各种市场要素都会针对这种市场信号发生一系列连锁反应，当这种连锁反应持续一个周期时才会改变市场要素的运行状态，产生新的市场信号。这时，市场机制对市场活动的调节后果才能显现出来。如果没有市场要素之间相互作用的一系列连锁反应的运动过程，市场机制就无法发挥并产生实际效果。

二、市场机制创新的地位和作用

(一)市场机制有助于资源的合理配置

在社会经济活动和经济发展中，社会资源具有稀缺性。如何有效、合理配置社会资源，是经济学的一个最基本的命题。所谓资源配置，是指经济中的各种资源（包括人力、物力、财力、土地）在各种不同的使用方向之间的分配。它所要研究和解决的是在既定资源条件的约束下，根据当时特定的技术条件和经济发展水平，在各种可能的用途之间最有效地配置稀缺资源，以便使这些资源生产出尽可能多的为社会所需要的产品和劳务。

资源配置有两个方面：一是资源被利用的总量；二是商品生产者对生产要素的投入和组合必须考虑边际效益的高低。市场机制通过"无形的手"实现资源的有效配置，特别是在微观领域，市场机制被认为是最有效的资源配置方式。在市场机制作用下，价格对资源配置起着决定性的作用，商品的价格对商品生产者的选择有很大影响。因此，每个商品生产者从以最少的投入取得最多的产出以求收益最大化出发，必然依据价格信号决定投入数量和组合，各种资源也相应地在不同部门、产业、企业间流动并实现重新配置。由于资源使用者必须考虑边际效益，所以，在市场机制作用下，价格信号引导的资源配置往往具有较高效益，有利于实现资源的优化配置和合理使用。

可见，市场机制作为价值规律的实现形式，作为资源配置的实现形式，自发地调节着商品经济条件下的生产、分配、交换和消费的全过程，调节交换比例和收入、分配、消费状况以及人们的各自行为，决定着在有限的社会资源条件下生产什么、生产多少，从而最终调节着社会生产的基本比例关系。

(二)市场机制有助于实现微观经济的平衡

市场机制的作用范围是微观领域，市场机制通过价格、供求、竞争等机制调节社会资源的分配，实现微观经济的平衡。

从微观经济角度看，每个商品生产者从事各种不同的产品生产，消费各种不同的生产要素，在供给和需求结构、数量不断变化的情况下，以价格信号反映供需关系的市场机制，可以引导各个商品生产者及时地依据市场需求状况安排生产，使各种具体的产品在供求上趋于平衡。同时，价格的变动也可以影响需求，或者扩大、减少某种商品的消费，或者引起各种可替代产品的补充、退出，从而维持某种商品供需的大体平衡。价格信号反映出来的市场需求体现着消费者的偏好，因此，微观经济活动受市场机制的调节有助于各种具体产品的供需平衡。在市场竞争压力下，各个商品生产者为实现产品的有利销售和扩大在市场上所占的份额，不仅要在品种、数量上适应市场需求，而且要在产品款式、质量上不断更新、提高，以巩固自己在竞争中的有利地位并战胜其他的竞争对手。

微观平衡的实现是市场机制调节社会资源在各生产部门和企业之间分配的结果。在市场经济中，各个企业都是独立的商品生产经营者，它们生产的商品只有在满足了社会需要时，才能实现其价值，获得利润，使企业得以生存和发展。但是，各个企业在商品进入市场前，不可能事先知道会有多少产品同时进入市场，也不知道是否为消费者所需要，能否卖得出去。因此，各个商品生产者只有当它们的商品进入市场后，通过产品的跌价和涨价才亲眼看到社会需要什么，需要多少和不需要什么。如果某种商品供不应求，价格高于价值，就会吸引许多商品生产者来生产这种商品；反之，如果商品供过于求，价格低于价值，就会有许多商品生产者放弃这种商品的生产，转而生产别的商品。这样，由于市场机制的作用，就迫使各个企业不断适应市场的变化，去生产社会所需要的各种商品，由此实现生产资料和劳动力等各种社会资源在不同行业、部门和企业之间的流动和重新配置。正是这种社会资源的流动和重新配置，实现并不断维持着微观经济的平衡。

(三)市场机制有助于经济增长和发展

市场机制对经济的增长和发展有重要作用，我国经济正是由于建立社会主义市场经济，引入市场机制，通过市场机制的作用实现持续快速发展的。市场机制促进经济的发展和增长主要通过以下两个方面：

1. 促进效率提高和技术进步

市场通过竞争机制和价格机制引导资源的合理流动和充分有效利用，为生产者提供及时、客观的信息和充分的货币刺激，使企业能对市场的千变万化作出迅速的反应。在市场经济国家中，所谓"市场解决效率问题，政府解决公平问题"的大致分工，在某种程度上说明市场机制具有促进经济效率不断提高的功能。30 年来，我国计划经济的改革、市场经济的引入、国有企业改革的成功都证明了市场机制对促进经济效率提高的重要作用。同时，市场在推进技术进步方面也具有其他机制不可替代的功能，其原因主要是市场竞争的外在强制力。在市场经济条件下竞争机制迫使企业要不断地在科技投入、产品研发、引进吸收消化先进的技术设备等方面努力，以便在竞争中以性能更好、质量更高、价格最廉、成本最低的商品在激烈竞争的市场中扩大市场份额，获取更多的利润。同时，为了在激烈的市场竞争中生存和发展，劳动者和管理者也要不断地接受培训、学习、掌握和运用现代科技知识等，从而推进科技进步。

2. 调整、优化经济结构

市场机制能对经济结构（包括产业结构、产品结构、地区结构、企业组织结构、技术结构等）起到协调、平衡和优化的作用。首先，市场具有协调商品供求结构，使之趋于平衡的作用，这是通过价格机制的调节实现的。其次，市场机制具有优化企业效率结构和企业组织结构功能，这主要是通过市场竞争机制和风险机制发挥作用来实现的。第三，市场机制具有优化产业结构的功能，这一功能是通过价格机制（实质是利润率高低）实现的，因为在价格和利润引导下资源的自由和充分流动，可使产业结构、部门结构趋于均衡化、合理化。

第二节　电子信息产业的发展与市场机制的变迁

1980 年 8 月深圳经济特区成立，作为中国改革的"试验场"和对外开放的"窗口"，特区建立之初就明确提出了经济运行机制"以市场调节为主"和"以市场为取向"的改革目标。经过 30 年的改革和发展，从引入市场机制到社会主义市场机制的确立到市场机制与国际经济接轨，市场机制不断完善和发展。正是由于市场机制的引入和发展，深圳电子信息产业才能从无到有，取得了举世瞩目的巨大成就。如今，深圳既有以华为、中兴等为代表的具有一定全球影响力的先锋企业，也有以比亚迪、腾讯、金蝶、大族激光等为代表的国内行业龙头企业，还有一大批在新兴行业有影响力的初创型企业。2007年深圳电子信息产业产值达到 6154.72 亿元，与 10 年前相比，增长了 26 倍，占全市规模以上工业总产值的 49.7%，成为深圳市的支柱产业，居全国首位。深圳已成为全国乃至世界电子信息产业的产业基地。[1] 其发展大致可分为四个阶段：

---

[1]　深圳电子信息产业产值 10 年增长 26 倍，稳居全国首位：http://www.szlgnews.com/lgnews/content/2007-12/31/content_1756909.htm。

一、80年代前期——计划与市场的双轨机制

80年代初，中国经济体制改革的基点是冲破传统的计划经济模式，这就意味着必须引入市场机制。因此，深圳对经济体制进行一系列大胆改革，转变政府职能，由直接管理、行政管理向间接管理和依法管理转变，允许外资企业的经济活动以市场调节为主；放开物价由市场调节，扩大企业自主权，改革用工制度和金融管理体制等，这一阶段深圳既引入市场机制对资源进行有效的配置，政府又制定各种优惠政策对投资加以引导，形成了计划与市场的双轨机制。

深圳特区创立之初，深圳电子信息产业可以说是一张白纸，深圳经济以劳动密集型的加工工业为主，"三来一补"的项目占全部引进项目的76%，"三来一补"的企业没有研究开发的能力，其技术来源主要依赖国外的母公司。然而正是加工贸易的迅速发展为深圳经济提供和积累了资金，为深圳电子信息产业的发展，为深圳产业结构的升级奠定了基础。

二、80年代中后期——市场机制的初步形成

80年代中后期，深圳进一步加大改革力度，加强市场机制在经济发展中的地位，培育各种要素市场，为市场机制作用的发挥奠定基础。在消费品市场方面，深圳逐步放开商品价格，至1988年底，价格放开的产品已占社会商品零售总额的97.4%；在生产资料价格方面，除计划内供应物资实行计划价外，绝大多数实行市场价格；在金融体制方面，实行金融机构多元化，除了数家国家银行和信托、咨询、财务、保险等10多家非银行金融机构外，还有3家区域性股份制银行，以及引进25家外资银行和办事处，同时对银行业务也进行了一系列的改革，实行企业化经营和较为灵活的利率活动，建立证券市场、短期资金拆借市场等。1986年制定了《深圳经济特区国有企业股份试点暂行规定》，对国有企业进行股份制改革，如1988年开始对赛格集团公司实行股份制改造。[1]

总之，这一阶段深圳各要素市场开始发育、成长，并且与市场相关的市场管理机制也开始逐步形成，深圳特区的市场体系也已有了雏形。这就使得深圳通过市场机制

[1]　张溯：《深圳特区实行计划经济与市场调节相结合的几个问题》，《计划经济研究》1991年第11期。

进行生产和经营的调节成为可能。

　　这一阶段是深圳传统加工贸易向高新技术产业的转型阶段。其标志为深圳市政府与中国科学院于 1985 年 7 月共同创办的深圳科技工业园的诞生，以及赛格科技工业园与蛇口开发科技有限公司等企业的发展。传统的加工贸易的产业结构和增长方式已难以适应国际市场竞争和经济的可持续发展，并且深圳科研基础薄弱。然而深圳充分发挥市场经济发育较早的优势，通过建立和完善人才市场、技术市场、资本市场、吸引大批国内外的科技人才；以内地众多高校、科研机构为依托，吸引大批科研成果在深圳实现产业化，并吸引了大批高新技术人才到深圳创业。这一阶段特区产生了第一批高新技术企业，1988 年高新技术产品产值达 4.5 亿元，约占全市工业总产值的 4.5％，计算机及其软件通信、微电子及基础元器件的电子信息产业已初步形成。同时深圳开始探索科技与经济相结合的新模式，探索发展高新技术产业的新道路，建立个人收入与效益挂钩的制度和优胜劣汰的竞争机制，并为深圳市企业股份制改造积累实践经验。1987 年 2 月颁布了《深圳市人民政府关于鼓励科技人员兴办民间科技企业的暂行规定》，从而拉开了深圳市民营科技企业发展的序幕。

三、90年代之后——市场机制的基本确立

　　1992 年 10 月，以邓小平南方重要讲话和中国共产党十四大召开为标志，中国的改革开放掀开了新的篇章。这次大会上，党的第三代领导核心江泽民庄严宣布："实践的发展和认识的深化要求我们明确提出：我国经济体制改革的目标是建立社会主义市场经济体制。"邓小平南方重要讲话使深圳特区更加坚定地确立市场经济的中心地位，市场机制基本确立，促进电子信息产业飞速发展。

　　这一阶段是深圳电子信息产业做强做大的阶段。1992 年，邓小平南方重要讲话后，深圳高新技术产业获得新的发展动力，尤其是电子信息产业发展更快，成为深圳高新技术产业的龙头（其产值占全市高新技术产品产值近九成），引起全国关注。这一阶段的重要标志和特点：一是高新技术产业的若干重要经济指标不断上升；二是崛起了一批具有一定规模的高新技术产业组织；三是成功建立了高新技术产业园区；四是初步形成了高新技术产业集群和大中小企业的配套系统和产业链。

　　这一阶段深圳高新技术产业的发展，已经成为深圳的第一经济增长点。如 1991

年全市高新技术产品产值仅 22.9 亿元，1998 年已达到 655.18 亿元，增长 27.6 倍，年均递增 61.46%；1991 年的高新技术产品产值占工业总产值的比重仅 8.1%，1998 年则达到 35.4%；高新技术产品利税由 2.4 亿元增加到 61.25 亿元，增加 24.5 倍，年均递增 58.9%；高新技术产品的出口也高速增长，1992 年高新技术产品出口额仅有 1.92 亿美元，1998 年达到 44.31 亿美元，增长 23.1 倍，年均递增 42.6%；1998 年，尽管受到亚洲金融危机的影响，高新技术产品出口仍同比增长 19.19%，是同期外贸出口增长幅度的 5.48 倍。[1]

这一时期，深圳生产类和消费类电子信息设备一些主要产品，在全国都占有重要位置。与此同时，深圳崛起了一批如华为、中兴、创维、比亚迪等具有相当规模的高新技术企业及其配套的产业群。

四、新世纪到来——市场机制与国际经济接轨

进入 21 世纪，特别是中国加入 WTO，与国际经济日益融合，深圳电子信息产业不断与国际经济接轨，参与国际分工、国际交换和国际竞争，在国际市场范围内进行资源配置。建立国际化的市场机制，充分利用国际市场，使深圳电子信息产业不断创新和发展。深圳特区市场国际化主要表现在：

(一)产品国际化

深圳电子信息企业从 20 世纪 80 年代起通过引进国外技术，进行消化吸收，并不断加强自主创新能力，研发出具有国际竞争力的创新产品。如今，深圳电子信息产业已经产生一批具有国际信誉的知名企业，其产品在国际上也极具竞争力。如华为销售额多年保持稳定增长，海外销售所占比重逐年上升，显示出卓越的成长性，华为已经成为一家经营稳健的国际化公司。2008 年华为的合同销售额达到 233 亿美元，增幅超过 46%，其中海外合同销售额达 75%。华为的产品与解决方案已服务于全世界 70% 的 TOP50 运营商，沃达丰、英国电信、意大利电信、法国电信、西班牙电信和德国电信等多家领先运营商都是华为的客户，越来越多的领先运营商受益于与华为全面深入的合作。

---

[1] 魏达志：《论深圳高新技术产业国际化的战略转型》，《深圳特区科技·创业月刊》2005 年第 3 期。

(二)资源配置国际化

通过在全球范围内配置资源，使市场机制在全球范围内发挥作用，更好地利用全球资源，对于深圳的电子信息企业最重要的是资本和技术资源。如 1999 年，腾讯公司还只是赛格工业园中的一家小公司，开发了一种中文网上寻呼的软件，也就是我们现在熟知的 QQ，当时用户量迅速增长，但因资金紧张，发展受到严重制约，在深圳首届高交会上被境外风险投资看中，美国数据集团（IDG）和李嘉诚旗下的香港盈科数码一举投下 220 万美元。正是因为很好地利用了国际资本，才有了今天总资产上百亿元的腾讯。深圳电子信息企业通过参与国际市场，加强与国外企业的技术交流与合作。如华为在 3G 的各个领域上与国外巨头展开了合作，如与 NEC、松下合作研发 CDMA450 手机，华为与高通合作 CDMA2000 技术，与西门子合作研究开发 TD-SCDMA，通过这种技术的交流与合作，增强华为产品的国际竞争力，也使其产品能快速进入合作企业所在国市场。

(三)运行机制国际化

深圳已基本建立能够按国际惯例运行的市场机制。电子信息企业能按国际惯例和规范生产经营，与国际市场接轨，如特区的价格体制、货币体制、产品的质量标准，各种认证体系都能很好地与国际市场衔接。唯有如此，才能使产品具有国际竞争力。

第三节　深圳电子信息产业的市场机制创新

一、市场经济调节的薪酬机制

深圳电子信息产业的发展离不开人才，特别是创新型人才、深圳电子信息企业通过引入市场经济调节的薪酬机制吸引人才，留住人才。企业员工的工资已经不再像是计划经济时期的固定工资，干好干坏一个样，而是按照"效率优先、兼顾公平"的原则，对企业各个层面的管理人员、技术人员、营销人员实行"能上能下、能进能出、收入能增能减、优胜劣汰"的分配机制。只有所创造的价值与所分配到的价值相对等时，才能调动员工的积极性。同时，通过劳动力入股、技术入股、期权奖励等多种激励方式推动和提高员工，特别是高级人才的持股比例，使企业财产关系内部化，提高企业员工的主人翁地位，增强企业凝聚力。

（一）提供具有市场竞争力的工资待遇

高工资是第一推动力，在高薪的推动下，企业才能积聚到更多的优秀人才，组成强大的创新型队伍，为企业推出全新的理念、先进的技术和一流的产品。华为之所以能成为中国乃至世界极有影响力的通信设备制造商，成功的最根本因素就是自主创新，而自主创新是通过靠高薪打造出一支具有强烈创新能力的团队实现的。《华为基本法》第六十九条规定："华为公司保证在经济景气时期和事业发展良好的阶段，员工的人均收入高于区域行业相应的最高水平"。[1] 华为正是通过这一政策，吸引着国内外优秀人才。

（二）实施企业与创新型人才自身利益捆绑的制度

创新型人才对电子信息企业的发展尤其重要，电子信息企业为了调动人才的积极性，充分发挥他们的才能，纷纷实行创新型人才资本产权激励制度，就是积极促进生产要素参与收益分配，打造利益共同体，把知识、专利、商标、科技发明和原创科研成果、管理等有形或无形资产转化为货币或股权，实现个人利益与企业利益的高度一致，从而真正实现个人与企业的共同发展。例如，华为本着"权利智慧化、知识资本化"的原则，在企业内部建立了全体职工内部持股制度，在每个营业年度开始，华为都会按照员工在公司工作的年限、级别、业绩表现、劳动态度等指标确定符合条件的员工可以购买的股权数，华为的股本结构为：30% 优秀员工集体控股；40% 骨干员工有分量地控股；10%—20% 低级员工、新员工适当参股，[2] 这种制度极大增强了华为人的公司荣誉感，调动了华为人的工作积极性。

2006 年 10 月 26 日，中兴通讯股权激励方案出台。推行股权激励计划的 A + H，其首期股权激励计划以新股发行的方式分配给 21 名董事和高级管理人员 206 万股中兴通讯 A 股股票，分配给 3414 名关键岗位员工 4592 万股，其中研发人员占 60%，市场与管理人员约占 40%，这些股票约占总股本的 5%。[3] 同时，中兴通讯作为 IT 业的

---

[1] 华为基本法：http://baike.baidu.com/view/398119.htm?fr=ala0_1_1。

[2] 丁月华：《全面薪酬战略——企业创新型人才的激励机制》，《科技情报开发与经济》2008 年第 6 期。

[3] 中兴通迅正式公布第一期股权激励计划：http://tech.sina.com.cn/t/2007-02-15/16571386496.shtml。

高新技术企业，选择激励对象时非常明显向研发技术人员倾斜，激励对象超过 60%
是以研发为主的有技术背景的人员，其次才是管理和市场这些要害部门的高级别人
员，中兴通讯研发部门二级主任工程师以上人员基本都参与了这次激励计划，覆盖
面超过了该部门的 20%，而其他部门的覆盖面不足 5%。这样的选择是因为通信公司
的产品从研发到市场收益周期非常长，公司为了长期的发展，需要主动加大研发技术
投入以保持战略优势，这样费用投入和技术性风险都很大，而研发部门实行研发项目
制，风险和控制都集中在项目领导者和各层级的技术负责人身上。因此，只有给予研
发项目主管一定的长期激励薪酬，才能使其愿意承担风险，并有积极性指导项目的出
色完成。

二、自主化的企业经营机制

自主经营、自负盈亏的企业制度的形成，是市场体系发育的基础。要使企业成为
真正的市场主体，就必须深化企业改革，不断减少行政机关对企业的干预，使企业成
为权、责、利统一的经济实体。深圳在全国最早下放给企业自行组织生产和销售；支
配生产发展基金、新产品试制基金、后备基金、职工福利基金和奖励基金；技术改
造、扩大再生产；聘用和辞退职工；设置内部管理机构，任免中层干部；工资分配等
多项权力，从而使企业体制由所有权与经营权合一转变为所有权和经营权分离，给企
业经营带来了活力，也为企业参与市场竞争创造了条件。

深圳电子信息企业自主化的经营机制表现在技术上的自主创新、对企业决策的高
度自主权、在资产上的高度支配权、在用人上的高度选择权。

自主创新是深圳电子信息企业自主经营的重要表现，作为高新技术企业，科技创
新无疑是最重要的。深圳已经形成以企业为主体的自主创新体系，主要体现在四个方
面：一是 90% 以上的研发机构设立在企业；二是 90% 以上的研发人员集中在企业；
三是 90% 以上的研发资金来源于企业；四是 90% 以上发明中的专利出自企业。[1] 企
业自主创新的产生源于市场需求，其发展决定于市场竞争，因而企业因产品竞争力强
而充满活力。通过自主创新，特区已拥有一大批在全国叫得响的龙头企业：通信领域
的华为、中兴等；软件领域的金蝶、金证等。

---

[1] 自主创新：深圳企业唱主角：http://www.sznews.com/zhuanti/content/2007-01-22/content_795393.htm。

在决策上的高度自主权，表现为企业可根据市场的变化，以企业资产快速增值和为企业出资者提供更高回报为目的，不断调整企业经营方向，甚至使整个企业跨行业转产。实践中，很多主营产品赢利尚可的企业经营者，在发现了可获取更高回报的新行业、新市场后，在保持主营产品的生产和发展的同时，积极到新行业、新市场中开拓创新。

在资产上的高度支配权，表现为企业一旦作出一个全新的经营决策，便有权充分调动企业各种资源付诸实施，甚至当企业发现具有更高投资回报率的行业和市场后，可以全部变卖已有生产设备，以实现整个企业的跨行业转产。企业在资产上的高度支配权，保证了企业能够将企业的有限资源投入高回报的新行业和新市场中运营，通过这一机制实现了社会资源的有效配置。例如，比亚迪公司在 2003 年以前专注于电池行业，成为全球第一的电池生产商。然而，正是看到汽车行业巨大的发展前景，2003 年比亚迪跨行业收购西安秦川汽车有限公司正式进入汽车行业，实现了从单一产业向复合产业的跨越。

在用人上的高度选择权，表现为企业能够实行优胜劣汰的用人制度，根据每个人的能力为员工定岗、定位，将优秀人才破格提拔到关键岗位；并且可以根据市场发展和企业发展的需要，面向社会招聘经营管理人才、技术开发人才等，及时更新企业的人才结构，使企业能够快速适应新的市场形势和发展要求。

三、相互促进的产学研机制

产学研是指将生产企业、高等学校、科研机构结合成一个整体，集科学研究与科技开发、人才培养及培训、技术推广及开发应用、生产与销售为一体，充分发挥各自的优势，推动科技与经济的结合，发展生产、发展科技的过程。

相互促进的产学研机制一方面可以增强企业科研创新能力，提高产品的竞争力，另一方面大学、科研机构不仅从产学研合作获得了经费支持，更重要的是把学校的科技创新与市场需求很好地衔接，提高科研成果转化率，并不断推动科技的发展，为社会带来更大的社会和经济效益。深圳的电子信息企业一般都紧紧地依托国内外著名的高校和科研院所，形成紧密的、卓有成效的、相互促进的产学研机制。

如早在 90 年代初，赛格集团就与深圳大学、电子科技大学、杭州电子工业学院等学校联合办学，解决人才的培养和在职人员的继续教育问题，并在这几所院校设立赛格奖学金，还组织奖学金获得者到赛格集团进行访问，对人才进行了长远投资。

如比亚迪公司设立了中央研究部，来自北京大学、清华大学、中国科大、复旦大学等院校的精英人才加盟比亚迪，为比亚迪增添了新的活力，使比亚迪科研力量增强。同时，公司在科研开发的投资上也成倍增长。目前，比亚迪中央研究院数千名工程师的研发大军让比亚迪60%的生产设备实现了自主研发。正是由于研发的巨大投入，使比亚迪成为全球领先的二次充电电池制造商，IT及电子零部件产业已覆盖手机所有核心零部件及组装业务，镍电池、手机用锂电池、手机按键在全球的市场份额均已达到第一位。

创维公司为掌握自主核心技术，斥巨资建立了美国硅谷研究室、香港研发中心、深圳数字研究中心等七个科研机构，与松下、三菱等业内巨头结成技术合作伙伴，同时还与清华、华中理工、中科院成都光电所等建立合作开发关系，使企业的科研能力大大提高。

1999年8月深港产学研基地成立，是由深圳市政府、北京大学、香港科技大学三方携手在深圳市高新技术区共同创建的合作机构。深港产学研基地立足深港湾区，是一个高层次、综合性、开放式的官、产、学、研、资相结合的实体，是科技成果孵化与产业化基地、风险基金聚散基地、科技体制创新基地、高新技术人才培养引进基地，是北京大学和香港科技大学除本校所在地以外最重要的合作基地。[1] 该基地为企业和高校、科研机构的产学研结合提供重要的支持，促进了深圳电子信息产业的产学研机制的发展和创新。

四、卓有成效的转化机制

在过去，高新技术成果向产业化方向转化是一件非常困难的事情。据了解，每年我国所申请的专利成果大概最多只有10%是有人问津的，而最后转化为产品，进行大规模生产的则不到1%；而且科技成果转化周期太长，过去一般需要3—7年时间，并要经过研究、开发、中试和投产四个阶段。而且有关研究表明，从科技开发到产品中试再到产品投产所需的资金比例是1:10:100，资金成为科技成果向商品转化的关键。由于资金问题很多技术项目无法付诸实际或中途夭折。如今，深圳特区通过建立各种

[1]   深港产学研基地简介：http://www.ier.org.cn。

创投基金，促进产学研结合，举办高新技术成果交易会等方法已形成了卓有成效的转化机制，使深圳企业技术创新产品的转化率大大提高。这里要特别指出的是由深圳举办的中国国际高新技术成果交易会。

1999 年 10 月，首届中国国际高新技术成果交易会在深圳高交会展览中心举行，由高新技术成果交易、以"国际计算机、通信、网络产品展"为主题的高新技术产品展示交易、高新技术论坛三大部分内容构成。深圳高交会以高新技术成果交易为鲜明特色，将高新技术成果交易与专业产品展有机结合在一起，并创造性地发挥政府和中介组织在促进科技成果和项目成交中的作用，率先提出了"成果交易与风险投资相结合"的交易形式，不仅组织了万余项高水平的参展项目，而且邀请具有技术需求的境内外企业、风险投资机构、中介机构、金融机构参会，设立了投资商展和中介服务机构展，并为技术供需双方建立了网上交易系统，为实现高交会"永不落幕"提供保障，为科技成果转化为生产力创造了条件，取得了重大成效。通过高交会这一科技成果的转化平台，成千上万的科研成果已经走出"象牙塔"，在全国各地开花结果，转化为一项项实实在在的产品，催生了一个个新兴产业群。有一组由高交会组委会提供的数据：十年来，共有来自全球 50 多个国家的 30075 家企业、16133 家投资商、94390 个项目参加了高交会。平均每届参观人数超过 50 万人，交易额超过 130 亿美元。不少项目成功转化为现实生产力。QQ、优盘、CDMAIX、高清电视、3G、智能手机等都是从高交会走向世界的。

"没有高交会，就没有朗科公司的今天。"闪存盘之父的深圳朗科科技有限公司总裁邓国顺这样评价高交会。1999 年，邓国顺还在新加坡留学，听说深圳将举办首届高交会，就急匆匆带上他的发明专利和一个简陋、粗糙的"优盘"样品赶来深圳，当邓国顺的"优盘"在高交会亮相时，立即吸引了深圳及全国媒体的关注，一位新加坡投资商得知后，迅速与邓国顺取得联系，并决定投资开发这一技术。深圳市政府也给邓国顺这个发明专利提供了 12 万元的创业基金。在随后的 7 年里，朗科每年都参加高交会，高交会给朗科带来丰厚的利益，可以说朗科是与高交会共同成长和发展起来的。

除了通过高交会促进企业科技成果的转化，很多企业也都建立起自己的科技成果转化机制。如双海公司在建立公司技术创新转化机制的时候，积极运用风险投资参与科技成果的转化，并有效地分散了科技成果转化的风险：一是投入经费，分担了"转化"过程中的金融风险；二是通过项目可行性论证和市场适用性调研，对需"转化"

项目进行严格筛选，以规避技术风险和市场风险；三是通过有效的管理体制驾驭"转化"过程的非技术风险，有效地建立了技术创新的转化机制，使技术创新的转化率大大提高。

五、不断完善的风险投资机制

高新技术产业是一个高风险产业，研究与开发一个新产品需要耗费大量的资金，同时，成功率却非常小。据美国统计，由风险投资所支持的风险企业20%—30%完全失败，约60%受到挫折，只有10%—20%的风险投资可获得成功。但是与高风险相对应，风险投资一旦成功，其回报之高也是传统的投资所无法比拟的。据统计，美国风险投资的长期回报率高达20%，有的甚至可获得数十倍乃至数百倍的回报。然而银行在贷款时通常以稳健为原则，强调收益与安全并重，不愿贷款。这使得高新技术企业出现融资难问题，大量科技成果由于缺乏资金而没有得到应用。作为深圳高新技术产业支柱的电子信息产业同样也面临这样的问题。引入风险投资，建立完善的风险投资机制不仅能很好解决高新技术企业的融资问题，而且能有效分担技术创新过程中的风险。

风险投资机制，它包括风险投资的运作方式和内外环境，其核心是一个风险收益对等的、能够促使风险投资家付出极大热情和艰苦努力的动力机制，一个有效约束风险投资家行为、降低代理成本和代理风险的约束机制，以及一套强有力的支持体系。

深圳是最早建立风险投资机构的城市之一：1990年成立了全国第一家风险投资机构——南山创业投资基金；1993年开始对深圳创建风险投资体系进行理论探讨；1997年开始着手创建深圳风险投资体系。深圳创业投资发展迅速，机构和资本均居全国第一，成为国内创业投资集聚力最强的地区。2006年共有注册登记的创业投资公司500余家，约占全国1/2。深圳通过不断完善法律、金融、风险投资体系等来不断完善深圳风险投资机制，这对深圳的电子信息产业的发展起到了很大的推动作用。

(一)完善法规环境

深圳有1998年颁布而在1999年修订的《关于进一步扶持高新技术产业发展的若干规定》及2000年10月颁布的《深圳创业资本投资高新技术产业暂行规定》。据统计，自90年代以来，深圳先后颁布了300多个有关高新技术发展的地方性法规和条例，建设了一个有利于深圳电子信息产业发展的法律环境。

(二)完善金融环境

风险投资机构作为新型的投融资机构，通常面临如何吸收民间的闲置资金和如何实现风险投资的顺利退出的问题。深圳非常注重金融体系的完善，已初步形成了以银行、证券、保险为主体，其他多种金融机构并存，结构比较合理、功能比较完善的金融组织体系。

(三)完善风险投资体系

完整的风险投资体系包括：风险投资的主体（风险资本的供给者、风险投资机构）、风险投资的客体（活跃的项目市场）、风险投资中介机构（监督中介和服务中介）、风险投资的退出市场（各级股权市场）。深圳通过采取各种措施完善自身的风险投资市场体系，采取措施扩大风险资本的规模，增设风险投资中介机构。深圳有专业性创业投资公司及有关机构 112 家；深圳成立的风险投资公司大部分为公司制；大多积极采取基金管理型的运作模式；在中介机构方面，深圳已建立专业中介交易机构，专营担保机构，创业孵化中心，同时有与国际接轨的、成熟运作的监督中介配套；在风险退出机制方面，积极寻求在境外市场上市，同时积极完善其他的退出通道。深圳建有高新技术产权交易所、深圳产权交易所等；深交所中小企业板块的设立，创业板的推出也为深圳电子信息企业提供了有效的融资渠道，也为我国的风险投资提供了一条通过资本市场退出的渠道。

参考文献

1. 韩颂善：《市场机制概论》，山东大学出版社 1997 年版。

2. 韩文秀：《"看不见的手"与"看得见的手"：中国经济中的市场机制与宏观调控》，福建人民出版社 1998 年版。

3. 蔡兵：《市场机制与高科技产业化发展》，人民出版社 2002 年版。

4. 袁斌昌：《略论市场机制及其功能》，《湖北大学学报》1993 年第 4 期。

5. 王冰：《论市场机制的含义及特征》，《中国农业银行武汉管理干部学院学报》2000 年第 3 期。

6. 叶民辉：《深港高新技术产业透析》，海天出版社 1997 年版。

7. 品牌世家：华为全年纳税高达 120 亿元：http://guide.ppsj.com.cn/art/1430/ hwqnnsgd 120yy/。

8. 丁月华：《全面薪酬战略——企业创新型人才的激励机制》，《科技情报开发与经济》2008 年第 6 期。

9. 风险投资网：《性格与成败：QQ 借力风险投资腾飞的故事》：http://www.chinavcpe.com/school/Casestudy/2009-01-25/84985108c04c95f1.html。

10. 华为：www.huawei.com.cn。

11. 深港产学研基地：http://www.ier.org.cn/show.jsp?aid=632。

12. 品牌世家：华为全年纳税高达 120 亿元：http://guide.ppsj.com.cn/art/1430/ hwqnnsgd120yy/。

13. 中兴通迅股份有限公司：www.zte.com.cn。

14. 靳景玉：《京、沪、深风险投资环境比较分析》，商业时代 2006 年。

15. 我国民营科技企业基本情况：http://xsti.net/mqxh/status_1.html。

16. 姚小雄：《发挥市场机制在资源配置中的基础性作用——深圳经济特区培育现代市场体系过程》，《特区理论与实践》2000 年第 9 期。

17. 中国国际高新技术成果交易会：www.chtf.com。

第四章
制度创新与现代企业制度的演进与发展

深圳作为我国最成功的经济特区，在它成长的 30 年中，在各个方面都取得了非常显著的成绩。尤其是电子产业对企业制度的探索走在了全国的前列。从政府的简政放权到现代企业制度的最终建立，以及现阶段虚拟现代企业制度的改革，都见证了深圳电子工业作为特区主要高科技产业的重要作用。

第一节　制度创新的概念及其重要性

对于制度的概念，一般有两种不同的观点：一种认为制度特指约束人们生产、社会、经济、政治等行为的规则总和；另一种理解认为，制度的存在方式既表现为规则的集合，又体现为一定形式的组织。制度创新包括：（1）一种特定组织行为的变化；（2）这一组织与其环境之间的相互关系的变化；（3）在一种组织的环境中支配行为与相互关系的规则变化。后一种理解是对制度本质认识的深化。[1]

我们还可以从其他角度来看制度在特定组织当中所起的作用。在新制度经济学交易费用理论中，通常情况下技术越不发达，交易范围及其复杂程度越高，交易费用就越大。如果不消除逐渐增大的交易费用，便会阻碍技术进步对生产力的加速作用，将影响经济的发展。同时，在技术等物质生产要素不变的情况下，制度的改善也会促进经济的增长。诺斯在 1968 年发表的《1600—1850 年海洋运输生产率变化的原因》一

---

[1]　卢现祥、朱巧玲主编：《新制度经济学》，北京大学出版社 2007 年版。

文中对此得出了开拓性的结论：一个效率较高的制度，即使没有先进的设备或技术，也可以刺激劳动者创造出更多的财富；但是再先进的设备和技术，如果存在于低效的制度环境中，也同样无法高效率地贡献于经济增长。一个良好制度的建立将在组织的发展过程中起到非常重要的作用。[1]

企业作为我们经济组织中最重要的单位，在改革开放初期，对企业制度的创新曾经引起了很大的讨论。而现代企业制度的改革目标是当中最为显著的企业制度改革。现代企业制度是企业制度历史演变的结果，也可以说是企业制度历史演变过程中的一种高级形态。一般的定义是：现代企业制度是指那种由经理人员直接管理的企业所实行的各项组织和法律制度。美国经济学家钱德勒在他的名著《看得见的手》一书中，为现代企业制度下了一个被学术界普遍接受的定义：由一组支薪的高、中层经理人员所管理的多单位企业，可以恰当地被称为现代企业。这种企业制度自20世纪以来在西方国家得到发展与完善，并逐步成为世界企业制度建立的主要模式。其基本特征是：股权高度分散；所有权与经营控制权明显分离；由专业管理人员进行管理等。

现代企业制度是将体制创新、市场创新、组织创新有机结合的综合制度创新。它的范围涉及政府的政策引导、法律规范、企业内部管理机制的改革以及利用市场机制等各个方面。它是一种体制创新与市场机制有机结合，是政府通过法规和政策引导规范市场行为，以及企业通过自身组织创新适应市场变化的协调机制。因此，可以看出现代企业制度的建立是以现代化社会大生产为背景，以市场经济为前提的。首先是政府应该放开对企业和市场的计划管制，让企业真正拥有自主的经营和管理的权利。现代企业制度有赖于发达的资本市场和经理市场，有赖于发达的市场网络和交易渠道，有赖于良好的市场规则和市场秩序等。现代企业制度是企业制度改革的基础。作为一种微观经济体制，现代企业制度涉及企业外部环境和内部机制各个方面。这个制度体系明确了企业的性质、地位、作用和行为方式，规范了企业与出资者、企业与债权人、企业与政府、企业与市场、企业与社会、企业与企业、企业与消费者以及企业与职工等方面之间的关系。现代企业制度关键在于确立企业民事法律关系的主体地位和在市场中的竞争主体地位。这样使得企业真正成为可以自主选择自己经营方式和方法

---

[1]   [美]弗鲁博顿、[德]芮切特著，姜建强、罗长远译：《新制度经济学——一个交易费用分析范式》，上海人民出版社2006年版。

的决定者。[1]

历史证明了我国现代企业制度改革为经济的发展解决了微观制度的问题。首先，建立现代企业制度目标的确立，明确了国有企业的改革方向。这标志着我国企业改革进入了一个新阶段。建立现代企业制度，从某种意义上说是一次产权制度的革命，是我国社会主义市场经济体制的微观基础。对于培育和塑造适应市场经济要求的市场主体，尤其是对于搞好国有大中型企业，具有重要意义。在早期，它有助于我们市场经济体制的确立。同时，转变政府职能有利于搞活国有大中型企业。到后期，现代企业制度的建立有利于宏观调控的进行。作为全国的经济试验田的深圳经济特区，成为中国建立现代企业制度的先锋者。而作为深圳有史以来最为发达的电子工业来说，更是在企业现代企业制度的改革上，扮演了重要的角色。

第二节　现代企业制度的发展历程

建立和完善社会主义市场经济的微观基础（企业）是建立社会主义市场经济的主要内容和重要环节。而改革的重点首先必须是切实转换国有企业经营机制，通过理顺产权关系，建立起适应市场经济需要的现代企业制度。经过 30 年的改革，深圳的电子企业在企业制度改革方面进行了大胆的尝试和实践，丰富了社会主义市场经济的理论。本节将主要介绍深圳在建立现代企业制度方面的历程。

深圳特区建立初期，由于没有现成的经验可供借鉴，政府对所有国有企业的管理方式以及企业制度，在很大程度上还是延续传统的做法，即仍然以政府作为发展经济的主体，主要的决策由政府的有关部门作出。由政府决定在哪些行业、对哪些项目进行投资，并对投资项目进行审核及投资。为了能够使国有经济正常运行并对众多的国有企业实行有效的管理，政府主要采取了三种手段：第一，根据国家的总任务和本地区经济发展的需要，制定本地区的年度经济发展目标和计划，并按行业进行任务细分。对于电子行业来说，就是要制定详细的产值、销售、成本、利润等指标，再在各部门之间分解，最终将任务下达到企业。这些指标由企业和主管部门最后商定就成为企业一年的生产经营计划。这种指标由政府下达，没有特殊情况，企业必须完全服

---

[1] 邓荣霖：《现代企业制度概论》，中国人民大学出版社 2003 年版。

从。政府通过这种全能性的计划，不仅协调经济各个部门的发展，而且还直接控制企业的日常生产经营。第二，作为完成计划的手段，作为主管机构的深圳科技局对电子行业企业的生产、销售、物资调拨、资金分配、干部职工的调动等进行统一集中的管理。第三，委派厂长经理等主要负责人管理企业，以便保证各项指标的完成和计划的实现。

这种由政府集中决策，通过计划配置资源，企业按计划进行生产，并由政府承担最终结果的经济模式，使企业本身缺乏必要的独立性和经营自主权，无法成为独立的经济实体。同时，又使得企业丧失了进取的动力。在企业的日常管理当中，生产经营、产品购销、价格调整、利润分配、人力资源等经济活动按政府部门的要求进行。而且，企业的技术进步、先进设备的采购、投资项目的决定等也都要通过主管部门的审批才能执行。企业无法根据市场和自身的情况合理地经营。这样，就使企业成为政府各部门在该行业上的延伸机构。因而政企不分，权责不明，最终导致多数国有企业缺乏激励和创新力，效率低下的情况比比皆是。有些企业不仅亏损严重，而且负债累累，每年不得不向政府要钱，艰难度日。在深圳的电子产业中，许多电子企业不仅难以适应特区迅速变化的市场环境，而且更无法与外资企业竞争。这就使得国有企业不得不改善其管理方式来适应市场的变化。[1]

改革开放初期，深圳特区的基本情况是，引入市场机制以后，外资企业按照市场规律自主运作，即在遵守国家法律、法令和特区政策的范围内自主经营，拥有自己经营的自主权。而国有企业在许多方面受到限制，特别是在人力资源、企业经理的选择、收入分配和资金筹集等方面缺乏自主权。这样，就使得电子行业的国有企业在市场竞争中处于明显不利的地位。由于市场经济和企业经营环境的根本性变化，延续旧制度和旧管理方式的国有电子企业开始面临困境。为了适应特区改革开放和市场经济发展的需要，推动企业自身的发展，从80年代初开始，特区对企业制度和部分电子国有企业的管理体制进行了一系列的改革和创新。并且这个改革一直持续到今天。

深圳电子企业制度的改革是一个渐进的不断深化的过程。随着形势的发展和适应企业经营方式变化的需要，各种改革措施先后出台，由局部到整体，不断深化。按改革的内容、时间顺序和深度来看，大致可分为以下三个阶段：简政放权阶段、转变企业经营机制阶段、建立现代企业制度阶段。

---

[1] 深圳市科技工贸和信息化委员会：http://www.szsitic.gov.cn/index23/35.shtml。

一、简政放权阶段

深圳电子行业第一阶段的企业制度改革，从时间上看大体上是在深圳特区建立初期，即 1980—1984 年。从采取的措施看，包括了扩大企业经营自主权、建立经营目标责任制、实行劳动合同制度、工资制度的初步改革以及对政府的行政机构进行精简改革等。这些改革措施开始使国有电子企业摆脱政府对企业经营管理的统包统筹现象，同时使企业走出计划经济的束缚，逐步走向竞争的市场经济。在经营管理、企业采购、产品购销、利润分配和资金使用等方面，国有电子企业也享有了与"三资"企业同样的自主权。特别是在劳动用工方面，深圳电子企业广泛采用了合同工制，可以根据市场和企业生产的需要，自行招聘和解聘员工，这对增强国有电子企业的活力、调动企业职工积极性起到了很大作用。

在初期电子信息企业的制度改革中，政府对推动这一阶段的改革发挥了重要的作用。为了使各个部门直接管辖的企业更好适应市场经济对竞争能力的要求，深圳市政府对国有企业的管理体制进行了以下几个重大的制度改革。

(一)扩大了国有电子企业经营的自主权

从 80 年代初开始，深圳政府颁布了一系列扩大企业自主权的规定。在企业的人财物、产供销方面，赋予国有电子企业与"三资"企业同样的权力。在经营管理方面，对多数企业取消了对产值实行的强制计划指令要求，规定深圳国有电子企业有权根据市场的需求情况安排生产计划和进行产品销售，也就是以市场为导向，以销定产的经营模式。另外，也在其他方面给企业更多的自主权。在物资采购和产品销售方面，企业有权自主地从市场上选购或直接向生产厂家订购所需的商品。同时在产品定价方面，除国家规定实行价格限制的商品外，企业有权自行决定产品的销售价格。早期的电子产品行业是卖方市场，所以在那个时候深圳电子行业在自主定价后依然出现了批条购买电视机的情况。在企业资金的使用方面，对过去的财政统收统支的方式进行了改进，企业可以通过不同方式对利润进行保留，并且企业有权对保留的资金进行自由支配。我们通常所了解的生产发展基金、技改基金和储备基金就是深圳市政府为了国有电子企业自身发展的需要每年给企业保留的资金形式。另外企业也可以利用自己拥有的利润存留投资于一定限额内的生产性建设和技术改造项目，同时也可以对多余的设备进行变卖转让来缓解资金压力。在劳资和企业组织方式方面，企业可以根据自身部门的需要聘用或辞退员工，并且可以根据员工的能力和企业的需要来确定薪酬的形式和标准。企业还可以根据自身的需要确定自己的组织规模和内部组织结构。由于深圳电子行业具有很高的对内和对外开放性，国有电子企业积极参与或组织跨地区、跨行业的联合经营，同时不时地与内地企业进行生产和销售方面的合作。在对外的交流合作方面，国有电子企业有权与外资企业直接进行贸易洽谈等多方面的合作。很多国有电子企业都经过有关部门的批准兼营进出口业务。

通过政府对国有电子企业实施的一系列改革措施，企业在很大程度上有了自主经营权。在企业基本的经营管理上已经可以做到产供销自主决策和自有资源的自由配置。这就使得企业逐步开始从市政府和科技局下的附属企业向具有自主经营权利的独立企业转变。

(二)实行经理任期目标责任制

电子企业放权经营，目的是增强国有企业在复杂多变的市场上的竞争能力，但许多厂长经理被赋予了很大的权力后，由于缺乏相应的管理和约束机制，使得有些企业在经营上并没有出现明显的改观。为了规范企业领导的权力，深圳又在国有企业中实行了经理任期目标责任制，将公司经理由过去的上级主管部门直接任命制改为群众评价推荐和上级考核聘任相结合的聘任制，把企业领导置于群众和上级机关的监督之下。同时，规定了经理在任期内必须完成的各项指标，定期进行考核。任期目标责任制的实行，对监督和约束企业领导人的行为、完善特区企业的领导制度具有一定的积极作用。例如：1984 年 7 月 27 日深圳通华电子公司实行经理负责制，可谓是早期企业管理创新的先河。

(三)劳动合同制和聘任制

为了适应市场经济的需要，调动企业职工的生产积极性，从 80 年代初开始，深圳市的部分电子企业率先改革劳动用工制度，打破国有企业传统的铁饭碗，把原来国有企业僵化、低效的固定工制改为合同工制。劳动合同制使特区企业可以根据市场和生产需要，自行招聘和解雇员工。企业和职工通过签订劳动合同来规定双方的责任、权利和义务。对职工的雇用、工作职责、工资条件、劳动纪律、奖惩办法以及续聘、解聘和辞退等也在劳动合同中作了明确规定。

劳动合同制是深圳特区电子企业按照市场机制进行运作的重要措施。这些企业可以根据市场需要来确定企业人数，及时裁减多余劳动力，避免人浮于事，有利于提高效率、降低成本。企业可以根据需要选择合适职工。按照合同规定淘汰不合格职工，能够有效地强化劳动纪律，初步打破了"铁饭碗"，初步建立了人才竞争机制，从而激发了企业员工努力工作、不断学习进取的积极性，大大提高了企业的劳动生产率。[1]

(四)改革工资分配制度

电子企业在改革劳动用工制度的同时，也对工资制度进行了改革。因为改革用工制度主要是为了转变劳资关系和发挥员工在企业中的积极性，因此分配制度也将成为劳动合同中的一部分。薪金改革的主要内容是把过去单一的级差工资制改为多元化的组合性结构工资制。同时取消原来的各种补贴，把工资划分为基本工资、年功工资、岗位工资和奖金四部分。为了激励员工的工作积极性，加大职务工资和奖金的比重，使职工的收入与其工作能力和工作绩效相结合。这样，分配制度的改革激励了那些有能力为企业贡献的员工的积极性，基本改变了当时深圳企业中普遍存在的大锅饭现象，使工资真正起到了激励员工的作用，从而最终改变了企业发展的活力问题。

深圳电子企业第一阶段的改革，从形式和性质上看，还是属于一种浅层次的改革。在各方面的改革措施中，有些实际上是政策性的调整，属于放权让利的性质；有些虽然也触及企业的管理制度，但还不是企业制度的根本改革。同时，由于各项措施先后出台，互不配套。所以，企业的许多问题还是没有得到根本解决，甚至在改革中，又出现了新的问题。例如企业扩权以后，部分企业只负盈，不负亏，即使亏损严重，企业仍然继续存在，工资、奖金依然照发。再如财政统收统支状况改变后，企业对资金的依赖开始由政府转向银行，单纯依靠银行的贷款来维持企业生存，企业在资金的运用上仍然缺乏内在的约束力，投资"饥饿症"仍然没有消除。有些企业短期行为严重，特别是分配权交给企业后，滥发奖金和实物的现象相当普遍。这些情况表明，企业自我约束的经营机制还是没有建立起来，国有企业的改革必须进一步深化，从转变企业经营机制入手，加大改革力度，推动企业发展。

---

[1]　魏达志主编：《深圳高科技与中国未来之路》，海天出版社 2001—2003 年版。

二、转变企业经营机制阶段

为了使企业形成自我发展、自我约束和自我完善的经营机制，自 80 年代中期以来，特区电子行业企业对国有企业的经营方式和组织形式进行了深化改革。其主要内容包括：

(一)推行承包经营责任制

自 1984 年开始，深圳的国有电子企业和其他三资企业普遍推行了承包经营责任制。在实行承包经营责任制的过程中，电子企业根据各自的实际情况选择了不同的承包类型、承包方式和承包内容。在承包类型上，有指标承包、部分承包、全额承包和租赁承包、基数利润上缴等。在承包方式上，其中大的集团公司同政府主管部门签订经理任期目标责任合同，与下属企业签订任期目标或其他形式的承包经营合同；有在合资合作企业和内联企业中实行单方被股东向董事会进行承包；也有通过招标选择企业被股东以外的单位承包的。在承包内容上，深圳电子企业普遍推行了全员风险抵押承包经营责任制和净资产风险抵押承包制。

(二)部分企业中进行股份制试点

随着市场经济发展和改革的不断深入，承包制也显露出许多问题和缺陷。如承包基数难以合理确定、产权不明、企业负盈不负亏、约束软化等。这些问题在承包制本身的范围内难以彻底解决。为此，深圳特区又开始在部分电子企业中进行股份制改革的试点。

早在 1983 年，深圳在原来国有企业的基础上就成立了三和、宝安、银湖等股份公司。由于股份制企业在筹集资金、利润分红等方面具有明显的优势，因此发展很快。1985 年前后，深圳特区股份制企业已发展到 20 家左右。但由于缺乏经验和法规指导，也出现了一些问题，如私自发行股票、允许退股、超比例分配等，使股份制改革受到一定的影响。从 1986 年开始，深圳特区对国有电子行业企业的股份制改造进行了积极的引导和规范。1986 年 10 月，深圳市政府颁布了《深圳经济特区国有企业股份化试点的暂行规定》，第一次明确规定了国有企业股份化的基本准则、方法和改造程序。1987 年 3 月，又颁布了《深圳经济特区国有企业股份化试点登记注册暂行办法》。同时，通过报刊和其他方式宣传实行股份制的意义，普及有关股份公司、股票、股票市场等基本知识。随后，又进一步组织一些有代表性的企业进行试点，逐步展开了企业股份化工作。

深圳电子行业的实践证明，股份制是国有企业转换经营机制的有效选择，也是在社会主义条件下公有制与市场经济相结合的一种实现形式，它有利于形成产权关系明确的利益主体、责任主体与发展主体，有利于生产要素的合理流动。通过股份制改造，不仅可以强化企业中国有资产的所有权约束，保障国有资产的安全增值，而且还可以弱化政府对企业生产经营活动的干预，使企业获得长期稳定的经营自主权。同时，面对人格化的股东的监督，企业约束机制加强，有效地克服了国有企业在经营和分配上的短期行为。

(三)组建企业集团、成立行业协会

随着股份制改革的广泛开展，如何处理国有电子行业企业与政府主管部门之间的关系成为突出的问题。为了进一步转变特区政府职能，促进政府从微观管理向宏观管理、从直接管理向间接管理转变，从1986年开始，深圳市政府对电子企业做了大幅度调整、改革，撤掉了大部分专业主管局，把部分主管局和行政公司改组为集团公司，并对原下属企业进行清理整顿，按照产权关系分别形成集团公司的参、控股企业和关联企业，没有产权关系的企业逐步摆脱挂靠关系。这样，逐步形成了以产权关系为纽带的现代企业群体。像华强电子集团（总）公司作为经营性企业，不再拥有行政管理职能和行业管理权限，而是实行跨行业、跨地区、跨部门经营，成功地实现了政企分开，促使企业面向市场经营发展。

为了进一步协调行业内部专业化协作，加强行业管理，提高行业效益和社会综合效益，特区电子行业从1989年起成立了深圳市电子行业协会，协助政府发挥服务、监督和联络的功能。同时，为了使国有资产产权形态货币化，产权流动市场化，使政府对国有资产的管理由过去的以物质形态为主转为以价值形态为主，特区电子企业还建立了具有法律效力和权威性的各种资产评估机构。

(四)在国有企业中建立董事会并委派董事长

为了改进和完善国有企业的领导体制，特区电子企业试行董事会领导下的总经理负责制。从1987年开始，深圳市政府陆续在国有电子企业中成立了董事会，由董事会聘任总经理，实行董事会领导下的总经理负责制。企业董事会的职责是代表投资

者的利益，行使股东权力。董事会中代表国有产权的董事，则代表国家行使有关权力并保证国有资产的安全和增值。总经理的职责是在董事会的授权下，执行董事会的各项决议，行使企业日常经营管理的权力。这种领导体制的主要特点有以下几方面：一是国有企业有了产权代表，能有效地保证国有资产的安全；二是企业的经营决策和日常管理业务分开，提高了决策的准确性；三是产生一种制约机制，防止企业的短期行为。当然，在特区初期的实践过程中，也还存在着一些问题。例如：由于董事在企业的责、权、利未能很好结合起来，其职权容易流于形式；董事与总经理同是市政府委派的干部，职责实际上很难分清楚，容易产生内耗、扯皮等现象。

从时间上看，深圳电子信息企业制度第二阶段的改革，大致是从 80 年代中期至 90 年代初。这一阶段的改革，从内容上看，已经比较深入，主要是以承包经营和股份制试点为中心，对国有企业的经营方式、产权制度和组织形式进行改革，建立了一批股份公司和企业、集团。同时，成立了国有资产经营公司，进行授权经营，在深圳特区企业初步实现了政企职责分开。这些改革措施能够明显地调动经营者和企业职工的积极性，为企业筹集了大量资金，同时也在一定程度上转变了国有企业的经营机制，为建立现代企业制度创造了条件。但是这一阶段的改革，也还存在各种问题。例如：企业实行承包制以后，无论是发包方还是承包方，对经营管理的国有资产都缺乏内在的责任感，企业领导和职工热衷于短期盈利，忽视企业积累和固定资产的更新改造。有些企业为了压低承包基数，采取各种办法，有意将当年利润减少；有些企业盈利增多以后，不适当地拉开经营者和职工的收入差距等。再加上承包办法对企业缺乏有效的外在约束，企业的非生产性开支超幅增长，消费基金膨胀，造成部分企业国有资产流失严重。股份制改革虽然是特区企业制度改革的重要内容，但一些问题也是不容忽视的。例如：国有资产的产权界定不明确，部分企业实行股份制改造的主要目的不仅仅是为了筹集资金，等等。所以，企业股份制改造以后，经营机制没有得到根本转变，出现了部分企业改制未转机的现象。

三、建立现代企业制度阶段

1992 年初，邓小平同志南方重要讲话发表以后，全国的经济体制改革进入了一个新的发展阶段。其主要特点就是在全国范围内进行全方位的改革开放，实现计划经济体制向市场经济体制的全面转轨。这对蓬勃发展的特区经济既是一个有利因素，又是一个巨大的冲击；这既标志着 80 年代深圳特区经济以市场为取向的经济改革得到全国的认同，又意味着原来因先行一步所带来的政策优势、体制优势和时间差优势正在逐渐减弱或消逝。在各种因素的推动下，深圳特区在原来已初步建立起市场经济体系的基础上，又进一步加大了改革力度，企业制度的改革也进入了一个新的阶段。从1994年开始，深圳首先选择了28家企业进行建立现代企业制度的试点。其他特区也进行了类似的改革试验。[1]其主要内容包括：建立健全企业法人制度和有限责任制度，改变企业内部的经营机制。特别是建立企业内部科学合理的领导体制、分配制度和监督约束机制，以及建立新的三级国有资产管理体系。与前阶段相比，这一时期改革的重点是强调建立产权清晰、政企分开、权责明确、管理科学的现代企业制度，突出了企业制度的改革与创新，并以国有资产管理新体制的建立和完善为核心，促进政府职能的彻底转变和市场体系配套改革，表现出重点突破、整体推进、进入更深层次的特点。[2]特区电子企业在第三阶段制度改革主要集中在以下几个方面：

(一)普遍推行国有企业的公司化改造

在前一阶段企业股份制改革试点的基础上，特区国有电子企业开始进行全面改造。这主要是理顺国有企业的产权关系，建立健全企业法规制度和有限责任制度，在清产核资、产权界定的基础上，严格按照《特区有限责任公司条例》和《特区股份有限公司条例》对企业进行规范，从而建立起各类规范化的公司制企业。到1995年初为止，深圳特区国有企业已有193家被改造为股份有限公司，3家试点企业被改造成为有限责任公司，其中近50%为国有电子企业。深圳市政府准备在此基础上，经过两三年的努力，把国有企业全部改造成公司制企业。[3]公司化改造之后的国有企业，产权明晰、政企真正分开、出资者和经营者的权责比较明确并形成了科学的企业内部管理机制，企业重大决策由出资者按一定组织程序作出决定，政府摆脱了对微观经济的直接干预。企业成为独立行使民事权利和承担民事责任的独立法人，真正成为市场的主体。

(二)实行利税分流

深圳的电子企业从建立现代企业制度开始，就有意识地实行了利税分流。特区电

---

[1]　曾牧野：《迈向90年代的经济特区》，海天出版社1991年版。

[2]　刘国光：《深圳经济特区90年代经济发展战略》，经济管理出版社1992年版。

[3]　魏达志：《特区企业集团跨区经营论》，海天出版社1994年版。

子企业的税收纳入财政收入范畴，由政府统收统支。而国有企业的税后利润，则根据电子行业的特点，按一定比例上缴国有资产投资公司。1992 年深圳特区制定了国有电子企业按行业不同分类上缴利润的实施办法，规定企业利润大部分自留，由企业自主支配，利润的少部分上缴国有资产经营管理公司，用于支持优先发展产业的技术改造和扩大再生产。这样，就给国有电子企业创造了与非国有电子企业同等的竞争条件。

(三)试行内部员工持股制度

为了把企业员工的利益进一步与企业的发展紧密结合起来，真正使干部职工与企业形成所谓的"命运共同体"，深圳特区电子企业率先在部分国有企业中试行内部员工持股制度。这种制度主要是从企业的总股本中划出一定比例（如 30%）作为员工股，由本企业职工认购。这些股份不转让、不上市、不交易、不继承，由工会作为审计署法人进行托管运作，管理人员作为员工持股的股东代表，依照法律程序进入董事会。持股员工按其持股比例享有企业分红，并通过作为员工代表的董事影响公司的经营决策。这种制度使企业职工能获得企业发展带来的各种利益，因而也更有利于调动职工的生产积极性。目前，深圳在金地实业总公司等企业中试行该办法，已取得初步成效。

(四)按国际惯例对企业分类定级

从 1993 年开始，特区政府按照市场经济的原则，对管理企业方式进行了较大的改革。取消了国有企业的主管单位，使国有电子企业与政府部门彻底脱钩。同时，按财产的组织形式划分，公司基本划分为股份有限公司、有限责任公司、股份合作公司和无限责任公司等。并按不同类型分别立法，无论什么所有制的公司，都依法纳入有关法规条例的管理之中，平等地参与市场竞争。同时，深圳特区开始建立以国际通用指标为主体的适合特区情况的电子企业分类定级评价体系，使过去在计划经济体制下单纯依靠占有资产规模套用行政级别来确定企业级别、待遇和社会地位的做法，转到在市场经济体制下主要依靠企业经济效益和对国家贡献来评价企业级别、待遇和社会地位的轨道上来。

(五)推行全员劳动合同制

在前几年部分国有电子企业和"三资"企业试行劳动合同制和干部聘任制的基

础上，深圳特区在全市所有电子行业企业中实行了全员劳动合同制。取消了企业中工人、干部的界限，统称企业员工。凡是进厂的员工都要与企业签约，应届大中专毕业生分配也不例外。企业员工依照合同享受权利、履行义务，劳动部门依法维护企业与职工的合法权益。特区的全员劳动合同制彻底打破了原计划经济体制中的"铁饭碗"，建立了企业的现代劳动人事制度，对特区企业加快适应市场经济体制的步伐有重要意义。

　　深圳电子信息企业的第三阶段的制度改革，大致从 1992 年开始。该阶段以建立现代企业制度为核心，对国有企业进行法人化改造，进一步深化国有电子企业内部的领导体制、分配制度和监督约束机制的改革，同时完善国有资产管理体制。第三阶段制度改革的主要特点是：强调国有企业组织形式和内部制度的改革，完成企业经营机制的转变，建立国有资产管理新体制与完善各方面综合配套的改革。改革的中心是建立现代企业制度，实现政企职能分开。主要措施集中在两大方面：一是建立市场经济条件下国有资产的新模式；二是重视企业经营机制的转变，在企业内部建立科学合理的治理结构、激励机制和监督约束机制。[1]

参考文献

1. 魏达志：《特区企业集团跨区经营论》，海天出版社 1994 年版。

2. 魏达志主编：《深圳高科技与中国未来之路》，海天出版社 2001—2003 年版。

3. 《深圳特区报》：1983—2008 年。

4. 《特区经济》：1987—1992 年。

5. 《深圳科技经济信息》：1986—1996 年。

6. 深圳市科技工贸和信息化委员会：http://www.szsitic.gov.cn/index23/35.shtml。

7. 刘国光：《深圳经济特区 90 年代经济发展战略》，经济管理出版社 1992 年版。

8. 曾牧野：《迈向 90 年代的经济特区》，海天出版社 1991 年版。

---

[1]　魏达志主编：《深圳高科技与中国未来之路》。

第五章

管理创新与多元化管理模式的完善

第一节　管理创新的理论概述

一、管理理论的演进

自从有了人类的集体活动，就出现了简单的分工与协作，也就有了简单的管理活动。系统的企业管理思想则是近代工业社会的产物，大致经历了传统经验管理阶段、科学管理阶段、行为科学管理阶段和现代管理理论阶段。而且，随着商品经济、社会化大生产和科学技术的飞速发展，企业管理的思想也在不断地推陈出新。

(一)传统经验管理阶段

工业革命不仅引起了工业生产技术的变革，也引起了生产组织的变革，使工厂代替了手工业作坊，建立了工厂制度。工厂制的出现给管理带来了许多新问题，管理者逐步从资本家和工人当中分离出来，出现了特殊的雇佣人员，如经理、厂长监工等。他们承担起经营企业的责任，使管理工作逐渐成为一种专门的职能。一些经济学家和工厂的管理者开始在实践的基础上提出一些管理的思想。

英国经济学家亚当·斯密详细分析了劳动分工带来的好处；剑桥大学教授查尔斯·巴贝奇认为，分工还可以为资本家减少工资支出，他还强调人的因素，认为企业和工人之间有一种共同的利益，主张实行分红制度。罗伯特·欧文也注意到了人力资源的重要性，提倡人道主义，认为把钱花在提高劳动者的素质上是最佳的投资之一。

尽管很多的学者都提出了一些先进的管理思想，但系统化、条理化的管理理论还没有形成。管理者仍然靠个人经验进行管理，工人凭个人经验进行操作，人员培养是师傅带徒弟的方式。所以，通常把从资本主义工厂制度出现到 20 世纪初称为经验管理阶段。

(二)科学管理阶段

20 世纪初，随着生产力的提高，技术进步的加快和企业规模的扩大，企业管理问题变得更加复杂，这些问题引起了许多学者对企业管理的深入研究。主要理论成果有泰勒的科学管理理论和法约尔的组织管理理论。

泰勒开创性地将科学研究方法引入到生产实践中，形成了科学管理理论，其主要内容包括工作定额、科学的操作方法、差别计件工资制、能力与工作相适应以及计划与执行相分离五个方面。法约尔是管理理论中组织管理的创始人，他以一个整体的大企业为研究对象，首次区分了经营和管理的概念，系统提出了管理的计划、组织、指挥、协调、控制五种职能，以及 14 项管理原则、"法约尔跳板"原理等。

科学管理理论的突出贡献是以科学管理取代了经验管理，在管理中引入了科学方法和操作程序，局限性在于把人当成会说话的工具，忽视成员间的交往及工人的感情。

(三)行为科学管理阶段

20 世纪 20 年代末，资本主义经济危机进一步加剧，工人觉悟日益提高，泰勒制的实施引起了工人的不满和责难，行为科学管理就应运而生。主要代表是澳大利亚心理学家埃里顿梅奥的人际关系理论。

完成了历时 8 年的霍桑实验后，梅奥等人得出结论：工人是社会人，而非经济人，影响其劳动积极性的除了物质因素还有社会和心理因素；企业中存在由人们在工作中建立起来的感情所形成的非正式组织；生产效率的提高取决于职工满足的程度。

梅奥的人际关系论为管理思想开辟了新领域，为管理方法变革指明了方向。

(四)现代管理理论阶段

现代管理理论的形成是科技进步、生产力迅速发展的结果。管理不局限于车间和企业内部的生产组织和提高作业效率的问题，开始注重战略与决策，同时综合运用现代理论知识，重视行为科学、以人为本。许多学者从不同角度和层面，运用不同方法对管理问题进行研究，形成了许多新的管理理论和学说，这种情况被称为"管理理论丛林"。比较有影响的有以下一些学派。

管理过程学派的研究对象就是管理的过程和职能。他们认为，管理就是在组织中通过别人或同别人一起完成工作的过程。他的主要特点是将管理理论同管理人员所执行的管理职能，也就是管理人员所从事的工作联系起来。他们认为，无论组织的性质多么不同，组织所处的环境有多么不同，但管理人员所从事的管理职能却是相同的，管理活动的过程就是管理的职能逐步展开和实现的过程。

管理科学学派，也称计量管理学派、数量学派。它主要不是探求有关管理的原理和原则，而是依据科学的方法和客观的事实来解决管理问题，并且要求按照最优化的标准为管理者提供决策方案，设法把科学的原理、方法和工具应用于管理过程，侧重于追求经济和技术上的合理性。

经验主义学派把管理看作是经验性很强的实务，应收集各类企业管理的成功经验和失败教训，并把这些经验加以概括和理论化，从而为企业经理人员从事管理活动提供更为实际的建议和方法。

系统管理学派认为，企业是一个由相互联系而共同工作的各个子系统所组成的系统。企业是一个人造的系统，它同周围的环境之间存在着动态的相互作用，并具有内部的和外部的信息反馈网络，能够不断地自行调节，以适应环境和本身的需要。

权变理论学派认为每一种管理理论和方法的提出都有其具体的适应性，管理者要根据所处的内外部环境条件和形式的发展变化而随机应变，寻求最为适宜的管理方法和模式。

二、管理创新的含义与特征

管理理论和管理实践的发展史是一部管理不断创新的历史。随着科学技术的进步和社会生产力的发展，人们对管理的重要性已有了深刻的认识，随着竞争的白热化，人们也逐渐认识到创新是管理的永恒主题。

(一)管理创新的含义

管理创新既与管理有关，又与创新有关。因此，界定管理创新的含义必须从管理和创新两个方面加以分析。众所周知，管理是指协调集体活动以实现组织目标的实践过程，而创新是指"建立一种新的生产函数"，也就是说把一种从来没有过的关于生产要素和生产条件的"新组合"引入生产系统。

所以，管理创新是指创造一种新的更有效的资源整合模式，以促进企业管理系统综合效率和效益目标实现的过程。管理创新既可以对全过程管理进行创新，也可以对具体的细节管理进行创新。根据这个概念，我们在实施管理创新中，可以从四个方面着手：

一是提出一种新的经营思路，并加以有效实施，其中包括新的经营方针、战略、理念、策略等。

二是创设一个新的组织机构，组织机构是企业管理活动的支撑体系，在市场经济条件下，它不再是刚性的，应该是柔性的、可变的，通过再设计建立一个企业过程化、管理扁平化、功能集成化的组织机构，并使之有效运转。

三是设计一个新的能够进一步提高生产效率，更好地协调人际关系和激励员工积极性的管理模式。其主要特点是要结合企业的实际进行创新，并可以针对管理的某一方面进行创新，如：生产管理模式，财务管理模式，人事管理模式等。

四是进行一项或几项制度创新，管理制度是企业资源整合行为的规范，既是企业行为规范，也是员工行为规范。制度创新会给企业面貌和员工素质带来变化，有助于资源的有效整合。

(二)管理创新的特征

管理创新可以理解为管理活动与创新活动的有机结合体，这就决定了管理创新既具有创新的一般特征，又具有自身的明显特点，具体表现在以下几个方面：

1. 管理创新具有风险性

管理创新活动涉及许多相关环节和众多因素，从而创新的过程和结果均呈现出不确定性，管理创新带有较大的风险性，主要表现在：（1）内容复杂，管理创新既要反映人与物的关系，合理组织生产力，又要体现人与人的关系，正确处理生产关系。（2）投入回报的不确定性。管理创新需要大量的投入，如人员的培训、组织机构的调整、管理制度的制定等，这些投入能否顺利实现价值补偿，受到许多不确定性因素的影响。（3）效果难以度量。管理归根到底是对人的管理，管理创新的效果表现出间接性与模糊性。（4）不可实验性。任何管理创新都是在现实的组织中进行的，他不可能像技术创新一样进行重复的实验。

2. 管理创新具有破坏性

正如熊彼特所提出的创造性破坏，管理创新往往也是对以前的资源整合模式的破坏，这种破坏可能是积极的扩张效应，也可能是消极的破坏效应。

3. 管理创新具有系统性

企业是由多种要素构成的系统，管理创新涵盖于企业生产经营活动的整个过程，是一个完整的链条。所以管理创新是一项系统工程，在创新过程中不仅要注重局部管理方式的创新，更要注重管理系统的整体配合与协调。

4. 管理创新具有动态性

现代企业是一个不断与外界环境进行物质、能量、信息交换的动态开放系统。在这种动态开放系统中所进行的管理创新活动也必然具有动态性，他表明管理创新活动的逻辑和轨迹不是一种简单的重复，而是根植于内外环境变化的一种能动性的动态创造过程。

三、管理创新的作用

从管理的发展历程看，产业革命时期，英国靠成功的管理实现了工业的大发展；20 世纪初，美国在借鉴英国管理理论的基础上，首创了具有划时代意义的科学管理理论，美国经济得到飞速发展；行为科学管理阶段为各国企业的管理增添了人性化的色彩，大大提高了管理和生产的效率；流程再造、全面质量管理、知识化管理等新的管理理念和技能更是促进了各工业国的经济发展。具体说来，管理创新的作用主要体现在以下几个方面。

(一)提高资源使用的效率和效益

管理创新是指创立一种新的资源整合和协调模式，以提高企业资源使用的效率和效益。资源使用效率的提高可以在众多指标上得到反映，如资金周转速度、资源消耗系数、劳动生产率等。但效率不等于效益，管理创新在提高企业经济效益上，不仅应注意提高眼前的效益，也应注意提高长远的效益。有的管理创新能够提高当前效益，如生产组织优化和具体管理方法的创新等，而有的管理创新能够提高企业未来的效益，如战略创新和理念创新等。但不论是提高当前效益还是提高长远效益，都可以增强企业生命力，促进其不断发展壮大。

(二)降低交易成本

钱德勒认为:"在一个企业内把许多营业单位活动内部化所带来的效益,要等到建立起管理层级制以后才能实现。"即管理层级制的创新,使得现代企业可以将原本在企业之外的一些营业单位活动内部化,从而节约企业的交易费用。交易费用的节约表现在"由于生产单位和采购及分配单位的管理联结在一起,获得市场和供应来源信息的成本也降低。最重要的是,多单位的内部化使商品自一单位、几单位的流量得以在管理上进行协调。对商品流量的有效安排,可使生产和分配过程中使用的设备和人员得到更好的利用,从而得以提高生产率并降低成本。此外,管理上的协调可使现金的流动更为可靠稳定,付款更为迅速。此种协调所造成的节约,要比降低信息和交易成本所造成的节约大得多"。

(三)有利于企业的稳健发展

企业生产经营活动的协调性、有序性是推动企业稳定健康发展的重要力量。管理创新不仅能为企业的健康发展奠定坚实的基础,而且能使企业产生更大的合力,从而为促进企业的快速成长创造条件。管理创新对稳定企业、推动企业发展的作用体现在许多方面,单从管理层级制这一创新来看,用来管理新型多单位企业的层级制,超越了工作于其间的个人或集团的限制。当一名经理退休、升职或调离时,另一个人已作好准备,他已受过接受职位的培训,因而人员虽有进出,其机构和职能却保持不变。这不仅使层级制本身稳定下来,也使企业发展的支撑架构稳定下来,有效地帮助企业长远的发展。

(四)增强企业核心竞争力

随着科学技术的进步和信息技术的发展,企业之间的技术差别越来越小。在这种情况下,企业增强核心竞争力的关键不仅仅依赖于技术,同样也依赖于管理。谁能够在管理上做到别人做不到的,或者比别人做得更好,谁就拥有了别人不具有的竞争优势。例如,麦当劳的生产技术并不是很复杂,生产过程也比较简单,他之所以能够把简单的快餐生产变成一种工业化的生产方式,依靠的就是其标准化和有效的管理流程。当然,并不是任何的管理创新都能形成企业的核心竞争优势,但无可厚非的是,管理创新是形成核心竞争优势的充分条件。而且管理创新相对于其他创新而言,具有整合功能并且难以模仿的特征。

(五)有助于企业家阶层的形成

现代企业管理创新的直接成果之一，按照钱德勒的看法是形成了一支支薪的职业经理即企业家阶层。这一阶层的产生，一方面使企业的管理实现了由技术专家向管理专家的转变，从而提高了企业资源的配置效率；另一方面使企业的所有权与经营管理权发生分离，推动了企业更健康地发展。职业经理层的形成对企业的发展有很大的作用，因为对支薪而言，企业的持续发展对其职业有着至关重要的作用，他们"宁愿选择能促使公司长期稳定和成长的政策，而不会贪图眼前的最大利润"。企业家们必然会为企业打算而关心企业的创新，因此，职业经理人往往成为重要的管理创新主体。

第二节 管理创新与多元化管理模式

从上文可以看出，管理理论和管理实践的发展史是一部管理不断创新的历史，管理创新极大地促进了经济和社会的发展。在信息化的今天，在企业竞争日趋激烈的21世纪，不断地进行管理创新活动是企业持续发展必须具备的条件之一。这对任何一个企业来说都是永恒不变的真理。下面，我们来追溯一下深圳自建立特区以来，电子信息行业的企业的管理创新之路。

一、日趋科学的管理体系

在特区成立之初，企业都处于传统经验管理阶段，泰勒的科学管理理论一度被认为是对工人的"管卡压"而受到批判和排斥，直到1989年，市标准协会开始在市工业企业推广运用。康佳和安科等公司纷纷采用，据他们反映，生产线或者某个工序运用了这种管理技术之后，生产效率提高约30%，有的成倍增长。实践证明了科学的管理体系极大地提高了企业的生产效率。当然，泰勒科学管理的推广运用绝不是企业和政府的突发奇想，从经验管理发展到科学管理的期间，各企业一直在完善自己的管理体系，寻求合理的管理方式。

(一)目标管理体系

在特区成立之初，很多企业的业务关系没有理顺，管理基础十分薄弱，办事效率非常低。严峻的事实使企业认识到，企业百业待兴，首要的是要重视和加强基础管理工作。

光明华侨电子工业有限公司是深圳特区华侨城经济发展总公司与香港港华电子企业公司于 1980 年 5 月合资兴办的。在 1982 年以前曾一度亏损，但是通过学习借鉴国内外科学管理方法，特别是强化目标管理，使企业得到持续稳健发展。每年新年伊始，公司都及时制定出企业的总目标，在全公司进行大张旗鼓的宣讲活动，使每个员工都明确公司发展每一时期的战略目标和工作重点。在这个基础上，以不同时期国际市场销售行情为依据，将总目标分解细化，在时间上分解到月、旬、日；在方法上实行任务到线，责任到人，定期检查评比，联绩计酬；在生产上，则把定性的责任制发展为定量的经济责任制，以"五定"、"三奖罚"、"一计分"督促落实。[1]

深圳华发电子公司也在全公司范围内强化了目标管理体系，将经营指标层层分解，按月、季分配到各部门、各生产厂、各车间、各班组，使每个员工目标明确，责权分明。还有莱英达公司、康佳等企业先后实行过目标管理，并取得很好的成绩。

(二)全面质量管理体系

随着社会主义商品经济的发展，人们逐渐从理论和实践上认识到，只有坚持市场导向，才能获得最佳经济效益，而以市场为导向首先要求产品质量高，适销对路。

从 1985 年以来，很多企业纷纷打出坚持质量第一的旗号，积极推行全面质量管理。深圳宝华电子有限公司从 1982 年开始，参照国外质量管理经验，建立了一整套严格的质量检查和管理制度，一直把顾客满意的产品作为提高产品质量的主要标准，全面加强质量管理。从 1985 年 1 月到 1986 年 8 月，公司连续 20 个月双卡式收录机入库合格率达 100%。由于质量好，1986 年的头 8 个月公司利润比去年同期提高 14%。这一切的成绩都是得益于全面质量管理体系的建立。公司层层加强对质量的监管，从生产、质检、用户、材料四方面做好产品质量信息反馈；同时，把产品质量与个人经济利益挂钩，把产品合格率和奖金结合起来，使工人关心产品质量；并且，公司还加强了产品制作过程中的质量检测工作，并尽力做好产品售后服务——既在各省市设立 25 个维修点，又组织巡回维修组，既维修有问题的机器，又反馈收录

---

[1]　五定：定人员、定数量、定质量、定订单、定消耗。三奖罚：限定每部机损耗料为 1%，奖节罚超；规定各类产品的产品质量标准，奖优罚劣；下达各机型产量定额，奖超罚欠。

机质量信息。这样一整套质量管理的体系，使得宝华生产出来的产品大受欢迎。

光明华侨电子也积极推行全面质量管理,1986 年初，成立了全面质量管理办公室，到 1987 年，投资了 50 多万元，建立和完善了一系列质量保证体系。公司首先是坚持每月召开一次生产质量分析会，加强对员工进行"质量就是企业的生命"的教育。其次，制定了一整套"四检"、"三表"、"二罚"、"一监督"措施。即：从原材料进厂 ICQ 检查到生产线、生产厂与公司实行四级检验；规定每月、每日、每小时送报表，将质量问题控制和解决在一小时之内；质检人员的浮动工资同其工作职责挂钩，漏检越多，浮动工资越少，错检超过 1% 者扣罚工资；成立代表拥护性质的监督小组，对入库产品再开箱抽检，达不到质量标准的全部退回生产线无偿返工。为了保证措施落实，公司成立竞赛领导小组，坚持每周进行检查，每月评比公布一次，对评比的优胜单位发给流动红旗和优质奖，从而加强了全员优质生产的责任感和自觉性。再次，积极开展群众性的 QC 小组活动。如 1986 年底，第二生产厂 208 生产线 QC 小组，以提高彩电生产直通率为课题，对小组成员实行分段包管，大抓工人基本操作培训和工艺改造，使该线在不足两个月的时间里，就将 18 寸彩电生产直通率由原来的 48% 提高到 90% 以上的水平，达到了电子工业部规定的硬指标。

二、管理模式的发展与创新

社会主义市场经济的迅猛发展和市场竞争的日益加剧，要求企业管理不断变革，不断创新。

(一)企业信息化管理

在以创新为主题的知识经济时代，信息化程度的高低已成为衡量企业管理现代化水平的重要标志，同时信息技术也为企业突破各项经营与管理瓶颈带来了全新的动力。

深圳开发科技股份有限公司自 1985 年成立以来，一直坚持走科学的管理现代化之路。而管理现代化离不开信息化的建设，深科技以先进的网络系统为依托，自主开发了 MRP 系统，并于 1994 年开始采用。初步实现了物料数据的输入、输出、存取，各种流转物料单据运行，采购管理，订单管理与出货，制成品的统计与管理等功能。但作为硬盘驱动器的上游供应商，随着全球电子行业客户需求越来越大，市场竞争日益激烈，为了生存发展，必须要有很强的应变能力和快速的响应能力。正是在这种情况下，公司于 1999 年成立了 ERP（Enterprise Resource Planning 企业资源计划）项目委员会。经过同类软件的甄选，最终选择了 SAP R/3 系统。[1] 这一系统的成功实施是深科技信息化建设的一座丰碑，产生了显著的效益。

经过为期一年的调研、选型，华为公司于 1996 年 3 月引进美国 Oracle 公司的 MRP Ⅱ 产品（Material Resource Planning 制造企业资源计划）。MRP Ⅱ 是利用计算机系统对产品构成进行管理，借助计算机的运算能力及系统对客户订单、在库物料、产品构成的管理能力，实现依据客户订单，按照产品结构清单展开并计算物料需求计划。实现减少库存、优化库存的管理目标。从 MRP Ⅱ 系统运行以来，华为公司的各部门很快认识到它所带来的信息集成与共享的好处，以及由此带来的工作效率的提高。譬如生产计划管理，按照 MRP Ⅱ 的原理采用滚动倒排和物料需求计划的方法，取得了很好的效果，生产库存周转率由过去周转 2—3 次达到接近 5 次。在及时生产、工艺优化、MRP Ⅱ 管理方法的综合引用和实践下，交换设备的生产周期由过去的一个月降至半个月。而且，某产品事业部从正式使用 MRP Ⅱ 进行计划运算以后，过去一周才能完成的工作可以在几个小时内完成。

(二)六西格玛管理模式

关于六西格玛[2] 管理，目前没有统一的定义。下面是一些管理专家关于六西格玛的定义：

管理专家 Ronald Snee 先生将六西格玛管理定义为："寻求同时增加顾客满意和企业经济增长的经营战略途径。"六西格玛管理专家 Tom Pyzdek 认为："六西格玛管理是一种全新的管理企业的方式。六西格玛主要不是技术项目，而是管理项目。"

2001 年以来，中兴通讯以建设世界级卓越企业为目标，全面推行六西格玛管理，极大地推动了企业管理水平的提升，加快了做大做强和走向国际化的步伐。中兴通讯在公司层面由总裁任倡导者，包括副总裁联合组成六西格玛管理战略推进委员会，由

---

[1] SAP R/3 是一个基于客户／服务机结构和开放系统的、集成的企业资源计划系统。其功能覆盖企业的财务、后勤（工程设计、采购、库存、生产销售和质量等）和人力资源管理、SAP 业务工作流系统以及因特网应用链接功能等各个方面。

[2] 6 sigma 的定义是根据俄国数学家 P.L.Chebyshtv（1821—1894）的理念形成的，Sigma 基本定义是指"标准偏差"。根据他的计算，1 sigma 有 68% 的合格率，2 sigma 有 95% 的合格率，3 sigma 达到 99.73% 的合格率，而 6 sigma 的合格率为 99.99966%。事实上，6 sigma 的含义并不简单地指上述这些内容，而是一整套系统的理论和实践方法。

经营班子直接领导管理改进。六西格玛管理战略推进委员会根据企业经营战略目标和竞争对手表现，制定改进的方向和重点。对于每个单位和部门，甚至个人，六西格玛都是绩效考核的重要指标之一。经营管理中凭经验和直觉的传统决策方式，已经转变为数据驱动。六西格玛管理的应用，也使得公司获得 2006 年度国家级企业管理创新成果的一等奖。并且，中兴通讯股份有限公司六西格玛对外推广办公室成长为协力中兴企业管理咨询有限公司，是国内最专业、最重要的六西格玛管理咨询高端品牌。公司成立的目的在于将民族企业的成功管理实践经验回报社会，与中国企业共享、互勉，为中国的复兴、崛起贡献智慧。

(三)零缺陷管理模式

被誉为"全球质量管理大师"、"零缺陷之父"和"伟大的管理思想家"的菲利浦·克劳斯比在 20 世纪 60 年代初提出"零缺陷"思想，并在美国推行零缺陷运动。后来，零缺陷的思想传至日本，在日本制造业中得到了全面推广。但直至 21 世纪初，零缺陷管理才在我国崭露头角。

2003 年初，创维多媒体（深圳）有限公司在产品质量管理上推出了零缺陷管理模式。这种管理模式适宜于高科技企业的质量管理体系。它主要在产品开发、制造过程中进行零缺陷管理，并推行质量稽查来考核工作质量和实物质量，将质量和经济效益相挂钩进行考核，确保客户市场开箱不良率能控制在零缺陷。

这种管理模式主要分为：分工合理与灵活应变的组织体系；基于自由雇佣制的人力资源管理体制；严密有序的质量管理控制系统，通过对企业文化的精髓核心价值观的"PDCA"循环考核，使质量管理工作更上一层楼。创维多媒体（深圳）有限公司为加强质量管理投入了大量人才，严格的质量控制体系使创维公司的产品质量稳定，出口销量以 90% 以上递增。公司还不断寻求与世界一流管理水平的跨国公司合作，彩电行业有日本三菱公司、韩国 LG 公司、法国汤姆逊公司等；碟机行业有中国台湾的MTK 公司和美国的 ESS 公司这两家芯片市场占有率最高的公司，创维还投入大量资金将开发样品送到国内外权威试验机构进行检测认证，使新产品在国内外市场具有强大的竞争力。

当然，创维只是深圳电子信息行业中，实施零缺陷管理的一个典例。事实上，绝大部分的电子制造企业也都实行了零缺陷管理，如生产 MP3 的深圳市吉誉电子有限公司、生产工业电子仪器的深圳市优胜达五金电子厂等，都追求产品零缺陷和客户完全满意，以品质和信誉取胜。

(四)战略化管理模式

战略管理是一整套决策和行动以及对企业战略的制定和实施进行的管理，广义的战略管理是指运用战略对整个企业进行管理。一般来说，战略管理具有以下特点：全局性、长远性、竞争性、纲领性、稳定性以及创新性。企业战略管理通常是公司为适应企业内外部环境要求，而制定的对未来有预见性的决策。

深圳市得润电子股份有限公司的前身是 1989 年成立的得胜电子厂，主要生产连接器。尽管在当时中国连接器市场增长前景喜人，但随着社会经济的发展，消费者表现出对征集整机理性与个性化的强烈诉求，因而对作为整机一部分的连接器也提出了很高的要求。昔日技术含量低的传统产品已不再适应社会的需要。作为业界公认的最具有规模与影响力的企业，得润于 2002 年开始了战略转型。公司的产品战略转向精密组件、精密连接器的生产以及高档轿车线束的生产。

在新战略目标的引领下，得润电子在各方面都进行了改革与创新。在组织结构上，建立管理层次高、管理幅度大的扁平结构；通过上市形式规范公司的各项工作，特别是解决资金和管理瓶颈；加大技术创新和研发力度；与康佳、海尔等大型企业联姻，以谋求更大的发展，并从合作伙伴的身上吸收先进的管理经验。由此可见，企业战略是对企业进行的改造和重塑。强化战略管理就是增强企业自我塑造的主动性，这种主动性会推动企业从小到大，从弱到强，走上持续发展的道路。

(五)柔性化管理模式

柔性组织是对环境进一步适应的权变理论产物，是把企业与市场有机结合起来的新型组织形式。它的优点是可以灵活地自我调整组织结构，即对外界环境的变化具有耐受或有机收缩的能力，又使企业具备应对不确定市场具有获取资源、把握机会、积极进取的拓展能力。

为了实现市场竞争要求的快速反应机制，使供求关系保持动态匹配和平衡，各企业都纷纷实行柔性化的生产和管理。如深圳天马微电子股份有限公司在进军上海的时候，由于大尺寸面板产品高度标准化，而中小尺寸面板的产品规格具有专长多样性，这决定企业要有一定的"定制化"能力，即及时为不同客户提供不同尺寸的面板，这对天马生产的柔性化管理提出了挑战。

比亚迪也是一个经典案例，它最大的特点是在资本不足的劣势下，最大限度地将技术与中国的比较优势——劳动力结合，采用半自动化的生产线，获得了外国竞争对手难以企及的成本优势，迅速赢得了市场份额。并且可以快速、低成本地做到产品的多样化。比亚迪半自动、半人工的生产流程在柔性化生产上有巨大的优势，既能满足客户个性化的需求，又能做到大规模生产的低成本，做到大规模定制。

(六)扁平化管理模式

金字塔状的组织结构是与集权管理体制相适应的，而在当今的分权管理体制之下，各层级之间的联系相对减少，各基层组织之间相对独立，扁平化的组织形式能够有效运作。传统的组织形式难以适应快速变化的市场环境，企业要快速适应市场变化的需要，就必须实行扁平化。

通过办公管理系统的推广应用，创维集团将企业的传统垂直化领导模式转化为基于项目或任务的"扁平式管理"模式，使普通员工与管理层之间的距离在物理空间上缩小的同时，心理距离也逐渐缩小，提高企业团队化协作能力，最大限度地释放人的创造力。

创维的管理是两级管理、两级操作平台，最大限度地扁平化。2000年"陆强华事件"后，创维集团仍然岿然不动，就是因为有这样一个有弹性、扁平化的组织。创维的管理是一套数字化、模式化、规范化的管理体系，建立了安全可靠、简捷的管理体系。可见，科学的管理体系能够使企业的免疫力增强，更加从容地面对危机。

为提高企业的运营能力，中国家电业的大规模组织重构。康佳、TCL、创维等领军品牌都各有动作，全部的目标只有一个：加快市场的反应速度。

康佳集团2005年提出了价值经营战略，将原先的多媒体事业部分拆成四个事业部，各自朝着专业方向纵深发展。这次架构调整，以拆分的形式完成了组织架构的第一次瘦身，以实现管理的扁平化。2006年6月，经过磨合的多媒体营销事业部组织架构再次调整。在多媒体营销事业部整体框架下，成立了彩电、平板两大产品营运中心和四个区域营销中心。此次调整重在推动产销一体化、产品分线管理和营销分级管理，实现了整个营销事业部"矩阵式"运作。

(七)多元化管理模式

全球化将企业带到全球，也将全球文化带到了企业，这就是我们说的多元化。而对于企业来说，多元管理不仅仅是照顾到个体需要，企业必须竭力去创造这样一种企业环境：不论一个员工和他人有多么不同，都能感觉到自己受到尊重，他有权利和自由去为企业达到目标而奋斗。

面对企业经营的全球化、团队概念的深入人心、劳动力人口结构的变迁等等，做好多元化组织的管理已成为企业竞争力提升的重要途径。而职业经理人所要直接解决的问题之一就是如何发展这种能力，即将对单一的组织文化的管理转化为对多元组织文化的管理问题。

易拓科技的管理团队是由一支来自中国、美国、新加坡、马来西亚等地在硬盘行业的精英专家组成。采用世界先进的管理理念为易拓科技充分利用国内外资源，开展国际合作创造了条件，先后与美日等国多家知名跨国公司在台式硬盘、数字磁带机等领域进行广泛深层次的合作，成功的合作使得易拓科技在国际硬盘行业的影响力得以大幅提升。

作为美国施乐与日本富士合资公司富士施乐的下属企业，富士施乐高科技（深圳）有限公司一直很注重多元文化的融合。正如富士施乐（中国）有限公司总裁兼首席执行官高桥义明 2006 年在接受记者采访时表示，"实际上，我是用多元文化而不是一元化的日本文化管理中国公司，这一方式很有效"。高桥义明说，对于中国员工来说，美国、日本、中国文化的交融能够带给他们不同的体验，"在多元化的文化氛围中工作，对他们自己来说也是一件好事情"。

总之，多元化管理就是要创造一个环境，将组织的业绩障碍减至最低的同时，又要将提高组织业绩的潜在能力发挥到极致。认识多元化，并运用多元化进行管理，为企业创造价值是对职业经理人的现时代要求。

深圳特区建立 30 年，电子信息产业从无到生机蓬勃，企业管理模式从经验管理发展到科学管理、人本管理、信息化管理。由此可以看到深圳特区管理创新的速度以及这个城市的无限活力。

第三节　企业管理创新的实践与例证

纵观深圳整个电子信息产业企业的管理创新之后，下面我们以实例来说明几种不同体制的企业在管理创新中的特点。

一、国有企业管理体制的转型

从改革开放之初开始，国有企业一直处于改制之中。经历了扩大企业自主权，推行"盈亏包干"责任制、利改税，推行经济责任制、实行两权分离，推行承包经营责任制、税利分流，改进和完善企业承包制、股份制改造，建立现代企业制度、全面建立现代企业制度几个阶段。[1] 而作为走在改革最前列的深圳特区，早在 1983 年，深圳宝安县就开始了股份制改革。1986 年，就率先进行了国有企业的公司制改造，探索建立现代企业制度。1986 年 1 月，深圳电子集团即赛格集团成立，这是国内第一个电子企业集团。

但是国有企业的体制改革不等同于管理创新。机制的转换有可能没有促进企业管理，反而放松了管理。而中兴通讯股份有限公司注意了体制创新与管理创新的结合，对我国的国企改革具有启示意义。

(一)国有资产三层次管理模式

传统计划经济体制中，全民所有制企业中的社会资产实现国家代理制，这导致谁都可能成为代理人，却谁都不负责任的局面。深圳特区较早提出实行国有资产三层次管理模式：上层代理组织是国有资产委员会，中层代理机构是国有资产经营公司，下层的代理机构是一般的企业，包括全资公司和国有控股的股份公司。中兴通讯实行国有控股，授权私人股东代理经营的一种特殊的混合经济模式。资产的经营权和所有权的分离，增强了公司的自我激励和自我约束能力，促进了公司的快速发展。

(二)管理理念与创新

人本管理是中兴通讯一贯的理念。从 1994 年起，公司连续举办了 18 期中高层管理干部研讨班，探讨国内外先进企业经验，并成功推行"目标管理"、"以结果为导向"、"会议哲学"、"建设性对抗"、"脑力激荡"、"尝试风险"等管理理念。实践中，还不断根据企业不同发展时期需要调整内部管理架构。目前，中兴通讯采用的是信息传递及时、业务分工明确的矩阵型管理构架。而且中兴通讯第一个实现开发体制三段式管理模式，即把产品开发工作分成系统设计、开发、测试三个部分。

---

[1] 陈祖煌、陈文学、郑贤操：《国企改革：转轨与创新——从广东的实践看未来中国改革的路向》，中山大学出版社 1999 年版。

国企改革一直是我国经济体制改革的焦点问题，中兴模式对我国国企提高效率、增加活力的示范效应是很明显的，也具有普遍的推广价值。由此我们也可以得出结论：强化企业管理是深化企业改革的重要内容，在进行体制改革的同时，必须注意内部管理模式的科学化。

二、民营企业打造科学管理体系

中国民营企业的发展一般都分为两个阶段：创业阶段和第二次创业阶段。创业阶段的最大特点是，企业家靠敏锐的市场嗅觉，使企业迅速成长，这个时期，企业的管理主要依靠企业家的个人威信和聪明才智，无所谓管理体系和模式。进入第二次创业阶段，企业才开始强化管理，使企业从业务增长拉动型转变为管理效益驱动型，管理创新为企业的持续发展做出了很大的贡献。

自从深圳特区于 1987 年 3 月出台深圳政府 18 号文件，鼓励科技人员兴办民间科技企业以来，特区的民间科技企业迅速崛起并呈现出旺盛的生命力，如辉煌电子、五岳电子技术、长城电子、华为等。华为作为民办科技企业的代表更是屡创佳绩、发展迅猛。但是在创业初期（1988—1995），企业发展主要得益于市场拉动，此时的管理体系不健全，更多的是粗放式管理，这种管理的特点是主要依靠领导者的个人英明，决策过程快，但缺乏充分的论证。进入平稳发展期后（1996 年至今），华为意识到需要精细的管理，向管理要效益，利润主要来自管理水平的提高。

(一)重建管理体系

1995 年底，任正非提出重新构建企业管理系统，这是华为第一次为适应长期发展战略进行的前瞻性战略调整。这次管理体系的建设包括：工资改革、人力资源管理、ISO9001 引进、企业资源管理系统（ERP）的实施等内容。这使得华为公司的组织建设与素质有了较大提升，各方面都出现了好气象。

(二)组织结构改革

随着市场规模的扩张，华为的组织体系急速膨胀。1998 年，华为员工近 8000 人，但在组织结构上仍沿用集中管理模式，管理难度加大，结构性危机日益显著。为解决上述问题，划小经营单位，按产品建立事业部成为当务之急。华为公司在组织结构的规划中借鉴了日本企业的组织结构模式：在保持公司总部控制权的前提下，按照战略决定结构的原则，设立二维的矩阵式组织结构，即按战略性事业划分的事业部和按地区划分的地区公司。1998 年初，华为开始有选择、有步骤地进行事业部试点，第一个被选作试点的是华为通信（莫贝克）。在试点初见成效的基础上，华为先后对公司组织结构进行了重大改造，成立了多个事业部。

在组织结构上，华为建立起由一个静态结构、一个动态结构和一个逆向求助系统组成的柔性组织结构。一旦出现机遇，相应的部门就要迅速出手抓住机遇，而不是整个公司都去抓机遇。在该部门的牵动下，公司的组织结构产生一定的变形。但这种变形是暂时的，当阶段性的任务完成后，就会恢复到常态。

(三)建立完善的流程体系

当企业发展到一定的规模后，就必须依靠流程[1] 运作，尽量减少对"人"的依赖。通过学习 IBM，华为于 2001 年开始引进和建立流程为核心的管理体系。华为将不再依赖于少数英雄和天才，企业的生存和发展依靠的是基于流程制度化和模板化的有效和高效运作的团队。这样一来，可以将前人成功的经验和失败的教训总结固化成流程，让后来者走得更顺畅，管理也更加科学化、规范化、简单化。

(四)实行IT化管理

当中国内地很多企业还不知道 IT 为何物的时候，为了建立高效流程，华为引进了 IT 技术，建立了亚洲最大的企业园区网络。各地办事处可以通过该网络随时与公司保持联络，这让华为摆脱了空间局限，大大降低了沟通成本。2002 年，华为 ERP 系统、ISC 系统等核心业务系统全面通过网络支持，来完成内部生产管理、财务管理、销售管理及合作伙伴协助。

(五)灰色管理与无为而治

中庸之道实际上是任正非管理思想的重要原则。在公司整体运作中，他一直主张管理上要做到进取而不盲动，稳健而不保守，敢冒风险，又善于稳中求胜，以取得管

---

[1] 流程是指工艺程序，从原料到制成品的各项工序安排的程序，通俗地说，就是被固化下来的某件事情的先后顺序。

理的最佳效果。其中灰色管理和无为而治就是典型的表现，也是企业管理一直追寻的最高境界。

灰色管理思维表明矛盾着的事物并非一定是非黑即白，是非立辨，而是可以介于黑白之间各个不同的状态，呈现不同状况的灰色。当两种不同的意见或方案出现时，不妨在他们之间找到一个介于两者之间两全其美的方法，把争论的双方引入黑白之间伸缩性很大的缓冲地带——灰色地带。但是灰色管理并不完全是软弱、妥协，他要求管理人员既要坚持原则，又要善于让员工心甘情愿地接受变通的方式。

随着公司的各项管理变革落地，一切管理都流程化制度化了后，公司就开始逐步放松了严厉的管理，更多地要求干部、主管学会灰色管理。各级主管无论在经营上，还是在变革中，抑或日常工作中遇到问题时，都不应以极端的状态出现。而且灰色思维表现出的是做事不走极端、沉静而御的领导模式。

所谓无为而治就是企业不需要人为控制，也能自行达到既定目标。这要求高层管理者要以实现公司的组织目标为己任，通过制定各种制度管理华为、培养干部，而不是在某些具体工作上出人头地，充当个人英雄。

三、合资企业管理制度的完善

与其他经济体制下的企业不同，合资企业从建立伊始，就引进了先进的管理模式和理念，并且注意结合中国实际，活用西方先进的管理精华，强调以人为本，重视员工个性发挥。但是市场环境是不断变化的，因此他们也需要根据环境的变化而不断地创新管理体制。

康佳集团股份有限公司成立于 1980 年，原名光明华侨电子工业有限公司，由深圳特区华侨城经济发展总公司与香港港华电子企业公司合资兴办。在成立之初，康佳确定宗旨为"质量第一，信誉为本"，康佳精神为"团结开拓，求实创新"，康佳目标为"领先国内，赶超世界"。为了达到目标，康佳在管理方面进行了一系列的创新活动。

(一)加强基础管理，推进现代化管理

20 世纪 80 年代中期，康佳意识到加强基础管理工作是提高生产力，发展外向经济的基础。首先，推行标准化管理。标准化是企业产品质量和工作质量的基础，康佳始终坚持按照国际标准组织生产，把标准化从单纯的技术标准延伸到管理标准和工作

标准，使全体人员有章可循，实现了规范化、科学化和高效化的管理。其次，加强计量管理。公司成立计量部，科学计量各项数据，为公司生产指挥和管理决策提供真实可靠的数据。再次，实行定额经济核算。1983年以来，公司多次对定额管理工作进行改革，核心是将每个人的工作责任和实绩与经济效益挂钩，提高干部职工的效益观念和主人翁责任感。

在加强基础管理的同时，康佳还注意借鉴国内外科学管理方法，大力推行现代化管理，特别是强化目标管理和全面质量管理。

(二)全方位推进现代化管理

为使企业运作更有效率，康佳在全员中推行现代化管理理论和方法。公司要求班组以上管理人员运用ABC法分析自己的本职工作和公司当前的主要工作，抓住A类，解决关键问题。经过一段时间的全面推广，全体管理人员均能掌握几种现代化管理方法，各部门之间的合作更加协调，工作效率大大提高。

(三)实行关键业绩指标管理法（KPI）

早在2001年，康佳通信就开始导入国际先进的绩效管理工具——关键业绩指标管理法（简称KPI管理法），对中层以上管理人员进行绩效考评。依照该方法，公司以量化指标为依据，分年中和年底对中层干部进行考评，根据考评结果对表现优良者给予加薪、晋级和晋升；对表现差的、排位在后的给予降级、降薪甚至免职的处理。随着"KPI管理法"在实践中不断完善成熟，其成效在2003年和2004年得到显著体现。2005年，康佳正式颁布《员工绩效管理制度》，面向全体员工全面推行KPI绩效考评体系，绩效考评和激励制度进一步走向科学化和规范化。

(四)建立知识管理体系

2004年6月，康佳集团60多名管理者多了一个新的头衔：内部讲师。在康佳，管理者要担当起培育下属的责任，给别人授课与建议，也随时吸收别人提出的建议。康佳为管理者提供一些关于讲师的基本技能和技巧的培训，称之为"三T"（train the trainer）的培训。然后，有人专门负责跟这些管理者一起开发课程，开发他们自己所擅长和专注的课程。他的课程开发质量、讲课技巧过关以后，经过评审，就授予他内部认证讲师。之后，内部认证讲师就可以进行在职辅导工作，并结合培训以外的形式来完成团队的建设，包括研讨、沟通等方式。这样一来，康佳建立了一个知识管理体系。康佳通过这种方式，将管理者技能的积累和提升流程化。这一方面把企业内部的知识固化下来；另外一方面，让管理者扮演好自己的角色，他们自身的技能变得更加实在。

(五)价值经营与大质量管理

2005年，康佳董事局主席兼总裁侯松容在年度工作会议上正式将"价值经营"确定为企业未来发展的竞争策略，力求通过产品创新、营销创新以及管理创新等手段，逐步由价格战过渡到价值经营的轨道上。在价值经营策略的指导下，康佳持续推进"大质量管理"，大质量管理涵盖的不仅只是产品质量这个硬指标，环境保护、社会责任、品牌认可等要素统统纳入了康佳质量管理的考核范围内。2006年，在价格战依然弥漫、产品同质化严重的消费电子市场上，康佳依靠价值经营策略，坚定推进"大质量管理"，成功走出了一条与众不同的业绩上升曲线。经过2005—2007年的调整，目前康佳进一步明确了价值经营发展战略，初步完成了企业组织架构和管理模式的调整。经济效益和社会责任呈现良性互动、和谐发展的喜人势头。

通过推行价值经营策略，全面实施创新、精品和质量三大工程，康佳获得由中国工业合作协会、中国高科技产业化研究协会、清华大学现代管理研究中心等颁发的"中国企业管理创新奖"。

21世纪我国企业所处的大环境可以概括为市场化、全球化、信息化和知识经济的兴起。对于以发展外向型经济为主的深圳特区来讲，企业面临的竞争更加激烈，企业之间的竞争格局也必然从封闭型趋向开放型，并处于日益全球化的进程之中。新环境、新形势对我国企业既是一种机遇，更是一种挑战。强化管理，不断进行管理创新已成为企业在竞争中制胜的根本保证。深圳的电子信息产业在战略管理、知识管理、人本管理、组织结构创新等方面都取得了瞩目的成绩。而且随着对环境污染、和谐发展的关注，很多企业开始提倡绿色管理，勇于承担社会责任。这无疑促进了企业，乃至整个社会的良性发展。

参考文献

1. 芮明杰：《管理创新》，上海译文出版社1997年版。

2. 鄢敦望:《管理学原理与应用》,湖南人民出版社 2007 年版。

3. 斯蒂芬·P. 罗宾斯、玛丽·库尔特:《管理学》,中国人民大学出版社 2004 年版。

4. 范方华:《房地产销售·策划·传播管理模式》,广东经济出版社 2006 年版。

5. 史东明:《组织创新——效率与竞争力》,清华大学出版社 2007 年版。

6. 江振华:《国企改革的理论与制度创新》,中国社会科学出版社 1999 年版。

7. 陈祖煌、陈文学、郑贤操《国企改革: 转轨与创新——从广东的实践看未来中国改革的路向》,中山大学出版社 1999 年版。

8. 程东升、刘丽丽:《华为经营管理智慧——中国土狼的制胜攻略》,当代中国出版社 2005 年版。

9. 杨韬:《浅谈企业管理创新》,《管理探索》2008 年 4 月号。

10. 刘力:《企业信息化优秀案例暨解决方案选·离散型制造业分册》,经济科学出版社 2002 年版。

11. 潇萌:《全球化: 迫在眉睫的多元管理》,《中外管理》2008 年第 8 期。

12. 全国企业管理现代化创新成果审定委员会,中国企业联合会管理现代化工作委员会:《国家级企业管理创新成果·第十二届》,企业管理出版社 2006 年版。

13. http://www.huawei.com/cn/publications/PublicationsIndex.do?pid=87,《学会灰色管理》,《华为人》2007 年第 194 期。

14. 李航:《宝华电子公司坚持质量第一》,《特区经济》1986 年第 20 期。

15. 傅谭喜:《加强科学管理,办好外向型经济》,《特区经济》1987 年第 10 期。

第六章
组织创新与产业集群的形成

第一节　产业组织及产业集群理论

一、产业组织理论演进

(一)理论渊源

一般认为，产业组织理论源于以马歇尔为代表的新古典经济学。马歇尔将组织看作土地、劳动和资本之外的第四种生产要素。他认为，追求规模经济是效率使然，其结果是大企业支配地位的增强和垄断的抬头，而垄断损害经济效率的同时导致规模报酬递减。这样，规模经济和垄断就成了一对难以解决的矛盾，即"马歇尔冲突"。

在对"马歇尔冲突"分析的基础上，英国经济学家斯拉法（1926）、琼·罗宾逊（1933）和张伯伦（1933）相继突出了垄断竞争理论，以及克拉克的"有效竞争理论"等对新古典经济学的补充大大推动了产业组织理论的产生和发展。

(二)理论形成与发展

20 世纪 30—50 年代，以梅森和贝恩为主要代表的哈佛学派提出了现代产业组织理论的三个基本范畴：市场结构、市场行为和市场绩效，且市场结构决定市场行为，市场行为决定市场绩效。特别是 1959 年贝恩所著的《产业组织》的出版标志产业组织理论的正式形成。之后，谢勒发展的"结构—行为—绩效"范式（简称 SCP 范式），至今仍是主流产业组织理论的基本分析框架。

哈佛学派在分析框架中突出市场结构，在研究方法上偏重实证研究，也被称为

"结构主义"。他们主张政府制定用于引导和干预市场结构和企业行为的政策；限制垄断；保护竞争；竞争性越强，资源配置越理想等。

20 世纪 60 年代以后，以斯蒂格勒、德姆塞茨等为代表的"芝加哥学派"开始崛起并成为产业组织理论的主流学派。芝加哥学派重视价格理论及其应用，认为产业组织及反托拉斯政策应通过价格理论进行研究，并运用局部均衡福利经济学方法来判断市场势力和效率的取舍。和哈佛学派不同，他们认为市场结构和市场行为是否合理应该看其是否提高了效率，而不应关注是否有害竞争。

20 世纪 70 年代后，博弈论成为产业组织研究的重要方法，特别是用于不完全竞争市场中企业的竞争策略。企业的得失不仅取决于自身的决策，也取决于对手的行动；企业的行为取决于所拥有的信息结构和概率判断。除了非合作博弈论之外，网络博弈和合作—非合作博弈也日渐渗透到产业组织的分析中。

20 世纪 80 年代以来，鲍莫尔、潘泽和威利格等人在芝加哥学派产业组织理论的基础上提出了可竞争市场理论。该理论认为良好的生产效率，只要有可自由进入的市场，就可以实现，并非只局限于哈佛学派所认为的完全竞争市场。

二、产业集群理论演进

(一)外部经济理论

英国经济学家马歇尔在其 1890 年出版的《经济学原理》中首先提出了外部经济的概念，即产业集群内的企业能利用地理接近性，通过规模经济使学习经验曲线中的生产成本处于或接近最低状态，使无法获得内部规模经济的单个中小企业通过外部合作获得规模经济。首先，技能、信息、技术、工艺和新思想能在集中的企业间迅速传播和应用。其次，产业集群能促进相关配套辅助产业的成长和专业化协作，并提高设施设备的利用效率。

美国经济学家克鲁格曼发展了马歇尔的外部经济理论，提出了"规模报酬递增"模型，他把马歇尔的"产业区"优势的论述总结为三点：本地专业化劳动力的发展；大量增加的相关企业和生产服务活动对核心产业的支持；以及频繁的信息交流对创新的贡献。这些优势即规模报酬递增的基础。

(二)集聚经济理论

集聚经济理论是由区位经济学家提出的，他们从区域产业发展的角度对产业集群作了精辟的论述，代表人物有德国的韦伯、美国的胡佛、英国的巴顿等。

企业通过分享公共基础设施、专业化劳动力资源、销售市场等，获得集聚经济效益。

产业集群有利于熟练工人、经理、企业家的发展，集群内日益积累起来的熟练劳动力和适应当地工业发展的职工安置制度，进一步加强了企业间的相互关联。

地理上的集中，能给予企业很大的刺激去进行改革和创新，因为地理上的集中必然会带来竞争，而竞争又促进了创新；同时，集聚有利于企业、供货商和客户间的沟通与交流，并在信息的传播中了解市场动态，最终导致创新的产生；而该地区的所有企业由于区位和信息的便利可以很快采纳这种创新。

(三)交易费用理论

科斯于 1937 年在"论企业的性质"一文中提出了交易费用的概念，之后威廉姆森界定了交易费用分析方法。交易费用能较好地解释产业集群的成因。由于产业集群内企业众多，可以增加交易频率，降低区位成本，使交易的空间范围和交易对象相对稳定，这些均有助于减少环境的不确定性，减少企业的交易费用；同时，由于数目众多的企业地理接近，增加了市场参与的角色，市场机制更能发挥作用，有利于提高信息的对称性，并克服交易中的机会主义行为；此外，产业集群的经济活动根植于地方社会网络，各个企业在某种程度上具有共同的价值观念和文化背景，可加强企业间的合作与信任，促使交易双方达成并履行合约，节省了企业搜寻市场信息的时间和成本，大大降低了交易费用。

(四)新竞争理论

哈佛大学教授迈克尔·波特从竞争优势的角度发展了产业集群理论。波特认为，产业集群能在效率、效益及柔韧性方面创造竞争优势，这些竞争优势源于特定区域的知识、联系及激励，是远距离的竞争对手难以达到的。

第二节　深圳电子信息产业组织创新

深圳作为改革开放的试验田，从特区成立起，就将电子工业确立为重点产业。在改革开放三十年里，深圳电子信息产业的发展创造了前所未有的奇迹。这些成就不仅表现在产值和规模上，还表现在产业组织的发展经历了开创性的创新，这也成为后来其他省市效仿的典范。

一、80年代起步阶段的组织创新

在特区成立之前，深圳的电子信息产业一片空白。只有宝安县在 1972 年初成立的深圳无线电厂，开始投产单波段收音机、扩音机和调压器等几种简单的电子产品。特区成立后，深圳虽然有政策之利、地理之便，但是却既缺资金又缺技术，更缺人才，所以自办企业是不行的，就连合资都缺乏谈判砝码。特区政府就先后提出了"外引"、"内联"来创建工业。

(一)引进外资

虽说提出要引进外资，但是当时特区投资环境落后，引进大量投资、高技术的企业是完全不现实的，同时，外资对刚开放的中国还存有戒心。所以当时引进的基本都是"三来一补"企业，绝大部分都是工场、小作坊似的小厂。主要是简单的来料加工，所有的元器件，甚至是所有的辅料、所有的装配说明、所有的技术图纸等全部都是委托方的。生产方只承担机械的组装，没有任何技术含量。如康佳集团的前身——光明华侨电子厂很早就开始生产彩色电视机、卡带收录机、收音机、电子表等，但原材料、技术，包括渠道和市场基本上都在国外。使用的是港华电子的技术，每生产一台机器，要向港方交 200 块的专利费。虽说当时深圳电子工业整体技术落后、规模小，但却为后来起步奠定了基础，成为了宣传深圳开放信息的一个窗口。通过利用外资开展来料加工装配等业务，引进先进产品、先进技术设备，通过产品换代提高深圳电子工业生产技术水平。

港资最早成为"外引"的对象。一是，深港有地缘优势；二是，从 80 年代初开始，香港开始了从工业为主向以金融、贸易等第三产业为主的产业转型，而刚开放的深圳由于成本低、市场潜力大成了最好的转移地。所以，深圳最早的电子企业大都是港资投资，甚至是从香港搬迁过来的。如香港联城公司投资 24 亿港元，与特区联合开发文锦渡东区，建成 26 万平方米的电子、轻工工业区。之后，外资渠道不断拓宽到中国台湾地区、日本、欧美等地。例如：1984 年，深圳华强电子工业公司与日本三洋电机株式会社合资兴办了华强三洋电子有限公司；1989 年深圳赛格集团公司与日本国株式会社日立制作所合资成立深圳赛格日立彩色显示器件有限公司等。随着外商对我国开放政策的了解，也有越来越多的外商开办独资企业。如：1985 年，世界知名打印机厂商 ESPON 公司在八卦岭工业区投资 1000 万港元，成立独资的业信技术（深圳）有限公司，可年产 30 万台 24 针点阵式打印机；1986 年，美商在蛇口成立独资的伟创力电脑（蛇口）有限公司，引进年产 100 万块的电脑主机板生产线。

(二)与内地联合

在引进外资大办"三来一补"企业的同时，深圳也提出了"内联"：到内地去寻求资金、技术和人才。早在 1980 年，规划部门就从上步工业区划出 1 平方公里的土地给最早来深圳办企业的电子工业部。当时不少内地电子企业在深圳设立分支机构，如中国航空技术进出口公司在深圳设立深圳工贸中心，来完成电子电器元件、产品、设备的进出口；深圳经济特区开发公司、江苏省电子工业厅、苏州市电子工业公司合资成立了深圳苏发联合公司，生产计算机、程控电子交换机、微波通讯设备、测量仪器等各种电子产品和元器件；中国电子工业部、中国电子器件工业总公司和深圳市共同投资组建中国深圳彩电总公司。

在实践中，"内联"的优势与效益越来越明显。例如：1985 年 5 月，中国长城计算机集团将长城微机开发公司迁到深圳，成立了长城集团（深圳）公司。几年间，就建成了多个工厂和研究室。先后集中 100 多人的科技力量和投入 6000 万元用于新产品开发，推出科研成果 120 多项，自 1988 年 6 月投产到 1990 年底，已生产微机 4 万多台、显示器 5 万多台，工业总产值 12 亿元以上，出口创汇 2000 多万美元。1986 年 1 月，赛格公司成立后，在市政府的指导下，通过联合内地 5 所高等院校和 28 所研究所，研究开发新产品，加强产品的竞争能力。仅 3 年时间，就先后开发了 321 项电子产品，其中 15 项被确定为进口替代产品，6 种产品获得美国 UL 安全认可，大大强化了产品国产化配套水平和出口创汇能力，形成了具有开发、制造、配套能力的专业化分工协作的电子产业体系。

到 80 年代末，随着深圳电子信息产业的壮大，改变了过去内地单方面到深圳投资的局面，开始出现了深圳到内地投资的潮流。深圳市政府也相应提出了"双向联合"的横向经济联合方针。这进一步扩大深圳电子企业产品在内地的竞争力，也在更高层次上开展了与内地企业、科研院所的合作。如赛格集团与重庆市等 6 家企业合作兴办了重庆通讯自动化工程公司。到 1984 年底，深圳中航工贸中心为内地企业引进了几千万美元的技术和设备，起到了一定的窗口作用。1983 年深圳中航工贸中心所属的南航电子厂为汉中一家工厂装备了一条完整的音响设备生产线；1984 年，与新疆签订了交钥匙工程协议，帮助建立新型的塑料制品厂。此外，深圳中航工贸中心的航空标准件有限公司又与长春、烟台几个单位签订合同，帮助他们建立标准件厂。

(三)政企分开

深圳电子工业发展初期，由于国内私有资本的弱小，80 年代深圳的电子信息企业，除了外资之外，就是国有企业独资或合资的形式，甚至直接就是政府下属部门。当时我国国有企业改革还没有开始，可以说是"政企一体"，各级政府通过行政命令对企业有多重管理。如深圳的电子工业分别归原电子工业部、国务院侨务办公室、中央军委总参通信部、广东省电子工业局、广东省侨务委员会以及深圳市和内地投资省区政府相关部门的监督和管理。但特区已开始要建立市场经济，这就要求企业在经济活动中应有很大的经营自主权，这就在企业运营中产生了矛盾。这些由政府职能部门向经济实体过渡的大企业，也很难真正行使最初握有的一些行政权力；同时，既要投入大量人力、物力搞行政，又常常用一些行政措施来束缚自身和其他企业的手脚，所以企业就需要"还政于政"。1982 年 1 月，深圳市政府决定在全国率先撤销工业主管局的同时，将一套人马两块牌子的深圳市工业局和深圳市工业公司一分为二，分出深圳市电子工业公司负责管理市属电子企业和执行投资兴办的电子企业，深圳市电子工业公司成立。1983 年 12 月，为推动多渠道协调发展深圳电子工业，由国家有关部驻深企业的主管部门和广东省电子局与深圳市政府联合筹备成立"深圳市电子工业发展协调委员会"。

二、90年代发展阶段的组织创新

进入 90 年代，我国的改革开放事业进入了新阶段。特别是 1992 年邓小平同志南方重要讲话之后，深圳再次站在改革大潮的风口浪尖，深圳电子信息产业又一次成为深圳工业腾飞的助推器。

(一)企业数量和企业规模明显提高

1991 年深圳电子企业已达 800 多家，24 家电子工业企业（集团）工业产值超亿元，11 家企业入选全国电子百强企业。其中深圳康佳电子有限公司、深圳华强电子有限公司、深圳华强三洋电子有限公司、中国长城计算机集团（深圳）公司、三洋电机（蛇口）有限公司、深圳华发电子有限公司 6 家企业被国务院发展研究中心、国家统计局公交司联合授予 1990 年全国 500 家最大工业企业。

电子信息产业也成为深圳工业的领头羊。1992 年，深圳市 100 家最大规模的工业企业中，电子工业企业占了 27 家。100 家经济效益最好的工业企业中，电子工业企业占了 29 家。在 50 家最大外商投资企业中，电子工业企业占了 14 家，累计投资额均超过 1000 万美元。10 家最大民间科技企业全部为电子工业企业。

到 1999 年，全市有 5 个销售额超 5 亿元的企业迈进"2000 年全国电子百强企业"行列，有 7 个企业进入"第十三届全国电子元器件百强企业"行列。上述 19 个"百强企业"的销售额总值超 600 亿元，同比增长 22.5%。其中，康佳集团以 131.5 亿元，中国长城计算机集团以 120.9 亿元，深圳华为技术有限公司以 102.1 元；赛格集团以 53.5 亿元，华强集团以 51.8 亿元分别名列"全国电子百强企业"的第 4、6、10、18 和 19 位。

(二)产品结构更趋合理

通过投资导向有意识地引导投资者向高科技产品和元器件、基础配套件方面投资，改善了过去以彩电和收录机为主导产品的较单一的产品结构，开始从消费类产品向投资类产品转移。1991 年与 1985 年相比，消费类产品的比重已从 87.5% 下降到 60.6%，其余两类产品的比重则从 12.5% 提高到 39.5%。到 1998 年，投资类电子产品呈现高速发展之势，共完成产值 450 亿元，比 1990 年增长 1/3；消费类电子产品完成产值 210 亿元，增长 6.1%；基础元器件类电子产品完成产值 140 亿元，增长 6%。三大类电子产品产值结构的比重从 1990 年的 47.6 : 31.4 : 21 调整到 56.2 : 26.3 : 17.5，而同期全国三大类电子产品结构为 38.8 : 32.6 : 28.6，显示出深圳电子工业的发展正朝着高新技术的方向迈进。

科技含量高的产品产量也急速增加，有的产品产量年增幅达几倍。1995 年主要产品产量：微型计算机 38.6 万台，同比增长 601.8%；硬磁盘 198 万台，同比增长 98%；计算机板卡 760 万块，同比增长 26.6%。1998 年，程控交换机 1515.69 万门，同比增长 134.1%；彩色显像管 466.47 万只，同比增长 98.2%；集成电路 2.4 亿块，同比增长 67.1%。1999 年，微型计算机 63.45 万部，同比增长 79.6%；彩色电视机 834.13 万台，同比增长 69.6%；半导体集成电路生产 6.42 亿块，同比增长 167.9%，液晶显示器生产 1.87 亿片，同比增长 155%。

(三)企业组织形式的转变

进入 90 年代，深圳工业发展的一个突出转变就是企业的组织形式逐渐由"三来一补"转变为"三资企业"。深圳市对"三来一补"企业归类排队，成熟一个，转型一个。凡属技术引进、档次较高、产品效益好，又符合深圳市产业政策的企业，按优先原则给予扶持与帮助，使其向"三资"企业转型。对那些档次低、消耗大、污染大的企业坚决予以淘汰，同时严把转型关，提出了转型的基本条件，不搞形式上的转型。如 1993 年，罗湖区就有 31 家"三来一补"企业转为"三资企业"。同时，根据深圳市农村经济的发展状况，适当放宽了镇级和区属企业引进"三来一补"的限制（有污染、耗水耗能大的项目除外），充分利用好现有空置的厂房发展"三来一补"企业。这样电子信息行业中，许多技术含量较低、劳动密集型为主的"三来一补"企业，从特区内转移到关外，如宝安区的西乡、龙华等镇，甚至是东莞等地。

(四)引进外资水平的提高

深圳电子信息产业升级的一个重要表现就是引进外资的水平明显提升。90 年代引进的投资或合作项目大都是国际大公司、大手笔、技术含量高的。如 1994 年 6 月，美国康柏电脑技术有限公司首先与四通集团合资在华侨城东部工业区投资 520 万美元成立康柏电脑技术（中国）有限公司（英文名 CCT），生产三个系列的康柏牌 PC 机和电源，其中 PC 机年产能力 50 万台。同年 8 月，深圳赛格高技术投资股份有限公司（SHIC）与意法半导体亚太私人有限公司（SGS–THOMSON）共同投资 7700 万美元（中方占 40%，外方占 60%），在福田保税区成立占地 3.7 万平方米的深圳赛意法微电子有限公司（STS），从事后工序的封装测试和集成电路的设计，年产能力 3.18 亿块，产品 70%—90% 外销，在 1998 年，产能进一步提高到 7.3 亿块，并成立 IC 芯片设计中心。1996 年，MAC 公司被三星电管（香港）有限公司和深圳市投资管理公司共同收购，重组为深圳三星电管有限公司，总投资 6.05 亿美元，进行技术改造并引进三星公司生产线和技术，可年产彩色显示管 182 万支。

(五)拓展国内外市场

深圳市电子行业逐步实施市场多元化战略，千方百计寻找拓展国内外市场的新途径。康佳集团相继在澳大利亚、俄罗斯、沙特阿拉伯、土耳其和印度等国建立分公司或合资公司，由康佳控股生产康佳牌彩电供应当地及周边国家。华为、中兴和比亚迪公司等一大批拥有自主知识产权产品生产的企业，也都纷纷以不同形式成功开展了跨国经营和生产。例如，1998 年到 1999 年，中兴通讯公司开始进行大规模电信工程承包，不仅一次总揽下巴基斯坦电信网络工程近 1 亿美元的项目，还结下了孟加拉国三城市终局容量 3 万线的全面系统承包工程项目。这种技术和产品一并出口的方式，被国家外经贸部确定为"带料加工"的新模式，在全国范围内推广。到 1999 年，康佳、华为、中兴通讯、松立、南和、先科和元亨电子 7 家企业获准在国外开展"带料加工"业务。

三、现阶段的深圳电子信息产业组织

目前，电子信息产业已成为深圳四大支柱产业之首，又是深圳市高新技术产业中的龙头，产业规模超过全省的 50%，约占全国的六分之一。[1]

(一)深圳电子信息产业发展迅猛

进入 2000 年后，电子信息产业作为新一轮信息革命的主力军发展势头迅猛。深圳电子信息产业经过上世纪 90 年代的高速发展后，由于规模已足够大，发展速度有所下降，但仍保持了相对高速的发展。

2006 年，深圳电子信息产业产值（现值）5742.55 亿元，同比增长 29.7%。[2] 2006 年，电子信息产业各月增加值累计增速一直领先同期工业总体增速约 16—20 个百分点，对全市规模以上工业增加值的增长贡献率达到 65%，电子信息产业增加值的比重比 2005 年提高 2.3 个百分点，利润更是达到 227.34 亿元，超过全市规模以上工业企业利润总额的三分之一。[3] 2008 年 1—4 月，深圳电子信息产业产值（现值）达 2017.40 亿元，同比增长 12.9%。[4]

电子信息产业产品产量也迅速增加。2006 年，全市监控的 40 种重点工业产品产

[1] 《2006 年深圳统计年报》：http://www.sztj.com。
[2] 《2006 年 12 月深圳统计月报》：http://www.sztj.com。
[3] 《2006 年深圳市工业贸易经济运行情况及 2007 年走势预测》：http://www.szbti.gov.cn。
[4] 2008 年 4 月《深圳统计月报》：http://www.sztj.com。

量中，有 27 种比 2005 年同期有所增长，有 6 种产品产量的增幅超过 30%，7 种产品产量的增幅在 15%—30%，其中部分电子信息产品产量有较大幅度增长：显示器 3024.32 万部同比增长 44.4%；半导体集成电路 604302.39 万块，同比增长 44.3%，其中大规模半导体集成电路 325218 万块，同比增长 49.7%；硬盘机 2035.33 万部，同比增长 40.4%；移动电话 5415.21 万部，同比增长 38.1%；液晶显示器件 84993.3 万片，同比增长 38.0%。[1]

(二)大企业的拉动作用显著

深圳抓住新一轮国际产业转移和工业化、城市化加速发展的机遇出台政策，构筑以"大企业、大项目、大品牌"为依托，技术创新化、产业集群化、标准国际化、资源集约化为特征的先进制造业基地。实施本土跨国公司培育工程，鼓励做强、做大一批产业集团，切实实现不同经济主体间的公平待遇和公平竞争，使深圳工业完成了从传统产业为主导向高新技术产业为主导的转变。其中，深圳电子信息产业又再次起到了领头羊的作用，出现了一批具有相当规模和实力的产业巨头。

2007 年，深圳有 15 家企业工业产值超百亿元人民币。电子信息产业作为深圳头号支柱产业，占了其中 12 家，有鸿富锦、华为、富泰宏、联想信息、中兴通讯、群康科技、长城国际、恩斯迈、三星科健、创维、长城开发、康佳，它们的利润均超过 10 亿元。仅这 12 家企业的产值，相当于一个内地省会城市的经济规模。这些超百亿企业的发展壮大都体现了"深圳速度"。其中，鸿富锦、富泰宏和群康科技均属于世界 500 强富士康旗下。2001 年，鸿富锦首次进入深圳工业百强，到 2007 年工业产值就已接近 2000 亿元。可以说，富士康能成为世界 500 强，该公司在深圳的企业功不可没。深圳本土企业代表华为技术有限公司，1999 年实现销售额 120 亿元人民币，2007 年全年合同销售额就超过 160 亿美元（约合人民币 1100 亿元），同比增长率超过 45%，是 10 年前 10 倍多，骄人的业绩使该公司已经迈进世界 500 强的门槛。[2]

(三)企业不断开拓国际市场

深圳超百亿企业无不把开拓国际市场作为自己的战略重点。如中兴通讯自 1995

---

[1] 《2006 年深圳统计年报》：http://www.sztj.com。

[2] 丁时照、刘虹辰：《深圳崛起超百亿工业企业群，其中华为超千亿》，《深圳商报》2008 年 1 月 14 日。

年启动国际化战略，目前已成功跻身全球性通信制造厂商行列。到 2007 年，中兴通讯数据产品业绩大幅增长，再度保持 100% 以上的增长率，海外收入首次超过国内；[1] 2008 年 1—5 月，TCL 集团的国际市场销量占到总销售量的七成以上，令业界瞩目，其中 5 月份，TCL 液晶彩电国外销量 20.5 万台，占总销量的 76.09%；传统的 CRT 彩电国外销售 52 万台，占总销量的 60.43%。以销售收入计算，TCL 彩电海外市场的收入已经超过总销售额的七成；TCL 手机销售近 90 万部，海外销售占 94%；销售 DVD 播放机 180 万台，全部销售到国外市场。[2]

同时，对外直接投资业务和跨国并购大幅增长。2006 年，康佳等企业在美新设了 3 家企业；中兴通讯经核准在境外新设了 16 个企业和办事机构，占当年全市新设境外企业和机构数量的 30%，主要集中在发展中国家；大族激光在境外新设 3 家办事机构；华为公司在境外的资本运作方面有新进展，一些海外投资项目收益显著；2007 年 4 月，深圳桑菲公司并购了飞利浦全球手机业务，当年就实现了扭亏为盈，全球市场份额取得重要突破，在俄罗斯、土耳其等国家更是取得了市场份额前五的佳绩；2008 年，迈瑞——从深圳崛起的我国电子医疗设备龙头企业——出资 2.02 亿美元收购 Datascope 的监护仪整体业务，从而成为全球监护仪第三大厂商。[3]

对外承包工程与劳务合作业务快速增长。2006 年全年各月份同比增长速度都在 20% 以上，主要原因是以华为和中兴通讯为代表的高科技对外承包工程企业国际化进程进一步深化，屡创佳绩。其中，华为公司承接了荷兰皇家电讯、日本 eMobile 公司、美国 Leap 公司的 3G 网络构建合同，同时为全球最大的移动电信集团沃达丰公司提供在欧洲销售的定制 3G 手机；中兴公司与加拿大第二大电信运营商 TELUS 签订 3G 终端设备的总供货合同，为英国电信提供 3G 电视手机等，标志以上两家企业已经全面进入发达国家电信市场；[4]2008 年 2 月和 4 月，中兴通讯与沃达丰分别签署了终端产品和系统设备全球合作框架协议，涉及产品包括 GSM、光传输等在内的全线系统设备。[5]

[1] 《中兴数据产品海外收入大涨》：http://www.szeia.com。
[2] 《TCL 国际市场销量占七成》：http://www.szeia.com。
[3] 洪宾：《深企走出去跨国大收购》，原载《深圳商报》2008 年 3 月 13 日。
[4] 《2006 年深圳市工业贸易经济运行情况及 2007 年走势预测》：http://www.szbti.gov.cn。
[5] 陈姝、阳静纯：《中兴与沃达丰再签合作协议》，原载《深圳商报》2008 年 4 月 3 日。

第三节 深圳电子信息产业集群的形成与发展

一、深圳电子信息产业集群萌芽及初步形成阶段

(一)80年代初的企业集中

1979年以来，深圳市作为改革开放的窗口，以极快的速度建立起一大批电子工业企业；到1985年底，深圳市的电子企业已达167家，全行业职工有1.7万人。这时的电子产业集群主要表现在许多电子企业在一些工业区内的集中。为了改善投资环境，在工业区建设方面和外资进行合作。如在特区总体规划中将特区分为东、中、西三片。其中，中片的上步、皇岗、福田一带，地势平坦、交通便利，为深圳特区腹地，通过与港商合作，成片开发建成以电子工业为主的综合发展区。当时在上步工业区、福田路口、八卦岭工业区聚集了大量的电子企业。

(二)80年代后的企业集团化

在1985年，深圳市电子工业发展速度开始大幅下降（电子工业总产值1983年比1982年增幅154%，1984年比1983年增幅219%，而1985年比1984年增幅仅为32%）。随着整个特区经济的高速发展，电子工业也暴露出一些严重的弊病，已经不能适应发展了的形势需要。现代大生产中，专业化的分工协作方式在保证产品质量方面有着绝大的优势，而多个企业联合起来，组建集团公司，互相取长补短，这是实现这一协作最为易行、有效的方式。

1984年，为了适应更加开放的新局面，深圳市的一些中央和地方的有关部门在组建新企业时，更加有意识地向集团化方向靠拢。1985年7月，深圳市政府和电子工业部经过磋商一致同意，部属、省属、市属电子企业参加组建深圳电子集团公司。组建采取了与其他企业组建公司完全不同的全新方法：集团和企业交叉持股，企业保持独立法人地位，加入自愿、退出自由，集团为企业宏观指导，主动服务。深圳电子集团公司的基础是深圳电子工业总公司和电子工业部在深圳的企业，自愿报名103家，加上集团公司、直属企业和正在注册登记的共117家。1986年1月6日，深圳市电子集团公司成立，是全市已有178家不同经济性质的电子企业按照自愿的原则将隶属部、省、市的117家联合起来，形成以深圳市电子工业总公司为核心层的全市第一家企业集团。

许多企业也纷纷向集团化方向发展。比如，深圳中航工贸中心自 1980 年成立以来，通过整合南航电子工业有限公司、天马微电子公司、天兴通讯设备公司等 27 家公司不断扩展产品线，产品涵盖液晶显示器、微电脑、电脑软件等。深圳中航工贸中心从元器件等中间产品到电脑、收录机等最终产品，已发展成为一个兼有生产、科研开发和国际贸易功能的多元化企业集团。

深圳爱华电子有限公司是电子工业部计算机工业管理局在深圳特区的直属企业。通过整合顺发微电脑公司、顺达电器公司、顺兴软磁盘公司、宁华软件技术开发公司、AHD 信息有限公司、华利电子有限公司等多家直属和内联、合资企业，使公司能够生产微型计算机、显示终端、软磁盘片等电子产品，已拥有从国外引进的 8/16 位微机系统技术和生产技术、显示终端测试技术和生产技术、软磁盘片后工序生产线关键设备、制造技术和测试设备。

这些集团公司，都是行业内相关公司由于产品的关联而进行协作，行业协作不仅能提高产品质量，而更重要的是它必然提高本行业的综合生产能力，加速产品的更新换代。同时由于电子信息产业规模的不断扩大，组建了相应的行业协会，如深圳电子商会、深圳市计算机协会、深圳市软件行业协会。这些协会既是产业集聚的结果，也促进了电子信息产业的进一步集聚和发展。

(三)工业区典型：彩电工业区

为了更好地实现集群优势，深圳市政府在工业区规划建设上对优势产业予以扶持。1984 年，深圳市政府决定彩电工程上马，并划出位于北环路纪念碑南侧的一块 48 万平方米（不含绿化带）的土地，作为彩电工业区用地。彩电工业区的筹建开发工作，初为中国深圳彩电总公司负责，后改为深圳赛格集团负责。工业区内兴建有香港彩色显像管厂、深圳彩色显像管厂、深圳彩色显像管玻壳厂以及中国深圳彩电总公司的所属工厂。在工业区内实现了彩电生产所需的显像管、显示器件、显像管玻壳等有关零配件、原材料、配套件及新型彩电的制造、加工、开发、技术服务等整套流程。这些产品除供应彩电工业区产品配套外，还可供应国内外彩管玻壳关键配套件、整机、生产线等。其中设在福田区福岗彩管工业区的彩管生产厂就可年产 160 万只 21 英寸 HS 高性能平面方角彩色显像管，年产值达 1.6 亿美元。

二、深圳电子信息产业集群迅速成长阶段

90 年代深圳电子信息产业集群迅速成长，表现在如下方面：

(一)产量规模不断扩大

深圳电子信息产业生产规模继续扩大，技术水平和配套能力进一步提高。计算机整机及配件、通信设备、集成电路等产品产量在全国乃至全世界都占有一席之地。

深圳已成为国内计算机整机、大容量局用数字交换机、无绳电话、数字移动通信、无线接入、无线传呼、光纤光缆、液晶显示器、彩色显示器等领域的重要开发和制造基地。计算机硬盘、电脑显示器的产量居全国首位，彩色显示器、液晶显示器、喷墨激光打印机、无绳电话、数字移动电话、彩色电视机等产量居于全国前列。全世界 10% 以上的计算机磁头、10% 以上的拾音激光头都在深圳研制和生产，硬盘磁头的年产量居世界第三位，向世界著名计算机厂商提供料件 300 万台（套）。电子信息产业已成为深圳市高新技术产业的主导产业群，也拥有华为、中兴、安科、迈瑞等一批拥有支柱知识产权的骨干企业。

最典型的是计算机工业，除了 CPU 和某些集成块外，其他包括存储器、硬盘、主机板、显示器、电源、软驱、打印机、路由器、服务器等几乎所有计算机零部件都有生产制造厂家。到 1999 年，深圳市计算机整机、配套工厂和从事计算机软硬件、网络的企业约有 2300 个，其中具有一定规模和影响力的企业有 38 个。1999 年全年共生产微机 116 万台（包括兼容机），其中长城计算机公司（含长城国际产品有限公司）生产 70 万台；希捷科技有限公司生产硬盘 4.3GB、6.4GB、8.6GB 共 700 万块；全市各种板卡产量 2600 万块，显示器 560 万台，打印机 680 万台，键盘 1100 万只，鼠标 1200 万只，磁头 1.27 亿只（占全球产量的四分之一）。深圳已成为全球计算机产业重要的制造基地。

(二)形成了一批高新技术产业群

深圳市高新技术产业在 90 年代发展迅速，逐渐形成了计算机及其软件、通信、微电子及元器件等领域高新技术产业群。其中，计算机和通信产业成为深圳高新技术产业的支柱。

至 1993 年底，深圳从事高新技术产品开发生产的企业达 500 家，从事软件开发

和销售的企业 200 余家。计算机和通信产业其产值占高新技术产值的 75%，其中计算机产品的产值 42.03 亿元，通信产品的产值为 16.6 亿元。特别是程控交换机产量从 1992 年的 90 万线，增长到 1993 年的 160 万线，占全国产量的三分之一。

为了占领科技制高点，深圳组建了开放式专用集成电路和多媒体技术两个"高新技术群"。如 1993 年，由中国深圳远望城多媒体电脑公司等 13 个单位组成的"深圳市多媒体技术开发群"成立，"开发群"所研制和生产的多媒体技术与产品，在国内处于领先地位，受到海内外的广泛关注。

在新兴的手机领域，深圳也一马当先。1997 年，中兴通讯、康佳、中科健、桑达飞利浦、泰丰电子、国威电子和天时达 7 家企业获准生产国产手机，深圳成为我国最大的手机生产基地和国产手机的聚集地。1998 年，中国科技股份有限公司下属的科健技术信息有限公司与美国 IBM 公司属下的 COMMQUEST 公司签订技术转让协议，引进生产线生产科健牌 KEJIAN-6300C（GSM）手机。深圳国威电子有限公司开发出 GSM/PCS1800 双频移动电话手机。深圳康佳通信科技有限公司也开发出 K3118 移动电话手机，并建成拥有自主知识产权的移动电话生产线。深圳中兴通讯股份有限公司开发出"小灵通"GSM 手机。深圳华为技术有限公司开发出 GSM 系统。

(三)深圳高新区集聚高新企业

从 1995 年开始，市委、市政府开始用建立"深圳市高新技术工业村"的办法，使市内 24 个新兴的高新技术企业向园区方向集中，这些企业尽管规模都不算太大，但技术水平较高，发展势头强劲，其中不少是民营科技企业，在市科技部门长期扶持下，已初具规模。例如，达实公司的自动化成套设备，本鲁克斯的仿真技术，飞通公司的光终端设备，现代电子的通信网络系统等。1996 年高新办成立后，又积极促成了中兴通讯、奥沃伽马刀、联想集团、北大方正等大型企业的入驻。加上原有的长城、华为、粤海电讯、泰丰电子，形成了电子计算机和通信两大产业集团，并成为全国 PC 机和程控交换机的主要生产基地。

高新区逐渐形成了以国内外著名品牌为代表的电脑整机和配件产业群；以程控交换机、移动通信为龙头的通信产业群；以财务管理、网络产品为主的软件产业群；以及许多拥有核心技术的、高水平的集成电路设计中心。长城计算机公司在高新区与 IBM 合作兴建了计算机整机、硬盘和磁头等生产基地。深圳高新区的国内大企业有长城、华为、中兴、联想、北大青鸟、东大阿尔派、特发现代计算机、TCL、创维、四通、北大方正、清华同方等，跨国公司有 IBM、飞利浦、康柏、奥林巴斯、爱普生、朗讯、哈里斯、汤姆逊等。同时，也逐渐兴起了一些网络、电子商务和集成电路设计中心等行业的中小型企业群。

高新区高技术企业集聚使得具有自主知识产权的高新技术产品的生产飞速发展。1997 年，高新区具有自主知识产权的高新技术产品产值达 147 亿元，占全区高新技术产品产值的 49.6%，特别是长城的电脑、华为与中兴的程控交换机和移动通讯系统、黎明的网络系统、豪威的导电玻璃生产设备都在国内外占有相当的市场份额。

三、现阶段深圳电子信息产业集群

现阶段，深圳的电子信息产业集群已拥有较强竞争力，在深圳的集群区域已经拥有数目众多的相关企业，企业数目增长率开始逐步稳定，相关电子产品配套的企业已逐渐发展成为配套的企业群，集群发展体现出了较强的优势，主要表现在以下几个方面。

(一)创新优势

2004 年，深圳市通信设备、计算机及其他电子设备制造业的研究与试验发展经费投入达到 75 亿元，投入强度为 1.71，两项指标均居各产业第一。[1] 在 2006 年，我国电子信息企业中研发投入超过 10 亿的 9 家企业中，深圳占了 3 家，华为、中兴、TCL 分别以 59 亿、28 亿、19 亿元分列第二、三、六名。中兴通讯、华为研发强度居我国电子百强企业前两名。[2]

根据截至 2006 年的发明总量，深圳电子信息产业中有三家企业进入内地企业前十强：华为 11503 项，位列第一；中兴、比亚迪分别以 3222 项和 689 项位列第二和第五名。[3] 以华为、中兴为代表的名牌企业，在自有知识产权和自主创新方面取得了显著成绩。如 2002 年以来，华为的专利申请量连续 5 年居中国企业首位。截至 2007 年底，华为申请专利 26880 件，已授权专利 4256 件。在 3GPP 基础专利中，华为占

---

[1]　《深圳市第一次全国经济普查主要数据公报（第二号）》：http://www.sztj.com。

[2]　信息产业部科学技术司：《2007 年信息技术领域专利态势分析报告》，《电子知识产权》2007 年第 9 期。

[3]　同上。

7%，居全球第五。[1]

2007年度国家科技奖励大会上，华为、中兴、迈瑞、宇龙等深圳企业单独完成或参与完成的11个重大科技项目，喜获二等奖，创下深圳年度获国家科学技术奖项目数的"历史之最"。其中电子信息产业贡献最大，如中兴通讯等完成的"WDM超长距离光传输设备（ZXWM-M900)"；华为完成的"OSN9500大容量智能光交换系统"；迈瑞完成的"迈瑞高性能全自动生化分析仪关键技术及系列产品的研发与产业化"；宇龙参与完成的"CDMA/GSM双网双通终端"及华为、中兴参与的"固定电信网转型工程"等。[2]

(二)品牌优势

深圳市电子信息产业通过自主品牌的建设，产生一批国际知名、国内著名、省内闻名的品牌，以品牌建设提高工业产品附加值和工业增加值率，扩大产品出口，带动产业升级，使名牌企业成为深圳市电子信息产业的重要推动力，尤其是通信设备计算机及其他电子设备制造业形成名牌集聚优势，显现出明显的竞争优势，大大提升了深圳电子信息产业和产品的知名度和影响力。

2007年，华为以太网交换机等15个产品被新评为中国名牌产品，创维数字电视机顶盒等15个产品被新评为广东省名牌产品。[3]截至2008年3月深圳的3个"中国世界名牌产品"（占全国总量的30%，居全国城市第一位）中，电子信息产业占了两个："华为"、"中兴"。这体现了深圳电子信息产业的发展水平和综合竞争力，是对企业的产品质量、服务水平、管理经验、营销策略、市场信誉及企业文化的充分肯定。

品牌的集聚还带动了深圳相关展会的迅速发展。如深圳已成为安防产业国内最大、亚洲最主要的生产基地，在全国35个安防知名品牌中，深圳就拥有20个。这就吸引了来自国内外的同行和产品用户，打造出了具有国际知名度的安防博览会。目前，深圳安博会的规模和面积被欧美安防同行公认为全球同类展会第一，在全球最具影响力的美国拉斯维加斯安博会和英国伯明翰安博会的展览面积也不足深圳安博会的一半。[4]

---

[1]　丁时照、刘虹辰：《深圳崛起超百亿工业企业群，其中华为超千亿》，《深圳商报》2008年1月14日。

[2]　《华为、中兴、迈瑞、宇龙等深圳企业获11项国家科技二等奖》：http://www.szeia.com。

[3]　刘双：《"深圳制造"世界名牌全国最多》，《深圳商报》2008年1月31日。

[4]　关键、王华安、韩子：《深圳成中国安防产业"原乡"》，《深圳商报》2008年4月7日。

(三)市场优势

在全国电子市场大发展的格局中，深圳市一马当先，成为全国发展最快的代表。从 1988 年国内第一家电子专业市场——赛格电子配套市场在深圳诞生以来，从初创时的 4 万多平方米经营面积起步，深圳电子市场获得了高速发展。截至 2007 年底，深圳电子市场已达到 35 家（规模均在 1 万平方米以上），经营面积达到了近 60 万平方米，其中，各类电子专业市场更以惊人速度发展。随着 IT、通信、数码、家电、光电、安防等产业技术不断更新和数字化革命的到来，以深圳华强北为中心的电子专业市场更是空前繁荣，目前已集中了各类电子市场 25 家，经营面积近 50 万平方米，经营商户有 3 万家。深圳已发展成为国内外电子元器件、家电、数码产品等 IT 产品的重要聚集地，仅华强北一带的电子市场，每年实现的 IT 产品交易额就超过 300 亿元的规模。深圳电子市场从经营面积、交易量和集中度来看，已成为全球最大的电子市场之一。[1]

深圳每年都举办电子信息产业相关的国际或国内展会，比如国际电子设备和电子元器件展览会、中国城市安全博览会、国际集成电路研讨会暨展览会等，展会无论规模、参展数量，还是成交额都居于世界同类展会前列。这些都为深圳甚至全国的电子信息企业走向全球提供了良好的平台，也便于国外的先进企业到国内寻求合作。

(四)竞争优势

深圳电子信息产业由于集群效应，在成本和配套设施、原材料、零部件供应上显现出优势。如日本兄弟集团公司（世界上最大的办公设备制造商之一），从 2003 年在深圳龙岗区设厂到现在已经生产了 1000 多万台喷墨多功能一体机，是兄弟集团在全球最大的生产基地。对于一体机这种零部件众多的产品，强大的零部件配套能力是选址深圳的重要原因。兄弟公司除了喷墨原液以及极个别的零部件从日本直接进口外，其他零部件全部在深圳附近采购。[2]

深圳电子信息产业集聚而带来巨大需求。如深圳及周边地区是全国最集中的液晶模组需求地，许多终端厂商都在此地区设有生产基地，在液晶电视方面有创维、TCL、康佳等大厂，出货量约占全国的 60%；在液晶显示器方面有冠捷、唯冠、

---

[1] 洪宾：《深圳 IT 产业年产值超 6900 亿》，《深圳商报》2008 年 3 月 28 日。
[2] 陈蒙、刘虹辰：《深圳零部件配套能力全球顶尖》，《深圳商报》2008 年 2 月 15 日。

光宝等，出货量约占全球的 50%。同时，本地区还有多年的中小液晶产品的生产历史，拥有良好的产业配套环境。2008 年，深超光电（深圳）有限公司在深圳投资建设了第五代 TFT-LCD 液晶面板生产线，成为华南地区第一条大尺寸液晶面板生产线。[1]

深圳电子信息产业由于形成集群而成为跨国公司重要的 OEM 和采购基地。如 2008 年 4 月 17—18 日首次在深圳举办的"2008 跨国买家采购洽谈会暨全球手机采购与定制峰会"，吸引了包括沃达丰、英国电信等 60 多家全球顶级的电信商家参会，大手笔定制手机、采购手机及零部件，订单超过 10 亿美元。[2] 这次峰会落户深圳，一是因为深圳手机产业规模居全国之冠，占全国的三分之一强，2007 年产值逾 3000 亿元；2007 年全国手机发牌 100 个中，深圳地区就占去一半，达到 50 多个。[3] 二是深圳已形成了从手机 IC 设计到元器件、终端和移动设备的最完整产业链，还有南方手机检测中心等设施平台。

参考文献

1. 深圳市统计局：《深圳统计年鉴》（1991—2007）。

2. 深圳市统计局：《深圳统计年报》（2000—2007）。

3. 深圳市统计局：《深圳市第一次全国经济普查主要数据公报（第二号）》，2006 年。

4. 深圳市统计局：《2006 年 12 月深圳统计月报》。

5. 市科技工贸和信息化委员会经济运行处：《2006 年深圳市工业贸易经济运行情况及 2007 年走势预测》2007 年 3 月 2 日。

6. 信息产业部科学技术司：《2007 年信息技术领域专利态势分析报告》，《电子知识产权》2007 年第 9 期。

7. 卢舒倩：《深圳名牌产品数量全国数一数二》，《深圳晚报》2007 年 12 月 14 日。

8. 深圳市统计局：2008 年 4 月《深圳统计月报》。

---

[1] 崔霞：《华南将有首条大尺寸液晶面板生产线》，《深圳商报》2008 年 3 月 4 日。

[2] 洪宾：《10 亿美元订单飞抵深圳》，《深圳商报》2008 年 4 月 3 日。

[3] 《产值 3000 亿深圳成中国手机产业最密集区域》：http://www.szeia.com。

9. 洪宾、陈姝：《华为、中兴、迈瑞、宇龙等深圳企业获 11 项国家科技二等奖》，《深圳商报》
   2008 年 1 月 9 日。

10. 丁时照、刘虹辰：《深圳崛起超百亿工业企业群，其中华为超千亿》，《深圳商报》2008 年 1
    月 14 日。

11. 刘双：《"深圳制造"世界名牌全国最多》，《深圳商报》2008 年 1 月 31 日。

12. 陈蒙、刘虹辰：《深圳零部件配套能力全球顶尖》，《深圳商报》2008 年 2 月 15 日。

13. 崔霞：《华南将有首条大尺寸液晶面板生产线》，《深圳商报》2008 年 3 月 4 日。

14. 洪宾：《深企走出去跨国大收购》，《深圳商报》2008 年 3 月 13 日。

15. 肖健：《深圳新添 5 件中国驰名商标》，《深圳商报》2008 年 3 月 26 日。

16. 洪宾：《深圳 IT 产业年产值超 6900 亿》，《深圳商报》2008 年 3 月 28 日。

17. 洪宾：《10 亿美元订单飞抵深圳》，《深圳商报》2008 年 4 月 3 日。

18. 陈姝、阳静纯：《中兴与沃达丰再签合作协议》，《深圳商报》2008 年 4 月 3 日。

19. 关键、王华安、韩子：《深圳成中国安防产业"原乡"》，《深圳商报》2008 年 4 月 7 日。

第七章

技术创新与引进开发和自主研发的并重

经过 30 年的发展，深圳电子信息产业逐步形成了自己的特色和优势。信息产业成为深圳的龙头产业，而持续的学习与创新是发展的根本动力。目前，深圳信息产业已形成了以企业为主体的创新体系，90% 的研发经费由企业投入，90% 的科研成果由企业完成，同时政府提供平台，搭建完善的技术服务体系。技术创新已经成为产业发展最核心的环节和最关键的因素。虽然技术创新的理论发展在我国起步较晚，但在实际运用中，深圳电子信息产业走出了一条有自己特色和优势的创新之路。

第一节　技术创新的理论概述

一、技术创新的理论溯源

(一)技术创新理论的形成

半个世纪以来，技术创新的理论和实践在世界范围内蓬勃发展，已成为全球关注的热点。国际上第一个明确提出创新的经济学理论的学者是熊彼特，他在其著作《经济发展理论——对于利润、资本、信贷、利息和经济周期的探究》中首次提出了"创新"的理论观点，后又在《经济周期》、《资本主义、社会主义和民主》两本专著中对创新加以全面、具体地运用和发挥，形成了完善的创新理论体系。熊彼特认为，所谓创新就是"建立一种新的生产函数"，也就是说把一种从来没有过的关于生产要素和生产条件的"新组合"引入生产系统。这种组合包括：（1）引入新产品；（2）引进新工艺；(3) 开辟新市场；(4) 取得原材料的新供应；(5) 实现企业的新组织。[1]可以看出，这五种情况是企业得以发展的主要方式，既包括了产品、工艺的创新，又包括了市场、组织、供应链的创新。其中，以技术为核心的创新 (1)、(2) 是熊彼特创新概念的主要内容。

然而在近半个世纪里，熊彼特的创新理念并没有引起学术界的广泛重视。直到 20 世纪 50 年代末，随着科学技术在经济增长中的作用日益突出，熊彼特的理论才引起了学者的关注，对技术创新概念的界定从而也成为重点研究对象。学者们从不同的领域出发对技术创新进行理论研究，理论体系逐步形成。对实践指导意义较大的主要有经济学层面的和社会学层面的定义。

1. 经济学层面的技术创新

《在资本化过程中的创新：对熊彼特理论的评论》的作者索罗提出了技术创新成立的两个条件，即新思想来源和以后阶段的实现发展。这一观点被认为是技术创新概念界定的一个里程碑。[2]其后，有许多学者都从经济学角度出发给技术创新下定义，具有代表性的有：美国经济学家曼斯费尔德，他认为技术创新是从企业对新产品的构思出发，以新产品的销售和交货为终结的探索性活动；[3]英国经济学家弗里曼在其著作中将技术创新定义为包括与新产品的销售或新工艺、新设备的第一次商业性应用有关的技术、设计、制造管理以及商业活动，而经济与合作发展组织认为技术创新包括新产品和新工艺以及原有产品和工艺的显著变化；[4]澳大利亚学者唐纳德瓦茨认为技术创新是企业对发明或研究成果进行开发并最后通过销售创造利润的过程；而日本近代经济研究会将技术创新描述为生产手段的结合。我国在《中共中央、国务院关于加强技术创新，发展高科技，实现产业化的决定（19990820）》中，将技术创新定义为"是指企业应用创新的知识和新技术、新工艺、采用新的生产方式和经营管理模式，提高产品质量，并开发生产新的产品，提供新的服务，占据市场并实现市场价值"。

从以上定义可以看出，经济学层面的技术创新定义是从企业生产过程、产品销售情况和企业经济效益等几个方面来界定的。

---

[1] [美]约·熊彼特：《经济发展理论》，北京出版社 2008 年版。

[2] 傅家骥：《技术创新学》，清华大学出版社 1998 年版。

[3] E. Mansfield, *The Economics of Technological Change*, New York, W.W.Norton and Company, 1971.

[4] C. Freeman, L. Soete, *The Economics of Industrial Innovation*, London and Washington, 1997.

2. 社会学层面的技术创新

1962 年伊诺思提出技术创新是几种行为综合的结果的观点。这些行为包括发明的选择、资本投入保证、组织建立、制订计划、招用工人和开辟市场等。显然，他是从社会的行为集合角度来定义技术创新的。[1]

我国学者也有从社会学角度出发定义技术创新：由创新主体所启动和实践的，以成功的市场开拓为目标导向，以新技术设想的引入为起点，经过创新决策、研究与开发、技术转化和技术扩散等环节或阶段，从而在高层次上实现技术和各种生产要素的重新组合及其社会化和社会整合，并最终达到改变技术创新主体的经济地位和社会地位的社会行为或行动系统。

(二)技术创新理论的应用

20 世纪 50 年代，科学技术迅速发展，技术创新对人类社会和经济发展产生了极大的影响，人们开始重新认识技术创新对经济增长和社会发展的巨大作用。到 60 年代，研究者开始有针对性地系统搜集技术创新的案例与数据，并提出对技术创新的专门定义。70 年代后，有关技术创新的研究进一步深入，形成的系统理论对企业经营活动和政府管理政策产生了直接的积极影响。根据有关资料综合分析，70 年代后国外在技术创新理论研究的应用过程可分为两个阶段。

第一阶段是 20 世纪 70 年代初到 80 年代初，这一阶段创新研究从管理科学和经济发展周期研究范畴中相对独立出来，初步形成了技术创新研究的理论体系。其理论应用特点表现在：

1. 研究的具体对象开始逐步分解，研究内容除了创新研究的理论基础，技术创新的不同层面定义、分类等内容，主要还有技术创新的过程机制与决策、经济与组织效应，R&D 系统、技术创新的主要影响因素、创新的社会一体化和政府介入机制及相关政策等。

2. 逐步将多种理论和方法应用到技术创新研究中。如运用组织管理行为理论研究创新主体状态，运用信息理论研究创新过程中信息流发生、传递和作用，运用决策理念研究创新初期的风险决策机理，运用市场结构和竞争理论研究创新实现机制和效率，运用数理统计方法根据创新样本数据分析创新成败的相关要素，运用宏观经济理

[1]　董景荣：《技术创新扩散的理论、方法与实践》，科学出版社 2009 年版。

论分析政府与市场影响企业创新的机制和作用等。

第二阶段为 20 世纪 80 年代初至今。这一阶段技术创新研究的特点集中表现在以下三个方面：

1. 研究向综合化方向发展。综合化主要有三种形式：一是描述性总结，即就某些专题将已有研究成果分门归类加以总结描述，为进一步科学地提出完整准确的创新定义以指导实践提供了更充分的研究依据。二是折中协调性提高，即将创新研究中有关争论问题重新提出，结合新情况在对各种观点进行综合分析的基础上推出新理论。三是系统化归纳，即通过系统归纳沟通以往分散性研究成果间的内在联系，形成新层次上的系统理论。

2. 在综合已有研究成果的基础上选出或新提出有关重点专题深入研究。据美国国家科学基金会 80 年代中期的报告，有关的热点问题包括：企业组织结构与创新行为、小企业技术创新、技术创新实现问题、技术创新激励创新风险决策、企业规模与创新强度的相关性、创新学习扩散和市场竞争策略。

3. 注重研究内容和成果对社会经济技术活动的指导作用。实用性强的研究课题，如技术创新的预测和创新活动的测试评价、创新组织建立的策略和规范、政府创新推动政策的跟踪分析、对某一行业的技术创新或某一技术创新的发生与发展的全过程的分析等，受到普遍关注，并力求将技术创新研究成果直接应用到社会经济技术行动计划中。

二、技术创新的重要意义

(一)技术创新促进经济结构变革

从宏观层面来说，技术创新是经济高速增长的内在动力，同时也是一个新产业崛起的内在动力。

第一，技术创新是市场竞争机制在经济活动中的自觉运用。市场竞争机制的核心是优胜劣汰。微观上的一项或几项技术创新，必然导致宏观上产业结构沿着市场优胜劣汰的机制自觉调整。在调整的过程中，旧的产业必然会在社会生产部门中被淘汰。同时，技术创新的成果在社会生产部门中迅速扩散，形成新的产业。

第二，技术创新能给经济活动带来强大的活力。一项技术创新往往能创造出高附加值的利润，这必然导致一些企业家为了追求企业利润，千方百计地进行技术创新，开发新的产品、开辟新的市场，并通过市场扩散，逐步形成新的产业。同时，政府从宏观规划和发展战略上注重产业结构的管理费用和布局，并制定相应的产业政策，以引导产业部门转向高附加值的新产业。

第三，技术创新是新产业兴起的直接动力。产品是产业的基础，产品结构之间的联系，产品结构与产业结构的联系，产业结构与新产业的联系，实质上是一种技术联系。技术创新的结果必然引起技术结构、技术和消费结构、消费水平的变化，而导致产品结构变化，老产品的更新换代，新、高技术产品的开发，往往导致产品结构重新组合，这种组合超过或达到一定量，必然导致产业结构的重新组合和新产业的兴起。

第四，技术创新是新产业兴起的先兆。不管从技术的角度还是从经济的角度考察，每次技术创新都具有一定的超前性，这种超前性实际上是经济规律向产业部门发出的调整产业结构的一种信号，或者说技术创新本身就孕育着新产业，或者是新产业的开始，在一定程度上代表着产业结构调整和产业发展方向。

(二)技术创新提高企业的核心竞争力

从微观层面——企业来说，技术创新对企业尤其是高新技术企业的生存和发展起着决定性的作用。其典型意义体现在技术创新提高企业的核心竞争力。

1.技术创新是企业增强活力的催化剂

企业是整个社会有机体的细胞，也是创造物质财富的基本单位。任何一个企业要增强内在活力，最重要的是从自身的现有条件出发，花大力气，努力创新应用于生产的技术。特别是在当前出现的全球经济危机的形势下，固定投资受到控制，技术创新无疑成为增强企业活力的最重要的催化剂。

2.技术创新是企业增加盈利的推进器

随着知识经济的发展，知识创新和技术创新速度日益提高，新知识和新产品更新周期变短，新产品中知识含量增加，知识商品和高新技术产品的稀缺性对经济的影响日益扩大，创新利润成为企业追求的目标。而创新形成的垄断和稀缺通常是暂时的，随着技术扩散、技术模仿，价格垄断地位很快丧失，企业只有持续创新才能继续获得超额利润。

3.技术创新是企业提高素质的感应器

20世纪初，工业劳动生产率的提高只有5%—20%靠采用新技术，到80年代则占到60%—80%，而21世纪的今天，新技术对劳动生产率的作用和影响更大，特别是在高新产业如电子信息产业。同时，生产发展对创新成果的需求也日益迫切，对企业素质的提高也尤为需要。新技术由发明到应用的平均时间已由第一次世界大战前的 37 年降为二次大战后的 14 年，80 年代以来又进一步降为 10 年。而电子产品的更新换代更快更频繁。由于信息产业竞争激烈，信息产业的企业加快了技术创新步伐，抬高了竞争门槛，引起了整个行业周期的缩短和更多新产品的引入，也引起了更深层次的市场细分和更快的产品更新。例如软件产业产品生命周期已变为 4—12 个月，计算机硬件产品和电子消费产品为 12—14 个月，大宗家电产品为 18—36 个月。在这样一种竞争激烈的经济形势下，需要有一批高素质的企业技工队伍和对市场反应敏锐的企业家阶层。技术创新成为企业提高素质的感应器。

第二节　技术创新历程回顾

没有科研院所，没有高等院校，仅有一个农技站；没有科学家，没有教授，只有几名工程师；国家科研项目、国家计划的科研投入是零……

这是 1980 年的深圳。

高楼林立，高科技企业遍地开花，技术科研人员成群扎堆，整个城市洋溢着创新的文化氛围，发明专利连续几年高居全国大中城市首位……

这是 2010 年的深圳。

从 1980 年特区创立之日，深圳从零起步，披荆斩棘，向创新一步步走来。30 年来，深圳特区在党和国家的鼓励和支持下，以改革者的姿态昂首迈步前行。以电子信息行业为代表的首批改革开放企业"弄潮儿"尝到了创新的甜头。康佳、中兴、先科、飞亚达、长城、开发科技……这一批深圳"老字号"电子科技企业，引进了当时先进的生产技术和管理经验，大到电视和自行车，小到录音机、手表，"深圳制造"代表了当时国内高端制造水平。电子信息产品经历了从来料加工到自有产品，从大量的传统加工制造发展到拥有一批高新技术，从分散生产"轻、小、精、新"产品向规模经营转变的发展进程。作为特区高新产业领头羊的电子信息产业，也在这短短的历史行程中，经历了一条学习、吸纳到自主自立的技术创新发展之路。

一、引进、学习与加工制造阶段

引进创新是指企业为追赶先进技术，利用各种手段购买其他企业（在我国通常指国外企业）的专利，通过学习、消化后进行当地化加工以满足市场需求的创新行为。[1]上个世纪 80 年代初，深圳"三来一补"产业开始迅速发展，为特区经济的发展作出了开创性的贡献。数百家从事电子行业的"三来"企业遍及全市各地，成为特区工业大军中一支不可忽视的有生力量，为特区的经济发展、对外经济合作和创汇作出了巨大贡献。

三来企业是指主要由外商提供原材料或零件，也有提供机器设备、工具，我方企业按外商要求的质量规格、式样、包装和商标进行加工生产。"三来一补"企业在代工的过程中接触到先进的技术和产品，培养和形成了一支训练有素的管理团队和技术工人队伍，成为特区人探索创新的先行军。

深圳市东乐家电公司（原宝安县二轻金属厂），该厂 1978 年建厂时仅有 20 名工人，150 平方米厂房，主要是修理单车、手表等。建立特区实行开放改革政策以后，该厂根据自身业务的特点和生产能力，首期引进来料加工业务，当年产值成倍增长，工缴费也很可观。后期又继续发展，承接了以电子为主包括注塑、喷涂、玩具等 168 个品种、26 条生产线的加工业务。在这基础上，1986 年该厂又主要利用国内的原材料和本厂已发展起来的专业技术生产收录机和收放机，至 1989 年，该厂拥有 1300 平方米的厂房，生产工人 1300 余人，固定资产逾 200 余万元，其生产规模相当于建厂之初的 21 倍，年创汇 80 万港元，取得了很好的经济效益。

深圳市光明表业公司，这个只有 70 多人的公司在 1983 年初成立之时便紧跟市场，用技术和品质求发展。公司从香港引进了程序控制高精度车床，以车代磨减少工序，生产出薄壳型表壳。同时公司还聘请了香港技师当指导，严格进行质量检验，使产品成品率高达 93% 以上。由于采用了新技术新工艺，产品质量上乘，款式美观，价格低廉，"深光"牌手表成为了当时钟表市场的"抢手货"。至 1984 年初该公司生产手表 1 万多只，表壳 11 万多块，不仅销售一空，而且订单源源不断，成为当时表业的佼佼者。随后公司扩大生产规模，在 1984 年全年生产各种款式手表 3.5 万只，表壳 20 多万块，以满足市场需要。而现在光明表业公司作为一家合资经营（港资）

---

[1] 宋凡、牛雅莉：《技术创新理论与实践》，中国地质大学出版社 2001 年版。

企业，仍然保持着一贯的市场敏锐性和技术创新动力，在深圳市钟表业市场中分得一杯羹。

二、吸收、模仿与二次开发阶段

模仿创新是在率先创新的示范影响下和利益诱导下，企业通过学习率先创新者的思路和行为，吸取率先者成功经验和失败的教训，采用引进购买或反求破译等手段吸收和掌握率先者的核心技术和技术秘密，并在此基础上改进完善并进一步开发，在工艺设计、质量控制、成本控制、大批量生产管理、市场营销等创新链的中后期阶段投入主要力量进行创新，生产出在性能、质量、价格方面富有竞争力的产品与率先创新的企业竞争，以此确立自己的竞争地位，获取经济利益并获得竞争优势。[1] 值得强调的是，模仿创新的重点已不在于单纯的技术引进，而在于引进技术的消化吸收和再创新。引进是模仿的前提，80 年代中期至 90 年代初，深圳特区电子信息产业在引进技术、加工制造的前提下，呈现出以模仿创新为主的二次开发创新高潮。

康乐电子厂是一间内联企业，1982 年 3 月建成投厂。投厂时主要引进零部件，组装生产八一八一型收录音响机。这种组装的音响机价格高，质量较差，销路不好，由于产品滞销，企业亏损。为了扭转这种被动局面，该厂决心制造本厂的拳头产品，提高竞争力。1982 年 9 月，厂里组织了一个由专业技术人员为主的新产品试制小组，从香港引进样机，大胆采用国产变压器，扬声器，电阻电容器，拉杆天线，并将原样机塑料卡式门座改用金属杆，同时改造原机外壳，使成本大大降低，质量显著提高。在引进的基础上大胆进行自己的创新，以适应市场的需要和消费者的使用习惯。他们给这种录音机取名八二八二型康丽牌收录机。该厂从 1982 年生产这种收录机以来，销路一直很好。此后产值利润不断上升，在 1985 年时不仅偿还了之前亏损的 140 万元，还为国家盈利 370 万元。

企业要具有超前意识，技术开发不仅要从自身力量出发，迎合当时市场的需求，同时也要时刻关注潜在的市场需求，尽早地开发出具有潜在需求的种子型技术，进行技术积累。爱华电子有限公司则是这样一家企业。作为电子工业部设在深圳特区的直属企业，爱华坚持"一业为主，多种经营，内联外引，开发创新"的原则，努力实现

[1]　赵玉林：《创新经济学》，中国经济出版社 2006 年版。

企业由"内向"型向"外向"型转变。

自建厂到 1988 年爱华公司共引进、开发、创新了 12 项新产品，有些属于国家"六·五"科技攻关项目。在当时均属国内领先技术产品。电脑产品方面先后引进了北极星微机系统，INTEL 单板机等等，ALTOS 多用字适配器，STM_PC 星云电话网络，中英文显示终端，微机不间断电源，调制解调器等产品及一批软件产品。家用电器方面，爱华公司引进了当时具有国际先进水平的 200 门程控电子交换机先后开发生产出收录机、立体声收音机、电脑电话等产品。引进并开发了全频道 CATV（大楼共用天线系统），1989 年一投产就在特区范围内安装了一万多个村。

三、自主研发与自主创新阶段

90 年代以来，深圳经过第二次创业，高新技术产业已经成为了深圳的特色经济和第一经济增长点，高新技术产业由引进技术加工制造为主转向自主开发为主。电子信息产业成为其中最亮丽的一道风景线。2008 年底，电子信息产品产值达 7839.15 亿元，占全市高新技术产品产值 90.0%，占全市工业总产值的 49.4%。[1] 电子信息成为深圳高新技术产业的第一大支柱产业。

以信息技术为主导的具有自主知识产权的产品近年高速发展，一批生产自主知识产权高新技术产品的骨干企业已形成。

(一)朗科——撑起自主创新的脊梁

1999 年，留学归国人员邓国顺与成晓在深圳创办了朗科公司，并投入 500 万元用于研发闪存盘。朗科公司关于闪存盘的全球基础性发明专利——"用于数据处理系统的快闪电子式外存储方法及其装置"，在 2002 年 7 月获得国家知识产权局授权，该专利填补了我国在计算机领域 20 年来发明专利的空白，荣获了中国专利特别金奖及中国专利金奖。

凭着这项专利，朗科所发明的闪存盘专利在深圳迅速产业化，仅用两年时间朗科就实现了销售收入从"零"到"亿"的突破。IBM 公司曾向用户推荐使用朗科优盘，其后 DELL、方正等各大电脑厂商开始掀起了一场捆绑销售优盘的热潮。自 1999 年

---

[1] 《2008 年深圳市高新技术产业统计公报》，http://www.szsitic.gov.cn/Index23/35.shtml。

起，朗科优盘连续 3 年实现全国销量第一，公司业绩增长保持年均 300% 的速度，目前朗科已成为全球移动存储及无线数据领域的领导厂商。

在闪存盘专利的基础上，朗科公司又开始了新的技术创新。2002 年，朗科成立了芯片设计部门，从海外引进外籍资深专家，并投入大量资金和人力，从事具有自主知识产权的芯片开发。随后，朗科又在无线数据通信技术上取得创新，由朗科设计开发的最新一代无线调制解调器产品"优信通"，融合了 USB、半导体存储、无线数据通信等高新技术，产品技术具有国际领先水平。"优信通"使无线上网终端的便携性真正得到了提高，它同时还具备针对行业应用进行二次开发的巨大潜力。持续创新更增加了朗科产品的科技含量。

在不断创新的同时，朗科与众多厂家合作，共同促进闪存盘市场的发展，如与三星、IBM、明基等企业建立了长期的合作关系或专利许可合作。此外，朗科公司积极参与国家闪存盘产品标准的制定工作，并作为核心成员被吸收进国家信息产业部移动存储器标准工作组，共同进行闪存盘标准的制定。

朗科公司总裁邓国顺表示，知识产权是企业自主创新的灵魂，企业一方面要不断推陈出新，另一方面要加强对自主知识产权的控制力，提高知识产权保护意识和应用能力。2005 年，朗科公司提出了"新技术、新产品、新战略"的发展模式，表示要占领国内闪存盘市场绝大部分份额的发展目标，并宣布要进一步扩大其在随身娱乐领域的版图。凭借超稳定技术与智能对话闪存盘等一系列新产品的推出，朗科公司不仅成功领导了闪存盘的全球技术发展方向，更成功地占领了国内移动存储市场的大部分份额。

自主创新给朗科带来的收益表现在通过大量申请专利并收取相关费用，其一直是朗科利润的重要来源。2006 年至 2009 年（6 月），朗科专利授权许可收入占比逐年提高，分别为 3.79%、9.37%、16.50%、12.76%。2009 年 1—6 月，朗科产品综合毛利率为 15.21%，而专利授权许可的毛利率则达到了 99.83%，[1] 有效提升了其整体毛利率。截至 2009 年 9 月 30 日，公司已获授权专利共计 116 项，其中发明专利 79 项，另有 220 项发明专利尚在申请过程中，公司专利授权及申请事项涉及中国、美国、欧洲、韩国、日本等全球数十个国家和地区。这种专利布局和知识产权体系基础扎实，布局完整。通过 10 年的专利申请、专利维权、专利授权许可等实践，积累了丰富的专利

---

[1] http://pic1.secutimes.com/upload/newsinpic/2010/01/07/20100107172858797.pdf.

运营经验。

朗科自创立之初就在自主创新的道路上一路前进，专注于闪存应用及移动存储领域的技术创新与研发，并通过专利及产品运营实现公司长期可持续发展。朗科科技于2010年1月8日成功登陆资本市场，成为我国国内第一家以闪存及移动存储为主营业务的企业在A股创业板上市。创业板上市，募投项目的顺利实施，将进一步巩固朗科科技在闪存应用及移动存储领域的技术领先优势，推动公司持续创新，提升公司核心竞争力，强化专利盈利这一全新的商业模式，进而产生更高的溢价能力，保持业务和盈利持续增长，确保公司长期持续的稳定发展。

(二)中兴——探寻自主创新之路

1985年，刚刚成立的中兴半导体有限公司只是众多靠"来料加工"的公司之一，那时的中国通信领域由欧美厂商"七国八制"所垄断，根本就没有国产设备。在当时的深圳，代理国外通信设备品牌的公司就有近40家，而且生意似乎都还挺红火。创业之初，中兴也别无选择地走上了这条路。

但时间稍长，中兴创始人侯为贵就发现这不是长久之计。于是，当公司赚到了在当时来讲颇为可观的"第一桶金"300多万元后，侯为贵开始谋划投入资金开发自己的产品。中兴在自主研发上的第一个灵感来源于一个外商的启发，侯为贵从与这个外商的接触中捕捉到：交换机将是微机技术在通信行业中的一个有前途的应用，他决定就从这里入手并由此迈入了自主开发程控交换机的大门。

1986年深圳研究所成立，并先后研制成功ZX-60、ZX500、ZX500（A）等数字用户交换机，均通过了部级生产鉴定，并获原邮电部颁发的入网许可证，投入市场后获得了较大的成功。1993年3月，ZXJ2000数字局用程控交换机投入生产，当年中兴ZXJ2000的装机量占全国农话年新增容量（包括进口机型）的18%，居国产同类产品首位。

1993年10月，中兴排除重重压力，成立南京研究所，从事核心网络及数据产品的研制工作。这是中兴第一个真正意义上的企业研究所，它研发成功的万门数字交换机对中兴的贡献举足轻重。此后，中兴于1994年成立上海第一研究所，以无线和接入为主要研究方向；于2000年成立重庆研究所，致力于智能业务、网络管理等产品研制。公司每年投入的科研经费占销售收入的10%左右，并在美国、印度、瑞典及国内设立了16个研究中心。自1999年起，中兴通讯承担了多项国家863计划研发课题，涵盖了信息领域通信主题中的第三代移动、高速数据、综合接入业务和光传输四大热点及跨领域高速信息示范网主题及信息技术领域信息安全主题、集成电路、软件等近 20 项 863 主题和专项。大部分课题中兴通讯都实现了以优异成绩验收结题并实现产业化。

在自主创新方面，中兴已有了二十几年的历练和积累，自主创新早已内化为公司的方法、行动和文化。在我国企业面临自主创新的新一轮出发或挺进的高潮之际，中兴已悄然在此方面树立了殊为难得的成功样板。

一路走来，中兴已成为拥有全线自主知识产权通信产品和解决方案的通信巨头，并逐步在全球业界处于领先地位，公司经营业务已遍布全球 100 多个国家。2008 年中兴集团实现营业收入达到 442.93 亿元，其中国际市场实现营业收入 268.27 亿元，占整体比重 60.57%。[1] 不经意间，中兴已成为国内系统创新的领舞者。它的一招一式也必将被追随者所拆解、研习和效仿，那也将是对中兴在自主创新方面所形成和积累的经验的最好利用。

第三节　企业技术创新的路径与模式

一、多元化模式的创新机制

(一)产学研一体化的创新机制

产学研一体化是指企业与高校、科研机构的合作创新机制。技术供给方为大学、科研院所，需求方多为应用该技术的企业。我国的科研机构和高校有很强的科研能力，能够产生大量的高技术成果，但对于将科研成果进行商品化转化的能力则十分薄弱。而我国大中型企业虽然有较强的生产经营能力但研究力量有限，取得重大科技成果的很少。因此企业与高校、科研机构联合，就会形成优势互补、共同发展的局面。

深圳作为一个年轻的城市，科研院校资源匮乏。然而，深圳在技术开发方面的优势在于一开始就摆脱传统的束缚，开启了创新的模式与道路。深圳市政府为扶持高新技术产业发展，创办了虚拟大学园、大学城。该园成立于 1999 年，经过 10 年发展，

---

[1]　《中兴通讯股份有限公司 2008 年年度报告摘要》：http://www.sse.com.cn/report/sz/20090319/50363831.PDF。

虚拟大学园已拥有成员院校 52 所派驻代表在深圳，包括清华大学、北京大学等国内名校 37 所，香港大学、香港中文大学、香港科技大学等香港院校 6 所，加拿大阿尔伯塔大学等国外院校 6 所，逐步搭建起高层次人才培养与引进、科技项目孵化和成果转化等六大服务平台，成为深圳市重要的人才、项目和技术源头之一。一方面，大学园为企业自主创新提供全面的科研院校资源，另一方面，利用企业自身的技术开发能力，形成以企业为主体，充分利用国内外科研力量的技术开发体系。深圳企业把研究机构向外延伸，与全国 150 多家科研院所建立稳定的合作关系。康佳、华为、中兴通讯、开发科技等公司还在美国硅谷、韩国、印度等地设立研发机构，追踪行业世界最新先进技术，确保产品的先进性、独创性。凭借政策、体制和环境的优势以及科技成果产业化程度高的特点加强技术和人才的引进，是深圳近年高新技术发展迅猛、势头强劲的重要因素。

深圳之所以能够在自身科技资源薄弱的条件下壮大高新技术产业，关键在于充分发挥了市场机制在自主创新中的作用。产学研结合始终围绕市场开展。以前很多研究课题是"封闭循环"，现在必须面向市场"开放循环"。论文写在产品上，课题做到企业里，成败市场说了算。以深圳虚拟大学园为例，这个由深圳市政府和数十家大学合作建立的产学研合作基地，集技术创新、成果转化、公共技术服务及人才培养等功能于一体，创造了"深圳无名校，名校在深圳"的模式。经过 10 年的发展，该园已经取得了一批骄人的成果和业绩。其中包括：设立研发中心 83 家，承担国家级科技项目 59 个，培养博士后 51 名，参股企业 127 家，孵化企业 532 家，转化成果 820 项，获得专利 184 个，培养博士 1155 名，举办专家论坛 1023 次，开展校企合作项目 1036 项。深圳虚拟大学园目前已被国家科技部、教育部认定为"国家大学科技园"，深圳虚拟大学园孵化器被国家科技部火炬中心认定为"国家高新技术创业服务中心"。

(二)不同类型电子产品的联合研发机制

现代科学技术的发展要求我国企业间开展技术合作。现代科技进步的特征是多种尖端技术的综合开发和组合运用。这在电子信息产业中表现得尤为突出，不同类型的电子产品组合运用形成新的高技术产品，如模拟电视就是芯片、屏幕显示、数字处理等多种技术"杂交"的产物。

"移动数字电视产业联盟"是深圳市高新技术产业产品联合研发的一个重要创新之举。2008 年 10 月，深港产学研基地联合深圳广电集团移动电视频道、深圳市力合

微电子有限公司正式启动筹建移动数字电视产业联盟的工作。深港产学研基地的重点
孵化企业深圳市天和电子有限公司成为参加这个联盟的第一个应用厂商，与深圳广电
集团移动电视频道、深圳市力合微电子有限公司签订了项目合作协议，并与深圳广电
集团移动电视频道联合推出了全球第一款集 U 盘和数字电视接收功能于一体的 U 盘电
视棒。该项目签约体现了数字电视产业链上各环节的密切合作。深圳广电集团移动视
讯公司为深圳移动电视运营商，其移动数字电视网络已在深圳完善覆盖，并致力于为
公交移动电视、公共电视、车载移动电视、个人移动电视提供增值服务。深圳合力微
电子有限公司拥有移动数字电视核心技术，专注于移动数字电视核心芯片开发及应用
方案开发，为国内著名移动数字电视终端核心芯片及应用方案提供商。

(三)技术平台组织的联合创新机制

搭建开放共享的技术平台，吸引各企业积极参与创新实践是深圳市电子信息行业
实现高新技术创新的又一重要机制。深圳市政府搭建公共技术和服务平台，帮助企业
降低运营和研发成本，缩短科研和开发周期，形成鼓励企业自主创新的支持体系。

深圳虚拟大学园则是这样一个提供创新平台的组织机构。建设国家重点实验室平
台，一直以来吸引了许多国家重点实验室资源在深圳开展科学研究和合作交流，对于
提升深圳的基础研究和源头创新能力，建设国家创新型城市具有极为重要的意义。深
圳虚拟大学园国家重点实验室（工程中心）平台建成以来，充分发挥"聚合效应"，
吸引了众多国内科研机构的进驻，许多已成为我市高新技术产业的技术先导，取得了
丰硕成果，有力推动了深圳自主创新和高新产业的发展。目前，深圳虚拟大学园国家
重点实验室共拥有成员单位 83 家。主要涉及电子信息、新材料、生物医药、机电一
体化、化工环保等行业，已成为深圳源头创新的重要组成部分。

而 2008 年正式挂牌成立的深港装备制造核心技术平台则体现深港互动、产学研
相结合的崭新合作模式，成为打造"深港创新圈"的重要载体。该平台主要针对动力
控制技术、机械优化设计技术、视觉技术、机器人技术、检测技术、系统集成技术等
共性技术进行研究，为深圳周边地区的电子封装、LED 生产、PCB 生产及计算机制造、
激光加工、模具制造、纺织和印刷行业的系统集成商提供关键技术，进而拉动相关的
设备制造产业和相关的终端制造产业的发展。该平台将进一步促进深港两地的科技资
源共享及合作，使香港先进的运动控制技术、驱动技术、机械及机构设计技术、视觉
技术、机器人技术转移到深圳，并逐步向全国范围内辐射。

(四)海内外一体化、网络式的创新机制

在世界经济全球化浪潮中，充分利用国际分工的优势，紧紧跟踪世界科学技术前沿，利用现代网络手段实现技术创新是知识经济时代下电子信息产业的又一选择。

深圳市许多高新企业均建立了开放、灵活的研究开发网络，与外界最优秀的研发资源和技术资源建立联系，进行跟踪和第一时间开展创新活动，提高创新活动的成功率和速度。网络式的创新注重从公司外部的技术资源获得创造发明的能力，通过提高企业技术中心的灵活性和虚拟性，通过技术研究主体关系网络及企业核心技术的协调，实现技术融合和整合，提高了企业技术创新的综合能力。

二、各显神通的自主创新典范

(一)华为：专利连年居榜首

"中国制造"的优秀代表，"中国创造"的一个缩影，全球知名的通信设备巨头。华为这些殊荣，源自自主创新。多年来，华为支持以不少于年销售收入 10% 的费用投入研发，并将研发投入的 10% 用于前沿技术、核心技术、基础技术的研究。华为已连续 6 年蝉联中国企业专利申请数量第一，截至 2008 年 6 月，累计申请专利 30569 件。在 3G 专利方面，华为跻身核心专利拥有者全球前五位。国家知识产权局统计显示，华为于 2007 年 PCT（国际专利合作条约）申请量为 1544 件。2008 年 2 月，世界知识产权组织（WIPO）官方公布的全球企业 PCT 申请量的最新排名中，华为居世界第四位，是我国企业历来的最高排名。目前，华为在欧美、印度和国内多个城市设立了研发机构，建立了全球研发体系。其中央软件部、上海研究所、南京研究所、印度研究所都已通过了构件质量管理最高等级——CMM5 的认证，在软件研发与质量控制方面达到业界先进水平。

(二)中兴：抢占3G制高点

从一家交换机小厂，22 年间发展成全球 3G 通信技术巨人，手机发货量全球第六。中兴通讯用自己的成功，告诉人们什么叫"中国奇迹"。而这背后，是凭借自主创新不断攻占技术制高点的努力。

至 2008 年底，中兴通讯的研发工程师超过 1.6 万人，年销售额的 10% 以上投入研发，在海内外设有 14 个全资科研机构，持续不断地形成自主知识产权。截至 2008

年6月底，中兴通讯在全球专利申请数量超过148000余项，其中相当比例是3G系统／核心网／光舆系统的核心专利。中兴不仅是国产3G制式TD-SCDMA联盟的发起者，也是TD标准制订的主要参与者。全球首个3G多媒体解决方案、全球首款TD-SCDMA/GSM双模双待手机，率先推出基于TD-SCDMA终端平台的HSDPA系统……几年来，中兴通讯在3G领域获得多个行业第一。而且，它是全球唯一横跨TD-SCDMA、WCDMA、CDMA2000三大无线制式标准的通信厂商，三大标准均具备统一的研发平台。

中兴通讯的自主创新获得了广泛认可。目前该公司承担了近30项国家"863"重大课题，是同行业承担此项课题最多的企业之一。该公司牵头、参与制定的国家、行业和企业标准已有1000多项。

(三)国人：射频技术无人敌

在2008年电信招标中，深圳国人通信公司赢得CDMA无线覆盖产品竞标，成为电信C网室内覆盖设备、配件和中转器等系列设备的供应商。这是国人通信在射频技术领域不断创新发展的缩影。该公司是中国移动、中国电信、中国网通无线网络覆盖产品及解决方案的主要提供商之一。联通20%的CDMA网络覆盖产品也由国人通信提供。在亚太地区，国人通信为10多个国家和地区的通信运营商提供产品及服务。

屡屡获得各大公司的青睐，原因在于该公司拥有国内领先的无线通信领域核心技术——射频系列技术。20多年来，国人通信支持技术研发，拥有多项与射频核心技术相关的发明专利和实用新型专利。该公司将自主知识产权固化在射频产品的材料、器件、工艺中，以自有的射频产品设计标准为基础进行系列化产品设计与规模化生产。研发时，射频技术着重"四新"——新材料、新工艺、新器件、新电路；创新中，则实现无线通信产品的微型化、智能化。目前全球主流的2G、3G制式，国人通信均自主研发并生产了相应的基站射频及无线网络覆盖领域全线产品。

(四)腾讯：卡通企鹅进万家

腾讯QQ"小企鹅"注册账户高达8.222亿，现已成为全球最大的单一文化社区。该公司以"为用户提供一站式在线生活服务"为战略目标，基于此完成了业务布局，构建了QQ、腾讯网（QQ.com）、QQ游戏及拍拍网四大网络平台，形成了中国规模最大的网络社区。

2007 年，腾讯投资逾亿元，在北京、上海和深圳三地设立了中国互联网首家研究院——腾讯研究院，进行互联网核心基础技术的自主研发。腾讯的自主创新工作已进入到企业开发、运营、销售等各环节。

(五)金蝶：财务软件数一流

金蝶坚持自主创新的发展战略，形成了大量的知识产权和发明专利，至 2008 年，知识产权累计达到 270 多项，发明专利累计达 140 多项，且呈逐年快速递增状态。在核心的业务管理平台技术领域，已经构筑起专利网，有效保障了产品未来竞争力。

1996 年，金蝶发布中国第一套基于 Windows 的财务软件；1999 年，推出第一个基于互联网平台的三层结构 ERP 系统 K/3，并获国家重点新产品证书；2000 年成立中间件公司，发布中国第一个纯 Java 应用服务器；2003 年 2 月，发布采用最新 ERP Ⅱ 管理思想和先进平台化技术架构的高端产品——EAS；2006 年，金蝶推出以 BOS 平台构筑尊重企业原生管理个性的一种管理方式，成为个性化 ERP 的领导者，向全程电子商务及 SAAS 领域进军，售出首个在线电子商务平台友商网，推动在线管理服务浪潮兴起。

参考文献

1. [美] 约·熊彼特：《经济发展理论》，北京出版社 2008 年版。

2. 傅家骥：《技术创新学》，清华大学出版社 1998 年版。

3. 董景荣：《技术创新扩散的理论、方法与实践》，科学出版社 2009 年版。

4. 王殿举、齐二石编著：《技术创新导论》，天津大学出版社 2003 年版。

5. 赵玉林：《创新经济学》，经济出版社 2006 年版。

6. 凌云、王立军：《技术创新的理论与实践》，中国经济出版社 2004 年版。

7. 罗清和编著：《经济发展与产业成长》，上海三联书店 2007 年版。

8. 曾牧野编著：《迈向 90 年代的经济特区》，海天出版社 1991 年版。

9. 刘国光：《深圳经济特区 90 年代经济发展战略》，经济管理出版社 1992 年版。

10. 《深圳特区报》：1983—2008 年。

11. 《特区经济》：1987—1992 年。

12.《深圳科技经济信息》：1986—1996 年。

13. 深圳市科技工贸和信息化委员会：http://www.szsitic.gov.cn/Index23/35.shtml。

14. 中兴通讯股份有限公司：http://www.zte.com.cn。

15. 朗科科技：http://www.netac.com.cn/index.asp。

16. 华为技术有限公司：http://www.huawei.com/cn。

17. 国人通信：http://www.grentech.com.cn/indexcn.asp。

18. 腾讯：http://www.tencent.com/zh-cn/。

19. 金蝶国际软件集团公司：http://www.kingdee.com。

第八章

融资创新与国内外市场运作

在市场经济条件下，资金是一种稀缺而又特殊的资源，具有引导和配置其他资源的作用。因而资金的使用需要支付成本，资金的这种补偿性促使资金具有追求增值的特性。这样资金总是要向个别收益率比较高的行业或企业流动，获得更高的增值和更高的补偿。因此，在市场经济条件下，不同行业、企业获得资金的渠道、方式与规模反映了社会资源在该行业或企业的配置效率。同样，在市场经济条件下，作为深圳的基础产业和支柱产业的电子信息产业，也有它获取资金独特的渠道和方式。

第一节 企业融资理论概述

一、企业融资概念及意义

企业融资指企业从自身生产经营现状及资金运用情况出发，根据企业未来经营策略与发展需要，经过科学的预测和决策，通过一定的渠道，采用一定的方式，组织资金的供应，以保证企业生产经营所需资金的一种资金融通行为。

对企业来说，融资过程实质上是企业通过有效的方式获取资金来满足企业对资金的需求，即企业能否取得资金，以何种形式、何种渠道取得资金以及以多高成本取得资金。通过融资，市场可以将有限的资金资源配置于生产效率高的企业。这样满足了企业对资金的需求，提高了企业生产规模和盈利能力，促进企业快速持续的发展。

对整个社会来说，企业融资过程实质上就是市场对资金这种特殊资源进行重新配置，使稀缺资金得到优化合理的利用。在现实经济中，各种原因导致了个别收益率与平均收益率之间差别的存在，因此资源的优化配置过程就是通过资源投入方向上的不断变化调整，引导资源流向个别收益率比较高的企业或行业，以保持微观经济的竞争优势和实现宏观经济效率的最大化。所以企业融资的过程对社会来说也是资金的优化配置过程，使资金从收益率低的企业或行业流向收益率高的企业或行业，给收益率高的企业或行业提供更好的资金保证，从而保证整个社会资金资源得到最有效利用。

二、融资分类及特点

根据不同的标准，融资方式分为不同的类型。其中根据融资主体的不同，企业融资分为内部融资和外部融资；外部融资划分为直接融资、间接融资。根据资金来源和融资对象的不同，企业融资分为财政融资、银行融资、商业融资、证券融资、民间融资以及国际融资等。根据融资过程中是否形成产权关系，企业融资又分为股权融资和债务融资。

(一)内部融资和外部融资

1.内部融资

企业可以依靠其自身经营盈利能力，把企业自身积累资金直接转化为生产活动等所需资金。企业通过这种方式来进行的融资成为企业内部融资。内部融资包括资本金、折旧基金转化为重置投资、留存收益转化为新增投资三种形式。内部融资主要有低成本性、低风险性、有限性三个特点。

（1）低成本性

内部融资是企业把自身的资金积累转化为生产性资金，整个程序和过程都在企业内部完成，不涉及企业之外的经济主体。因而内部融资可以减少信息不对称问题及与此有关的激励问题，节约企业融资成本。

（2）低风险性

内部融资是企业利用自身的资金，因此不存在支付危机，进而也不会出现由支付危机导致的财务风险；同时内部融资的低成本降低了企业融资的负担，相应地降低了企业融资的风险。

（3）有限性

企业自身资金积累虽然可以满足短时期的或小规模的融资需求，但是毕竟单个企业规模和自身资金积累能力有限，不能够满足长期的或大规模的企业融资需求，显示出内部融资的不足。这样，企业融资就有了向外部融资的需求。

2. 外部融资

企业通过金融机构吸收其他经济主体的储蓄或通过资本市场吸收其他投资者的资金，使之转化为对企业的投资，来满足企业对资金的需求或弥补内部融资不足。相对于内部，外部融资主要有高成本性、高效性和高风险性三个特点。

3. 内部融资和外部融资关系

一方面，由于内部融资能力及其增长，要受到企业的盈利能力、净资产规模和未来收益预期等方面的制约；另一方面由于实际中企业留存资金非常有限，并且随着技术的不断进步和生产规模的持续扩大，企业所需资金量也在不断增加，单纯依靠企业内部融资已难以满足企业的资金需求。而这也从根本上推动了外部直接融资的产生和发展。

另外，内部融资一般是企业处于发展初期或小规模融资时较常用的融资方式，而外部融资是企业发展成熟到一定程度或需要大规模融资时较常用的融资方式。内部融资和外部融资两者相互补充，其中外部融资是较高阶段和较成熟的融资方式。

(二)直接融资和间接融资

1. 直接融资

企业不通过金融媒介机构，由资金供求双方直接协商而进行的资金融通方式。一般包括企业发行股票、债券以及民间的直接投资等方式，同时政府拨款、内部集资等都属于直接融资。直接融资一般具有以下两个特点。

（1）直接性

企业所融通的资金，不需经过金融媒介机构，而直接通过资本市场获取。实现了资金直接从资金供给者流向需求者，资金需求者和供给者之间建立直接的债权债务关系或股权关系。

（2）长期性和流动性

企业直接融资一般通过资本市场来实现，那么资金供给者和需求者之间主要形成了债权债务或股权关系。由于二级市场的存在以及相应的流转机制，那么这种债权债务或股权关系具有长期性和流动性。

2.间接融资

企业通过银行和其他金融中介机构间接地向资金的最初所有者筹资。如向银行申请贷款、各类基金以及杠杆购并等方式都是实际中常被采用的间接融资渠道。间接融资主要有间接性、短期性及非流通性等特点。

3.直接融资和间接融资的主要区别

(1) 体现不同的产权关系

直接融资，特别是股票融资体现的是资金需求者和供给者之间的股权关系，相应的投资者是企业的股东，享有企业剩余索取权和最终管理控制权。而间接融资体现的是资金需求者和供给者之间的债权债务关系，资金供给者不是企业的股东，不是企业资产的最终所有者，不享有企业剩余索取权和最终管理控制权，资金需求者借入的只是资金使用权。

(2) 不同的融资成本

企业通过直接融资方式来获取资金，需承担股息、红利或利息，同时要承担企业评审费、证券印刷费、广告宣传费、代理发行费以及聘请中介机构的费用等各项费用；企业通过间接融资方式来获取资金，需要承担利息以及资产抵押或质押等成本。

(3) 不同的融资风险

企业直接融资一般通过资本市场来实现，那么资金供给者和需求者之间主要形成了债权债务或股权关系。由于二级市场的存在以及相应的流转机制，那么这种债权债务或股权关系具有长期性和流动性。这就决定了直接融资风险相对较小。而企业间接融资的短期性和非流动性，使企业承受较大的财务风险和变现压力，决定了间接融资的相对高风险性。

第二节　深圳电子信息产业融资方式

直接融资和间接融资的方式有很多，在实践中企业究竟需要采用哪种融资方式，则需要综合考虑宏观环境因素、产业内部因素以及企业自身因素等多种因素。根据国际形势、宏观经济因素、制度变革等因素并结合电子信息产业自身的特点，可以把深圳电子信息产业发展过程中曾运用过或正在运用的主要融资方式分为：

一、电子信息产业的直接融资

(一)政府投资

深圳经济特区创办之初，就将发展以电子产品为主的来料加工业作为主导产业。各项特区优惠的推出同时也吸引内地电子企业纷纷来深圳投资，内联政策在特区初期发展电子工业产生了巨大的影响。由于当时中国仍然处于计划经济时期，所以从深圳电子信息产业的发展历史可以看出，在深圳电子信息产业发展初期，电子信息产业投资的主力军是政府及政府所属部门。

1980 年深圳在创办特区时，只有深圳无线电厂（原宝安县无线电厂）这一家电子工厂。而这家仅有 108 名职工，年产值 107 万元，利润仅 5000 元，只能生产扩音机、收音机、调压器及装配电子表等几种简单电子产品的企业就属于县办企业。

1979 年 9 月 18 日，广东省政府决定将地处粤北山区从事电子工业的三个省属小厂（8500 厂、8532 厂、8571 厂）由广东电子工业局负责同时迁入深圳，组建深圳华强电子工业公司（即现华强集团公司）。与此同时，总参通信兵部也在深圳投资成立"洪岭电器加工厂"（即现深圳电器有限公司）；第四机械工业部（后更名电子工业部，即现电子信息工业部），也从广州 750 厂抽调一批人员组建"深圳电子装配厂"（即现深圳爱华电子有限公司）。以上三家就是深圳建市后由二部委和广东省在深圳创办的第一批四家企业中的电子信息企业。

1981 年 9 月，由深圳市工业局与哈尔滨无线电四厂合资成立全市第一家内联企业——深圳康乐电子有限公司。随后，第四机械工业部的 083 基地（即现中国振华集团有限公司），也自筹资金在深圳成立自办的华匀电子有限公司。到 1981 年底，全市已有投产的电子企业 11 家，6 家都属于全民所有制。

1982 年，作为改革开放的窗口，除了已有总参、电子部和航空部三个部委外，其他部委和省市如兵器工业部、船舶工业部、航天工业部和江苏、黑龙江、吉林、甘肃、贵州等省市的企业也都先后来到深圳投资设厂，新成立的这些企业有的从事来料加工，有的以"补偿贸易方式"进料组装双卡的收录机、14 英寸的彩色电视机、电冰箱、电子按键电话机和 8 位的 838 电子计算器、电子万用表等，有的从事收录音机和彩色电视机配件的生产。

1984 年 12 月，当时任电子工业部部长的江泽民同志带领其他部领导和各司局的主要领导亲赴深圳，召开特区电子工业工作会议，就深圳的电子工业发展规划进行了进一步研究和讨论，确定拿出 2500 万元贷款投资特区电子工业。

1986 年以后，根据深圳的优势和政府制定的电子信息产业投资导向，深圳重点吸引国内著名厂商到深创办高新技术企业。成功地引进了一批国内从事高新技术产品生产的企业到深圳投资，其中有从内地迁到深圳发展的企业——中国计算机发展公司（即现中国长城计算机集团有限公司）。中国计算机发展公司把科研和生产基地南迁到深圳后，首先建立了我国第一个上规模、上水平的微机生产基地（即现中国长城计算机集团深圳股份有限公司）；同时联想电子公司（即现联想控股有限公司）也在深圳建起国内第一个专业生产电脑卡板的出口基地等。

(二)港澳台及外资投资

深圳经济特区创办之初，就将发展以电子产品为主的来料加工业作为主导产业。各项特区优惠的推出，吸引了以港资为主的大批外资的进入，外引政策在特区初期发展电子工业产生了巨大的促进作用。

1979 年 3 月 15 日，由广东省华侨农场管理局与香港港华电子企业在北京签约，组建一个由归侨人员组成的、为港华电子企业加工电子产品的光明华侨电子厂。1979 年 12 月 25 日经国务院外国投资委员会批准，将准备从事来料加工的光明华侨电子厂更改成"广东省光明华侨电子工业公司"（即现在的深圳康佳集团股份有限公司），这是深圳工业的首家、也是我国电子工业第一家中外合资企业。

1980 年 4 月，深圳市革命委员会以深革发（1980）23 号文批准由深圳市工业局出土地，香港新友贸易公司出资金和设备，组建中外合作的新华电子厂，生产新华牌收录音机。到 1981 年底，全市已有投产的电子企业 11 家，其中中外合资 2 家，中外合作 1 家。

1982 年 4 月，深圳市政府正式批准由港商在蛇口独资成立的陆氏实业（蛇口）有限公司登记注册，成立了电子工业史上第一家外商独资企业。

1986 年以后由外商投资兴办的项目包括由加拿大北方电讯公司引进的数字程控交换机生产线，以及由日本 EPSON 公司引进针式点阵打印机生产线等。

截至 1990 年，深圳 600 多家电子工业企业中的 400 多家都是"三资"企业。

1994 年以后，为了加快与国外大企业和跨国公司的合作，深圳市提出了在进一步改善投资环境的同时，加大吸引外资的力度。高新技术园区、福田保税区、沙头角保税区、龙岗区的坂田工业区和宝安区的石岩镇等地，成为吸引外商投资的热点。据不完全统计，先后有 IBM、康柏、康诺、惠普、施乐、皇冠、三星、菲利浦、西门子以及南太、富士康等世界知名的厂商和港澳台知名厂商，纷纷来深圳投资或追加新的投资项目。其中日本的 SANYO 公司追加投资与华强集团合资兴建我国第一条激光拾音头和 CD 唱机的生产线；日本的 EPSON 公司和美国的施乐公司通过扩大投资分别在南山工业区和坂田工业区投资兴建彩色打印机和激光打印机的生产线等。

1997 年台湾独资的富士康在龙岗区的龙华镇建起可装配微机和生产微机配套件的生产基地。到 1998 年，台商宏基电脑公司在福田保税区投资建年产值 10 亿美元的桌上电脑和笔记本电脑的生产基地。

(三)民间投资

所谓民间投资是指非国有经济投资中扣除外资和港澳台投资的部分，包括联营、股份制、集体、个体和私营及其他经济类型的投资。从 20 世纪 90 年代前后以来，民间投资在深圳电子信息产业发展的过程中发挥着重要作用，使深圳的电子信息产业投资主题发生重大变化。

从国家允许兴办民营科技企业起，从事电子信息行业的民营科技企业就迅速发展，涌现了一批民营企业的典型。如 1988 年成立的华为技术有限公司、1989 年成立的宝安得胜电子厂（得润电子前身）、1995 年成立的比亚迪股份公司和深圳市宏天视电子有限公司（深圳市宏天智电子有限公司）、1996 年成立的大族激光等。

(四)国内上市

能够实现在国内股票市场的成功融资是许多企业的目标，在国内融资渠道并不完善的情况下，通过上市渠道筹资是目前企业融入大规模资金的主要方式。深圳电子信息企业采取国内上市的历史很早，在中国股票市场建立不久，就有一批规模大实力强的企业在国内上市。其中最早的一批是以康佳电子（集团）股份有限公司、深圳华发电子、深圳桑达实业股份有限公司、深圳长城开发科技股份有限公司等为代表。近年来，随着市场经济发展，有越来越多的电子信息企业已经在国内上市或正在准备上市。

深圳华发电子有限公司成立于 1981 年，由深圳赛格集团公司、中国振华电子集团公司、香港陆氏实业有限公司合资经营。1991 年改组为中外股份制企业，为我国最早成立的中外股份企业之一。1992 年 1 月至 3 月，发行内部职工股 483 万股、境内公众股 2480 万股、特种股 2350 万股。1992 年 3 月 20 日，深圳华发电子股份有限公司成立，同年 4 月 28 日"深华发 A、B"股在深圳证券交易所上市交易。公司股票发行工作历时近两个月，于 1992 年 3 月 5 日结束，公司实收股本 19303 万元（其中净资产折股金 13990 万元），共有股东 13036 名，其中 A 股股东 12916 名，B 股股东 120 名。

(五)海外上市

到海外市场筹集资金是目前许多中小高科技企业寻求的融资渠道。一方面，相对国内上市门槛，国外上市要求较低，尤其是二板市场，有些几乎没有盈利要求，只要是具有良好成长性的企业都可申请海外上市。另一方面，国家鼓励一些好的高科技企业到海外筹集资本，在审批上相对灵活。同时相对国内上市，海外上市周期短，上市费用低，因此很多中小企业都在积极谋求海外上市。其中，1999 年 7 月 26 号长城科技股份有限公司宣布在香港首次招股，成为当年大陆上市的第二家 H 股；2001 年 2 月 16 日，金蝶国际在香港创业板上市；2004 年 12 月 9 日，中兴通讯在香港联交所主板挂牌交易；2005 年 12 月 20 日，腾讯 QQ 在香港挂牌上市。

2005 年 12 月 20 日，腾讯 QQ 在香港挂牌上市，上市简称为腾讯控股，股票代码为 0700HK。香港零售发行部分获得 67 亿股的认购申请，超额认购达 158 倍。腾讯以每股 3.70 港元的价格发售了 4.202 亿股，募集资金达 15.5 亿港元。在此次上市中，其超额认购的首次募股带来总计 14.4 亿港元的净收入。由此腾讯顺利地完成了自己的资本跳跃。

二、电子信息产业的间接融资方式

(一)银行贷款

银行贷款是最古老、最传统的融资渠道。企业通常需要以一定的资产抵押或有实力雄厚的后盾作担保才能获得银行的资金支持。电子信息产业属于高科技产业，企业具有技术含量高、投资风险大的特点。因此，银行对这一类企业的贷款通常比较谨慎，只有那些信用好、具有一定规模和实力的企业或是可寻求到资金担保的企业才有可能获得银行贷款的支持。在深圳电子信息行业中一些具有实力和发展潜力的企业凭借自身优势从银行贷款，为企业的迅速发展融到数量可观的资金。

1999 年，建行深圳分行给同洲电子发放了第一笔 500 万贷款；2001 年通过新一轮融资，同洲电子获得了 6000 万银行贷款，同洲电子获得了快速发展的动力。2006 年，建行深圳分行与深圳市同洲电子股份有限公司在深圳签订了《战略合作协议》，建行深圳分行与同洲电子的合作将进入一个新的阶段，除了将增加授信额度外，建行将为同洲电子设计个性化的授信方案。

(二)并购

并购可以分成兼并和收购，是目前市场中非常通行的一种融资渠道。选择并购融资方式的企业很多，目的也不尽相同，但总的来讲是出于企业的生存、进一步发展和战略规划等考虑。这种融资方式虽然操作难度较大，但成本相对较低，是风险投资退出的一种主要方式。在深圳电子信息产业史上，企业通过并购来融资的案例很多。

深圳康佳电子股份有限公司，1993 年将彩电的生产基地迁到东莞，并成立东莞康佳电子有限公司后，再以占控股权 60% 的兼并重组注资方式，成功将牡丹江电视机厂和陕西如意电视机厂分别重组为"牡康"、"陕康"两个基地，以少量投资实现康佳牌彩电的年产能力迅速扩张。

1997 年 8 月，被三星电管（香港）有限公司和深圳市投资管理公司共同收购的 MAC 公司，经重组成三星电管公司（后更名为深圳三星视界有限公司）。

2005 年 3 月 18 日，腾讯收购国内第二大邮件客户端软件商 FOXMAIL。

2004 年 12 月 6 日，大族激光以 400 万人民币完成对南京通快的收购并成功对其注资 1200 万人民币，南京通快完成了工商变更登记。2008 年 2 月 1 日，大族激光又通过其控股子公司深圳市大族数控科技有限公司以现金出资 4739.3 万元人民币，收购明信（香港）电子服务有限公司持有的深圳麦逊电子有限公司 61% 股权。

2007 年 12 月 13 日，长城开发发表公告，称其母公司长城科技将控股纽交所上市公司 ICOM，长城科技将持有其 37% 的股份，成为该公司的第一大股东。

2008 年 1 月 21 日，同洲电子发布公告称，公司董事会审议通过了《关于投资哈尔滨有线数字电视网络的事项》。公司以 195 万元受让北京中辉世纪传媒发展有限公司持有的 49% 的哈尔滨有线电视网络有限公司中的 39% 的股权，公司主要对合资公司有线数字电视增值服务所需的终端设备进行投资，另外投资 4500 万元用于购买数字电视互动业务平台及业务运营支撑系统。

同洲电子公司是国内最大的视讯产品生产企业，其业务主要以数字机顶盒的销售生产为主，同时在此基础上扩大生产领域包括汽车用 GPS、安全防护视频产品等。对哈尔滨有线数字电视网络有限公司的投资有利于提高在产业链上的产品市场地位，适应国内有线数字电视产业市场的快速发展的需要，是对其主营收入的补充，提高了公司的盈利水平，也是公司多元化经营策略的体现。

2008 年 8 月 26 日，同洲电子董事会决定，拟以 1664.95 万收购深圳市数神通科技有限公司所持深圳市同洲软件有限公司 10% 的股权。收购完成后，同洲软件将成为同洲电子全资子公司，预计会提高本年度利润 5% 左右。2008 年 10 月 24 日，同洲软件有限公司完成工商变更，变更后成为法人独资公司，股东为深圳市同洲电子股份有限公司。

(三)扶持基金

在高科技企业的初创阶段，各类扶持基金成为这些初创企业的融资渠道之一。扶持基金，分为国家类型的和地方政府类型的。国家类型的扶持基金有科技型中小企业技术创新基金和电子信息产业发展基金。其中科技型中小企业技术创新基金是经国务院批准设立的为鼓励科技型中小企业的技术创新专项基金；电子信息产业发展基金（电子发展基金）是由中央财政预算安排的，用于支持软件、集成电路产业，以及计算机、通信、网络、数字视听、新型元器件等电子信息产业核心领域技术与产品研究开发和产业化的专项资金。

深圳市政府也设立了各类"创业扶持基金"、"产业扶持基金"来鼓励高科技中小企业的发展。国家集成电路设计深圳产业化基地在 2001 年 12 月批准成立后，就被深圳市人民政府列入深圳市"十五"规划的重点产业发展计划和 2002 年重点建设项目。从 2002 年至 2004 年，深圳市政府每年安排配套资金 5000 万元人民币，合计 1.5 亿元人民币，作为国家级集成电路设计深圳产业化基地建设的专项资金。

2004 年，中兴通讯股份有限公司成为 2004 年度电子信息产业发展基金网络游戏软件开发平台项目的中标企业。

2005 年底，中兴通讯、华为成为信息产业部 2005 年电子信息产业发展基金支持的 TD-SCDMA 企业。

2007 年，中兴通讯、上海华为技术有限公司、鼎桥通信技术有限公司以及大唐移动通信设备有限公司共同中标 TD-SCDMA 增强型技术（HSDPA）光纤拉远基站产品开发及产业化项目。

深圳市的兴森快捷申报的"刚—挠性多层印制电路板研发及产业化"项目，在参加国家 2007 年电子信息产业发展基金招标中中标，获得资金支助 400 万元。在信息产业部等相关部门的大力支持下，为兴森快捷推动产品技术升级、在信息产业各领域核心技术开发等方面提供更强有力的支持。

三、电子信息产业的其他融资方式

(一)风险投资

风险投资，也称创业投资，主要以科技型的高成长企业为投资对象，通常在企业的初创期和成长期介入，是目前国内外最普遍、也是最活跃的融资渠道之一。广义的风险投资泛指一切具有高风险、高潜在收益的投资；狭义的风险投资是指以高新技术为基础，生产与经营技术密集型产品的投资。根据美国全美风险投资协会的定义，风险投资是由职业金融家投入到新兴的、迅速发展的、具有巨大竞争潜力的企业中的一种权益资本。从投资行为的角度来讲，风险投资是把资本投向蕴藏着失败风险的高新技术及其产品的研究开发领域，旨在促使高新技术成果尽快商品化、产业化，以取得高资本收益的一种投资过程。从运作方式来看，是指由专业化人才管理下的投资中介向特别具有潜能的高新技术企业投入风险资本的过程，也是协调风险投资家、技术专家、投资者的关系，利益共享，风险共担的一种投资方式。

到目前为止，有一大批深圳电子信息产业企业获得了风险投资，其中包括 1998 年 5 月 6 日获得 IDG 风险投资 2000 万美元的金蝶国际、2000 年 8 月 2 日获得深圳创新投风险投资的三诺电子、2008 年 10 月 20 日获得深创投投资梦网科技和获得创东方风险投资的千千网络。

金蝶公司是 1993 年建立的财务软件公司。公司建立之初，在财务软件领域，已经有形成规模并在国内市场上占有很大份额的"用友"、"万能"、"安易"，同时还有许多其他公司在争夺财务软件市场。作为后来者的金蝶公司提出"突破传统会计核算，跨进全新财务管理"观念，并且紧紧抓住与国际接轨这一核心，快速开发新产品。1993 年金蝶公司推出了 V2.0 和 V3.0 DOS 版财务软件，在 1995 年底，金蝶率先开发出全新的 WINDOWS 产品，1996 年 4 月，金蝶开发的全新 WINDOWS 产品都取得巨大成功。

虽然金蝶在短短的几年里实现了超速发展，但是它仍然是个规模不大的企业。即便成为了中国的大企业，在跨国公司面前，仍然是小鱼，仍然面临被吃掉的风险。市场竞争的生存法则，激励公司的创业者大胆引进风险投资，以求企业的长远发展。

1998 年 5 月 6 日，我国最大的财务及企业管理软件厂商之一——深圳金蝶软件公司宣布，金蝶公司与世界著名的信息产业跨国集团——国际数据集团 IDG 已经正式签订协议，接受广东太平洋技术创业有限公司（IDG 设在中国的风险投资基金公司）2000 万元人民币的风险投资，用于金蝶软件公司的科研开发和国际市场开拓业务。这是中国财务软件行业接受的第一笔国际风险投资。

(二)天使投资

天使投资指个人或公司出资协助具有专门技术或独特概念而缺少自有资金的创业家进行创业，承担创业中的高风险和享受创业成功后的高收益。或者说是自由投资者或非正式风险投资机构对原创项目构思或小型初创企业进行的一次性的前期投资。它是风险投资的一种形式。

在风险投资领域，"天使"这个词指的是企业家的第一批投资人，这些投资人在公司产品和业务成型之前就把资金投入进来。天使投资人通常是创业企业家的朋友、亲戚或商业伙伴，由于他们对该企业家的能力和创意深信不疑，因而愿意在业务远未开展起来之前就向该企业家投入资金。一笔典型的天使投资往往只是几十万美元，是风险资本家随后可能投入资金的零头。

1999 年底，腾讯公司走到了一个艰难的路口。QQ 大量下载和用户量暴增的同时，由于缺乏盈利模式，致使资金非常的紧张，公司难以支撑。当时的腾讯只有二三十人，一个月的收入几万元，账目上的资金就是五六十万，基本没有钱做研发投入，甚至带宽、服务器都买不起。为寻求融资，马化腾试图将公司卖掉，找了 4 个买家，谈判都没有成功。1999 年中国经济特区深圳开始举办高交会，推动资本和项目结合，这种融资创新给腾讯带来了好运。腾讯创业团队的良好素质和互联网的良好前景赢得了投资公司的关注。1999 年 10 月，腾讯得到美国数据集团（IDG）和李嘉诚旗下的香港盈科数码 220 万美元的天使投资，这给腾讯的快速发展提供了难得的条件。

现在，腾讯已经在门户网站、网络游戏、邮箱、搜索等领域开花结果。2008 年第一季度的财报显示，腾讯总收入为人民币 14 亿元，盈利 7 亿元，网络广告 1.4 亿元，注册用户达到 7.8 亿，活跃用户 3 亿。

(三)中小企业集合债券

集合发债，就是俗称的"捆绑发债"。中小企业集合债，就是由一个机构作为牵头人，几家企业一起申请发行债券，是企业债的一种。"中小企业集合债券"这种模式较好解决了中小企业融资中风险与收益不对称的问题，将有效地解决中小企业存在的融资难、担保不足的问题。中小企业债券的发行，是我国债券市场上的一次大胆的创新尝试和标志性事件。

2007 年 11 月 14 日，深圳市 20 家中小企业集合发行的 10 亿元"07 深中小债"，经国家发改委审批同意正式面向境内机构投资者发行，并在当天全部发售完毕，成为中国首只由中小企业捆绑发行的债券。按照"统一冠名、分别负债、统一担保、集合发行"的模式发行的本期债券为 5 年期固定利率债券，票面年利率 5.70%。经联合资信评估有限公司综合评定，债券的信用级别为 AAA，各家企业的主体信用级别则从 A+到 BBB 不等。国家开发银行是本次集合发债的统一担保人和承销人。其中以深圳市远望谷信息技术股份有限公司和深圳市邦凯电子有限公司等为代表的电子信息产业的企业名列其中。

(四)担保换期权

"担保换期权"是深圳高新投在全国率先推出的一种担保方式，是把信用担保与风险投资业务结合起来，在为企业提供信用担保的同时，签订一定比例的期权协议，在适当的时机通过行权或回购等方式投资企业。如果企业失败，高新投承担为其担保的风险；如果企业发展，高新投分享其成果。这实际上是根据现代期权理论的原理，让担保人用少许可确定的代价来控制损失，并把获利扩大。

具体来说，"担保换期权"业务在三个方面有别于传统担保业务：一是大幅降低了反担保的条件；二是缓解了创业企业的资金压力，免收担保费和手续费；三是与担保企业原创股东约定，在未来 5 年内给予高新投约 20% 的股权期权。

目前为止已有同洲电子和比克电池等为代表的电子信息企业采用这种"担保换期权"的融资方式。其中深圳比克电池有限公司就是"担保换期权"的成功案例。

深圳市比克电池有限公司是一家专业从事锂离子电池电芯产品研发、生产和销售的高科技公司。2002 年 8 月，比克公司在发展过程中急需 300 万元资金，但是由于企业成立时间不长、规模不大，从银行或者其他渠道融到这笔资金比较困难。

后来比克电池找到深圳高新投，就 300 万元借款向深圳高新投提出担保申请。深圳高新投经过调查，认为比克公司所处行业拥有广阔的市场前景，同时拥有高素质的经营团队和技术团队，但比克电池无法提供有效的反担保措施。经过双方反复协商，高新投以"担保换期权"的方式为比克公司提供了 300 万元的贷款担保。同时，深圳高新投与比克电池签订了期权回购协议。

在对比克电池进行了 300 万元的担保后，深圳高新投又先后于 2003 年 8 月和 2004 年 2 月，分别为比克电池进行了 1000 万元和 2000 万元的担保，为企业的进一步发展提供了有力的支持。经过近两年的快速发展，比克公司已经发展成为国内生产锂离子电芯的龙头企业。2003 年底，比克公司股东对公司增资并进行股份制改造，经过协商，高新投同意比克公司对 2% 的期权进行回购，总价值 118 万元。

通过"担保换期权"这种融资方式，一方面比克电池及时获得了企业发展急需的资金，另一方面深圳高新投也获得了比较满意的回报，实现了担保公司与被担保企业的双赢。

(五)中小企业信用培养计划

中小企业信用培养计划是指企业不需要提供抵押物和质押物，只要依靠信用积累就能获得贷款。银行不以抵押物、质押物作为考察企业还贷能力的唯一标准，而是更看重企业的资金流、贸易流和企业的成长性，专门针对中小企业的金融需求，提出灵活、富有特色的服务方案。

"中小企业信用培养计划"是南山区总商会与浦发银行经过积极探索与论证，联合向南山企业推出解决企业融资难问题的新举措，旨在银行控制信贷风险、取得良好效益的同时满足企业的资金需求，促进中小企业的快速发展，也不断优化提升企业的诚信意识和整体信用环境，并借此成功突破融资难的"瓶颈"。

2008 年 4 月 17 号，在深圳市南山商会、浦发银行深圳分行和相关企业的努力下，解决南山区中小企业融资难问题的创新举措——"中小企业信用培养计划"结出硕果，首批加入该计划的南山区总商会的五家会员企业成功获得 2100 万贷款。致力于软件开发及相关服务的专业 IT 公司——深圳市沃其丰科技有限公司也是首批五家获得"中小企业信用计划"贷款企业中的一员。

第三节　深圳电子信息产业融资特点

从整个深圳电子信息产业的发展历史可以看出，伴随中国改革开放的深入和经济发展，电子信息产业融资具有以下几个特征：

一、融资方式的多样性

在深圳电子信息产业发展初期，当时我国还处于计划经济时期，那时政府性质的投资就成为深圳电子信息产业融资的主要途径。政府投资的方式也是多种多样的：其中包括国家部委直接投资设立工厂，如总参通信兵部（现在电子信息工业部）投资建立深圳电器有限公司、第四机械工业部投资建立深圳爱华电子有限公司等；地方政府直接投资设厂，如广东省政府投资建立华强集团、深圳市工业局与哈尔滨无线电四厂合资成立深圳康乐电子有公司；同时在内联政策引导下，国内其他省市的企业到深圳投资设厂，如江苏、黑龙江、吉林等省市的企业在深圳的投资。计划经济条件下企业附属于政府，所以其他省市的企业到深圳投资设厂也属于政府投资。在深圳电子信息产业发展过程中，政府性质的投资为深圳电子信息产业的起步注入了第一批资金。

随着改革开放进程的加快和电子信息产业的发展，融资方式呈现出多样化的特征，在 1990 年和 1991 年上海证券交易所和深圳证券交易所成立后，深圳电子信息产业类型的企业开始发行股票上市，其中以康佳电子（集团）股份有限公司、深圳华发电子、深圳桑达实业股份有限公司、深圳长城开发科技股份有限公司等为代表发行 A 股。后来，更多电子信息产业类型的企业发行 B 股，以及到海外上市。

二、融资方式的及时变化

随着中国逐渐由计划经济向市场经济的转变以及中国改革开放的深入，融资方式也随之变化，逐渐跟世界接轨，很多融资方式也开始在电子信息产业出现。在改革开放初期，由于各种条件限制，电子信息产业的融资仅仅来自政府投资和港澳台资金。90 年代前后融资方式转向民间资本和外资（港澳台以外），同时 90 年代初伴随中国上海和深圳两大证券交易所的成立，融资方式又向发行股票转变，企业开始注重国内上市。伴随中国改革开放的深化，越来越多的企业开始把眼光投在国外，风险投资、海外上市等融资方式也应运而生。电子信息产业的融资方式开始国际化，电子信息产业的资金来自世界各地。

三、融资主体以中小企业为主

融资的实质就是企业从内部和外部募集资金用于自身的发展。所有的企业都必须不断融资来推动自身的发展，而中小企业是融资的主体。原因在于，一是电子信息产业中中小企业数量众多，大企业数量有限；二是中小企业规模小、实力不强、资金有限。这些特点决定了中小企业要发展就需要不断融资，从而众多的中小企业成为市场上融资的主体。

四、先进的融资理念驱动

深圳电子信息产业融资的方式多种多样，这主要在于先进理念的带动。由于电子信息产业中中小企业数量众多，融资需求量大，同时现实中的各种条件限制了中小企业的有效融资，这就催生了先进理念的出现和在先进理念的带动下对新的融资方式的大胆探索。从金蝶国际作为国内第一家财务软件企业引进国外风险投资到中小企业集合债券的成功发行再到中小企业信用培养计划的出现等无不说明了这一点。

参考文献

1. 腾讯：http://www.tencent.com/zh-cn。

2. 金蝶国际软件集团公司：http://www.kingdee.com。

3. 李宽宽等：《本土投资人深圳联手做天使投资》，《南方都市报》2007 年 10 月 15 日。

4. 彭勇：《马化腾称：改革开放的历史机遇是我们最大的财富》，金羊网 2008 年 8 月 10 日。

5. 曾凡奎：《深圳市电子工业发展历史回顾》，深圳市电子行业协会，2005 年 10 月 7 日。

6. 彭勇：《中国首只中小企业集合债券成功发行》，新华网 2007 年 11 月 5 日。

7. 郁洪良：《担保换期权，科技型中小企业融资新渠道》，新华网 2007 年 3 月 19 日。

8. 杜舜：《深圳首发中小企业集合债券解融资难》，《南方日报》2007 年 11 月 22 日。

9. 郑昱：《同洲电子增持同洲软件股权》，《证券时报》2008 年 8 月 27 日。

10. 李阳丹：《大族激光收购麦逊电子 61% 股权》，《中国证券报》2008 年 2 月 1 日。

11. 中国科技在线：《深圳金蝶软件公司引入风险投资案例分析》，南方网 2007 年 12 月 1 日。

12. 李怀今、刘燕：《互补型风险投资助同洲电子腾飞》，《深圳商报》2004 年 4 月 4 日。

13. 尹生：《大族激光的资本推手》，《公司》杂志 2004 年 7 月 8 日。

14. 国信证券经济研究所，王念春：《打造数字视讯超级航母》，同洲电子 2008 年 5 月 27 日。

15. 中兴通讯股份有限公司：http://www.zte.com.cn。

16. 曾牧野：《迈向 90 年代的经济特区》，海天出版社 1991 年版。

17. 武巧珍、刘扭霞：《中国中小企业融资——理论借鉴融资体系的建立》，中国社会科学出版社 2007 年版。

18. 李心愉、冯旭南：《公司融资》，中国发展出版社 2007 年版。

19. 姜宝山：《高科技中小企业融资实务》，中国经济出版社 2007 年版。

20. 叶苏东：《项目融资理论与案例》，北京交通大学出版社 2008 年版。

第九章

经营创新与各显神通的经营方式与方法

深圳市电子信息业经历了二三十年的发展，许多伴随着改革开放成长起来的企业开始进入一种被称为"增长陷阱"的感觉之中：一方面市场还在不断进步；另一方面企业却要面对越来越多的困难，如人力资源的发展瓶颈、灵活的战略、不确定的市场营销、日新月异的技术、挑剔的顾客等等。毋庸置疑，电子信息业已经进入微利时代。在微利时代，具有规模的能力、成本的能力、销售的能力，是存活下来的前提条件，而企业的持续增长靠的是较高的经营能力，重塑企业的经营变得迫在眉睫。

第一节　经营创新的理论概述

一、企业经营的含义

企业经营是指商品生产者以市场为对象，以商品生产和商品交换为手段，为了实现企业的目标，使企业的生产技术经济活动与企业的外部环境达成动态均衡的一系列有组织的活动。[1] "经营"原本是管理学中的概念，指"最高层次的管理"，是企业最高决策者的职责，它主要是针对外部环境的变化，不断地开拓创新，运用新的创意，引领企业向更高的目标前进。某种意义上，应变和创新是经营的核心使命，"实力、势力、谋略、文化"是企业成功经营的关键。在市场经济条件下，决定企业生存发展

---

[1]　袁蔚、方青云：《现代企业经营管理概论》，复旦大学出版社 2007 年版。

成败的是市场，决定企业能否适应市场、开拓市场、创造市场的是经营决策，只有不断地经营创新才能立足于风云变幻的市场。

(一)经营策略

企业有多种经营策略可以选择，如单种经营或多种经营、水平方向的整体经营或是垂直方向的整体经营、联合承担风险，等等。究竟选择哪一种或者几种结合运用，可以采用 SWOT 矩阵分析法，如下表所示：

通过综合考虑企业的资源状况，列出企业的优势、劣势、机会和威胁，对于企业作出合理的经营决策有很大的帮助。

	有利影响	不利影响
内部分析	S1.技术优势	W1.劣势
	S2.有形资产优势	W2.缺乏有竞争力的有形资产、无形资产、人力资源、组织体系
	S3.无形资产优势	W3.关键领域里的竞争能力正在丧失
	S4.人力资源优势	
	S5.组织体系优势	
外部分析	O1.出现新的细分市场	T1.出现将进入市场的强大竞争对手
	O2.前向或后向整合	T2.替代品抢占公司销售额
	O3.市场进入壁垒降低	T3.主要产品市场增长率下降
	O4.获得并购竞争对手的能力	T4.汇率和外贸政策的不利变动
	O5.市场需求增长强劲，可快速扩张	T5.人口特征、社会消费方式的不利变动
	O6.出现向其他地理区域的扩张	T6.客户或供应商的议价能力提高
	O7.技术的溢出效应	T7.受经济周期的不利冲击

资料来源： 根据http://www.cma-china.org相关资料整理而成。

1.单种经营与多元化经营

企业经营一种产品、一种市场或单种技术的策略叫做单种经营，它的优势是：把某种产品做得特别好，在某种市场上"精耕细作"，具有独特的经营能力，在经营上不受特定市场的约束，充分利用有限资源，对市场的反映相当敏锐等等。劣势是：经营范围狭窄，容易失去发展其他选择性生意的能力，如果该企业的产品在市场上销售下降，经营就会面临困境，而且，由于顾客需求的变化、技术革新，新产品能在短期内摧垮高度专业化的单种经营企业。80 年代初期，由于电子企业的实力比较弱，大都专注于一种产品的经营，随着时间的推移，企业为分散风险或者充分利用企业的资源进行优化配置，开始涉足上下游产品的研发或是转向其他行业。

多元化经营方式是现代企业的发展方向，随着现代科技的高度发展，产品日新月异，若将企业集中于一项产品投资，必然面临很大的风险。多元化经营具有分散风险的作用，但往往也伴随着资源约束。

2. 水平方向与垂直方向的整体经营

水平方向的整体经营通过兼并其他企业发展自己，是单种经营策略的衍生物，因为兼并的企业在很大程度上仍然保留其原有的经营生意。垂直方向的整体经营，包含着朝原材料方向的整体经营以及朝消费者方向的整体经营两种类型。

3. 联合承担风险

联合承担风险是一种比较有吸引力的策略，它是解决单个企业不能独自承担某些生意的办法，可以集各联合企业经营才能之长，也有利于克服政治和文化方面的障碍。

(二)经营创新

自 20 世纪 30 年代，熊彼特完整阐述创新理论以后，企业不论规模大小、实力强弱，无一例外地都认识到创新对于企业生存和发展的重要意义。在经济全球化的时代背景下，现代企业处在一个竞争更加激烈的环境中，需求和供给的快速变化要求企业拥有核心竞争力。而在复杂多变的条件下，竞争优势不易获得，更难以保持。如今，企业或自愿或被迫地处在一个竞争更加残酷的平台上了，要保持长久的活力和竞争力，唯有不断创新——革新自己的业务内容和运作方式。创新虽然前途未卜，但是不创新则不可能保持长久的生命力。

经营创新的主体是企业，深圳在建设以企业为主体、产学研相结合的技术创新体系方面，有非常宝贵的成功经验。深圳市有四个 90%，即：90% 研发人员在企业，90% 科技投入来自企业，90% 专利产生于企业，90% 研发机构建设在企业。近年来，深圳市科技成果应用率一直保持在 80% 以上，不仅远远高于全国的平均水平，而且达到发达国家的科技成果应用水平。

深圳电子业是伴随着特区的成立快速发展起来的，这些年的经验总结起来就是在加强制度创新、管理创新和技术创新的同时，加强经营创新。加强经营创新成为提升企业竞争力的现实选择和突破口之一。

二、经营创新的内涵

经营创新不是唯一的目的，也不是越新越好，它更像是一种手段，一种越来越重要的手段和基本经验战略。这一战略的奥秘在于创新者每推出一项新产品、每运用一种新策略、每树立一种新形象都为自己开辟了一个新的经营天地的生存机会。

经营创新是一个持续的过程，是一项系统工程，它包括经营哲学创新、经营理念创新、经营战略创新、经营模式创新等。

(一)经营哲学创新

经营哲学是指经营者在经营活动中对发生的各种关系的认识和态度的总和，是企业从事生产经营活动的基本指导思想以及在此基础上所树立的信念。企业无论是否已经认识到、自觉或不自觉，客观上都存在着自己的经营哲学。正确的经营哲学能使人们以正确的思维方式认识和对待经营过程中的问题，如稳定与变化、风险与机会、兴旺与衰退、长期利益与短期利益、全局利益与局部利益等等。

1. 创造自己，超越自己

所谓"胜人者力，自胜者强"，能够不断创造自己、超越自己才是真正的强者。英特尔公司前副总裁达维多认为，一家企业要在市场总是占据主导地位，那么就要做到第一个开发出新一代产品，第一个淘汰自己的产品。

2. 尊重对手，与对手共同成长

没有对手的企业会缺乏危机感，往往满足于现状，从而阻碍了自身潜力的发挥。有什么样的对手，往往决定了自己是什么样的级别。2003 年全球最大的互联网设备制造商思科以侵犯知识产权为由将华为告上法庭，历时一年半后以和解的方式告终。当这场官司还没有从人们的视线中完全淡出，任正非与钱伯斯又友好地握手，仿佛过去双方在中国市场和世界其他地方进行的近 10 年的搏杀从来就没有发生过一样。

3. 以客户为中心

管理学大师彼得·德鲁克认为：创造顾客是企业的唯一目标。美国成功企业的信念是：采取行动，接近顾客，独立自主与企业精神，建立正确的价值观，做内行事，组织单纯，人事精简，宽严并济。我国的企业在不断改革与完善经营机制的过程中，也逐步形成了自己所特有的经营哲学：用户至上，信誉至上，顾客是企业的上帝等。

4. 重视企业责任感和使命感

当企业逐渐做大做强的时候，就有必要考虑到对社区和社会的责任。企业要维持社会的可持续发展开展公益活动对于企业的长远发展利大于弊。

(二)经营理念创新

经营理念是经营者追求企业绩效的根据，是顾客、竞争者以及职工价值观与正确经营行为的确认，然后在此基础上形成企业基本设想与科技优势、发展方向、共同信念和企业追求的经营目标。树立正确的经营理念可使企业立于不败之地。正确的经营理念应该坚持三项原则：一是用户至上、服务第一的原则，企业应始终牢记"客户是上帝、服务是根本"；二是"三效益"并重原则，即社会效益、环境效益和经济效益的统一；三是系统管理原则，企业管理是一项系统工程，是由许多子系统构成的一个全方位管理体系。

在创新经营理念之前，企业对大环境、使命与核心竞争力的基本认识要正确，绝不能与现实脱节；还要让全体员工理解经营理念，以行动实践经营理念。经营理念必须经常在接受检验中修改丰富，而不能一成不变。事物是发展变化和运动的，企业经营理念一定要随着外部和内部环境的变化而变化。

2004年，深圳深爱半导体有限公司根据市场需求，站在公司长远持续发展的高度，提出了"全面人才培养"的战略和"三个创新"的经营理念，为深爱公司的腾飞打下了坚实的基础。在人才培养方面，2008年3月1日，电子科技大学深圳深爱半导体有限公司工程硕士班开学典礼在深爱公司龙岗分厂隆重举行，深爱公司选拔了29人参加学习。"三个创新"首先是技术创新，通过各种方式，抢先开发出市场需要的产品，并尽快投入批量生产。2006年2月，MOS生产线获得突破性进展，成功试制出自己研究设计的SMOS产品；CMOS集成电路的产量从2007年5月份已达月产5000片；与此同时，场效应功率晶体管试产。其次是管理创新，2006年深爱公司推行目标责任制，全面调动员工的积极性和工作热情；2006年8月，作为管理创新的一项重要举措，深爱公司经营班子决定在公司范围内开展"每月之星"评比活动。"每月之星"活动的开展，使员工获得了展示自我的平台，促进各部门规范了管理，也使企业增长了利润。2007年12月开始实行问责制，激励员工圆满完成上级交给的任务。最后是市场创新，在大客户战略的基础上，进一步优化市场格局，并逐步向海外发展，不断寻求新的利润增长点。深爱公司以不断扩大市场占有率为主要经营策略，以不断提高对市场的反应速度为主要管理目标。从而使其以有限的产能取得绿色照明领域的最大市场占有率。

(三)经营战略创新

据统计，美国企业在上世纪 70 年代开始就已经普遍地实施了战略管理，许多公司经理每年都要用近 50% 的时间去研究企业战略。正如美国通用电气公司董事长威尔逊所说："我整天没有做几件事，但有一件做不完的工作，那就是规划未来。"制定和实施经营战略的重要性可见一斑。

国际经营战略是企业实施战略转型的一个重要方面，无论从外在条件还是内在要求来看，都是必需的，也是国家战略发展的一个重要组成部分。首先应当对分散化个体经营模式进行改进，建立鼓励企业间横向合作进行海外投资的机制，改变现阶段投资规模不经济的状态。二是健全信息基础设施，改变过去单打独斗的作风，利用因特网来建立零部件配送、生产订货系统等，通过关联企业及同类企业之间的信息交换和共享来实现企业间交易的便利化。

(四)经营模式创新

在企业经营模式方面，应注重以企业价值链、企业生态链为基础的企业网络作战。企业要根据经营环境特征、行业发展趋势、企业顾客需求、企业的战略思想等重新设计自身的经营模式，为企业利润提供扎实的基础。经营模式的创新改造应与网络相结合，构建基于网络的企业经营模式。华为一直坚持功能矩阵式组织模式，在争夺潜在客户的时候，华为能够调动所有产品线的资源。

1. 革新人事管理模式，人力资源将会成为企业发展的终极形态。企业应该不拘一格提拔人才，要发展不设人事部门的公司，最大限度地提高生产效率。2006 年以后，华为对人力资源的管理实行人事外包管理模式。华为用新人，先与人力资源公司签订合同，由人力资源公司按照华为的需求，提供相关的劳动力，称为劳务派遣。员工们是被人力资源公司派到华为工作。华为将报酬支付给该人力资源公司，公司再支付给受聘员工。劳动力的人事管理，由人力资源公司承担，而员工与华为，不发生直接的人力资源管理关系。这种做法降低了华为在人力资源管理上的成本，规避了用人的法律风险。

2. 进行组织模式创新，企业间转向围绕新价值和附加值的竞争，同市场和顾客保持信息交换的直接渠道，进行第一手资料的收集活动很有必要。

在进行组织变革方面，值得一提的是中兴。中兴从 1998 年起，借鉴国际惯例，从传统的企业直线管理模式向事业部管理模式转换，并引进团队管理，将整个公司分割为一个个具有独立经济责任的准事业部。准事业部管理模式的实施，使中兴的决策、管理和经营达到了一个新的水平。中兴 CDMA 和小灵通业务的巨大成功，相当程度上即得益于事业部的支持。2003 年 3 月，中兴将原来按地域划分的事业部改为按客户划分，诸如成立面向中国电信与新兴运营商的第二营销事业部，面向中国移动、中国联通、中国网通的第三营销事业部。中兴内部称之为"适应运营商的重组"，这是以客户为中心、以市场需求为导向的策略性整合。2003 年 4 月，中兴产品事业部开始了重组，目的是理顺产品体系，加强战略产品研发、生产，非战略产品服从于战略产品。2006 年年末，中兴开始了成立以来最大的一次组织变革，将产品事业部体制改成按照平台和功能，分为市场、研发、生产、服务等近矩阵式结构。矩阵式组织结构要求企业内部的各个职能部门相互配合，通过互助网络，作出迅速反应。

三、经营创新的意义

(一)经营创新能获取更大的经济效益

经营创新不同于科技创新，虽然也要经过设计、筹划等过程，最后形成被称之为创新成果而公之于众的东西，但能否真正成功却往往不是创新者能确定的，而是由他人、社会、市场的需求者是否接受来检验。它虽然能控制过程，但对于结果却无能为力，其风险不言而喻。而高风险往往伴随着高收益。

(二)获得并保持竞争优势

企业的竞争优势是将本企业同市场上的竞争对手区分开来的特点。例如，美国西北航空公司的竞争优势在于使飞行旅程变得有趣，这就是它的竞争优势；戴尔的直销模式就是它的竞争优势。

企业的经营创新是对企业的资源及状况有非常清晰的了解才能够进行的活动，每一种产业，无论多难经营都为小公司提供了无数的机会来创造竞争优势。

对于市场中的暂时佼佼者而言，保持竞争优势尤为重要，否则就是昙花一现。为了保持长久的竞争优势，需要不断地察看产业环境中的机会与威胁，总而言之就是不断进行经营创新。

第二节　深圳市电子信息业经营历程的回顾

根据规划，电子工业将成为深圳特区一段时间重点引进和发展的项目，信息业还是从 90 年代慢慢兴起的，其发展脉络可以清晰地分为三个阶段。

一、80年代——经营理念的变化与范围的扩展

(一)80年代电子业经营概述

80 年代中后期，以生产电子、通信、电器产品为主的电子企业大量涌入深圳，对电子元器件的需求十分旺盛。不过，在当时的计划经济体制下，企业生产什么要向电子工业部报计划，作为生产原料的电子元配件，由电子工业部按计划统一分配。基于此，专业的电子交易市场在深圳应运而生。1988 年 3 月，深圳电子配套市场（又称"赛格电子配套市场"）在深南中路华强北路口开业，这不仅是深圳第一家电子专业市场，同时也是全国第一家电子专业市场，并创造了中国电子专业市场的经营模式。80 年代，深圳的经营方式的显著特点就是外引内联，并且以外引为主、内联为辅。特区、内地、外商三方合资（合作）经营的方式，在这一段时间被广泛采用。由特区提供劳力、地皮，内地有关企业提供技术力量和部分资金，外商提供部分资金和先进的技术、设备。企业的盈亏由合作三方共同负担，这一方式可以发挥合营各方的优势，有利于取长补短，促进特区建设，增强外商对我国投资的信心。

(二)电子工业发展的特点

1. 电子业的类型

（1）拥有若干直属或附属企业的总公司，如电子工业总公司。

这类企业一般由几个或几十个单个公司（工厂）组成，这些公司具有多种经济成分，不同的隶属关系和不同的生产经营方式，它们之间有的是协作关系，有的互不相干，与总公司的关系也不完全相同。

（2）直接从事生产经营活动，进行独立核算，具有法人地位的单个公司（工厂）。

由于企业的经济性质不同，在经营管理上具有各不相同的特点。比如，涉外企业的经营方式就带有合资者所在国或地区的一些特点，像是美国西欧式的管理，日本式的管理，香港式的管理等等。总的看来，这类企业的规模并不很大，生产能力正在形成和发展。大多数的涉外企业实行的是董事会领导下的厂长（经理）负责制，生产的产品以出口外销为主，企业要根据国际市场和国内市场的需要组织生产和销售。国有企业的产品除部分外销外，还有内销任务。相当一部分企业的原材料，外购件要靠进口和国内市场供应，所以明显地受市场经济的调节。

2. 电子业的特点

首先，电子工业已从初期以来料加工为主逐步发展到合营办厂、自产产品为主。这一方面是由于原来搞来料加工的企业与对方合作较好，因而由来料加工发展为合资或合作经营，如三洋电子有限公司就是其中的一个。我方华强电子工业公司从1980年起承接日本三洋电机（香港）有限公司来料加工，1984年5月后转为合资经营，经营期15年，投资600万美元，双方各占50%，引进三条收录机生产线，一条彩色电视机生产线，可年产收录机60万台，彩电4万台。另一方面则是由于深圳市政府已经有目的地把电子工业从前期的来料加工装配为主向外商独资、与外商或内地合营和自己制造产品为主过渡。

其次，从初期主要是小型项目和劳动密集型项目逐步发展到知识密集、技术密集和较大型项目。办特区初期，电子行业和其他行业一样，主要是"三来一补"，这些多数是小型的劳动密集型项目。1982年以后，深圳市明确了特区要以引进知识和技术密集型的先进项目为重点，情况有了很大改变。在电子工业方面，1983年以来已投产的大项目有：生产印刷线路板的华发电子公司，生产录音、抹音磁头的粤宝电子公司，生产集成电路（后工序）的华粤电子公司。此外，彩色显像管厂、电子计算机厂等一批大型企业已经签了协议，还有光导纤维等项目正在洽谈中。

再次，从引进、装配向改造、转移发展；从家用消费性向工业和科研装备性升级。特区初期，深圳电子工业只能把较大的力量放在引进、装配上面，而且引进和装配比较多的是属于家用消费性的产品，工业和科研装备性的产品较少，但是还谈不上对产品进行技术的改造、转移。随着特区建设事业的发展，深圳电子工业同其他行业一样，已经比较注重在引进的同时，改造、创新，积极开发、移植新产品。

二、90年代——经营质量的提升与内涵的深化

(一)经营概况

1993年,深圳中兴新通讯设备有限公司成立,首创"国有控股,授权经营"的"国有民营"经营机制。1994年,中国科健股份有限公司在深交所上市,成为深交所第一个高科技上市公司。同年,康博电脑和IBM与国内公司合资,在深圳设厂。1997年,中兴通讯在深交所成功上市,成为中国大型通信设备制造企业中首家上市公司。1998年,可以说深圳电子信息行业捷报频传,深圳国威电子有限公司开发出GSM900/PCS1800双频移动电话手机;康佳通信科技有限公司也开发出K3118移动电话手机;中兴通讯股份有限公司开发出"小灵通"GSM手机,随后又推出ZTE189全中文双频手机;华为技术有限公司开发出GSM系统;创维在国内率先推出多媒体系列电视等等。1999年,电子信息业产值1277.2亿元,成为全市第一个工业产值超千亿元的行业。

(二)经营管理的特征

1. 注重经营决策,敢于开展竞争

在经济特区办企业,成功与否,关键在于决策。经营决策正确,企业就兴旺发达;决策错误,就可能一败涂地。特区经济以市场调节为主,企业经营管理的重点在于夺取市场,企业生产的产品如果占领不了市场,企业便无法生存。因此必须按市场经济的竞争原则办事,学会在市场上开展竞争,夺取市场,提高本企业产品的市场占有率。

2. 拥有必要的经营管理自主权

特区电子工业大多实行厂长(经理)负责制,厂长对企业的生产经营活动实行统一指挥,并全面负责。涉外企业在产、供、销、人、财、物等方面具有比较充分的自主权。

3. 以需定产,重视市场预测

在以市场调节为主的情况下,企业组织生产必须考虑市场变化对生产的影响,生产什么、生产多少、何时生产、何时订货,都要看有无订单,有无原材料供应,有无销路而定。如果盲目生产,造成商品积压,企业就无法生存与发展。进行市场预测,成为特区企业经营管理的一项重要内容。爱华电子有限公司为调查市场,预测市场容

量，掌握用户的要求和爱好，在全国 13 个省市，设立了 17 个服务部。华发电子有限公司也在深圳、广州、北京等地设立维修站、巡回保修站 13 个，积极开展技术服务，了解用户要求。他们根据掌握的大量信息，对国内彩色电视机的市场容量作出预测，作出了正确的决策，争取到更大的市场占有率。

4. 积极引进先进技术

引进先进技术和设备，不仅能提高生产效率，促进生产设备的现代化，同时对经营者提出了更高的要求。

5. 重视人才的选拔和培养

深圳经济特区可以说是最不拘一格降人才的地方。90 年代在蛇口工业区有相当一部分二三十岁的大学毕业生充当企业的经营管理人和技术人才，他们年轻、懂行、有文化、有朝气，是通过公开考试，从广州、北京等地招收过来的。在人才的选拔、任用方面，他们采用投票方法选举领导班子，每年进行一次信任投票。各部门经理采用聘用合同制，合同期满，再选再聘或连聘连任。

6. 组织机构精干、灵活、效率高

特区企业内部组织机构的设置各不相同，没有统一的格式，基本上是根据生产和经营管理的实际需要设置的。企业的规模很大程度上决定组织机构的模式。投资在 1000 万元以下，职工人数数百人的中小企业，一般采用厂和车间二级管理。如拥有职工 300 多人，固定资产 420 万元、年产值 670 多万元的华发电子有限公司，总经理在董事会领导下，主管全面工作，进行经营决策，协调下属工厂的生产经营活动。在总经理下设有两个职能机构，一是经营部，负责人事、劳资、财务、总务、保卫等工作；二是经销部，负责供销业务。

当时，企业的规模一般不太大，层次较少，机构精简，工作人员经常是一专多能、一职多用，工作效率比较高，但随着生产的发展和企业规模的扩大，现行组织机构须作必要调整。

三、世纪之初——经营理念创新与世界性视野

凭借过去的良好基础以及锐意进取的决心，深圳市的电子信息行业以豪迈的姿态迈进新千年，例如通信领域的华为、中兴等，不但成为国际知名企业，还成了全国"专利大户"。华为公司在第三代移动通信（3G）上，已跻身全球移动通信企业第一阵

营。虽然市场的竞争日趋白热化，但部分企业已然具备了挑战国际一流同行的实力。

(一)经营理念创新

经历了改革开放 20 多年的高速增长，大多数有着 20 年历史的中国企业开始进入一种被称为"增长陷阱"的感觉之中，一方面市场还在不断地进步，另一方面企业却面临着越来越多的困难，如人力资源的发展瓶颈、灵活的战略、不确定的市场营销、日新月异的技术等等。重塑企业的经营变得迫在眉睫。

(二)全球化视角

2002 年 11 月，党的十六大报告指出："坚持'引进来'和'走出去'相结合，全面提高对外开放水平。适应经济全球化和加入世贸组织的新形势，在更大范围、更广领域和更高层次上参与国际经济技术合作和竞争，充分利用国际、国内两个市场，优化资源配置，拓宽发展空间，以开放促改革促发展。"

实施"走出去"战略是按照国际市场经济的通行规则，鼓励有条件、有实力的企业通过扩大对外投资进行跨国经营，发展成为跨国公司，逐步形成在世界的局部地区乃至全球范围内配置资源和企业供应链管理的能力。

在中国的彩电行业中，康佳集团的国际化经营是比较突出和成功的。康佳的前身——广东省光明华侨电子工业有限公司是 1979 年 12 月成立的中港合资企业，以生产收录机为主，全部产品均通过当时的合资外方中国香港港华电子公司的销售渠道销往海外。1984 年开始生产彩色电视机，但由于未获得内销许可证，至 1987 年底康佳彩电全部通过外方出口。其后，康佳开始进入国内市场，但出口量仍然很大。1990 年康佳彩电出口占全国的 20%。1996 年初，康佳自建销售渠道，以澳大利亚作为重点市场，使用自有品牌委托外方代理出口。康佳彩电在澳洲的国际化策略，是独家代理商模式的巨大成功，康佳与澳大利亚培宝国际控股有限公司，是澳洲市场上堪称典范的"最佳拍档"。1997 年以前，康佳的国际化主要方式是产品出口、引进外资和技术合作。1997 年 11 月，康佳在美国进行了第一次对外直接投资，注册成立了美康公司，并投入巨资在硅谷设立了实验室，按照美国高清晰度数字联盟（ASTC）的标准，从事高清晰数字电视的研究与开发。1999 年在印度进行第一次海外生产型直接投资。2000 年以后，康佳先后采用了 OEM 模式、海外基地模式，对海外市场的认知和把握越来越娴熟，积累了许多宝贵的经验，为其在 2008 年以后成为一个国际性的大型家电企业奠定了坚实的基础。[1]

电子信息产业已经成为深圳市的主导产业，在未来一段时间，其作用将更加明显。当前，正进入技术升级和结构调整的关键时期，必须抓住国际电子信息产业向数字化、网络化急速转型和电子信息产业增长态势持续向好等有利时机加快转型，并依靠自主创新战略促进深圳市电子信息产业的"升级换代"和可持续发展。在集成供应链的发展趋势下，寻找电子制程技术的创新之道，提高核心竞争力，是深圳电子信息业进一步发展的外在动力，而经营理念的创新以及全球化视角的培养是则内在动力。

第三节　各显神通的经营方式与方法

一、"刺激—反应"型

20 世纪 80 年代的深圳就像是一个巨大的工地，这一时期发展起来的电子信息企业都有着艰辛的创业经历。虽然对外开放已经成为基本国策，但几十年的计划思维还禁锢着人们的思想，市场的观念十分淡薄。深圳因毗邻香港，比较容易接受新事物、新观念。在企业的经营方面，进行了许多大胆而有益的尝试，发挥了"开拓者"的作用。

最典型的当属"内引外联"的经营方式。作为特区的深圳，面向国际市场，实行对外引进对内联合并以外引为主的方针。联合体的经营方式机动灵活，主要有来料加工、进料加工、来件装配、补偿贸易、合资、合作经营、独资、集资等多种经营方式。值得一提的是爱华电子有限公司、通华电子有限公司等。

深圳爱华电子有限公司，其前身深圳电子装配厂，与深圳特区同龄。早在深圳特区创办之前，电子工业部为了迅速发展我国电子工业，尽快掌握尖端技术，从广州 750 厂抽调一批技术骨干在深圳开设工厂。当时，厂址附近是一片荒山水田，条件十分艰苦，全厂上下和衷共济，共渡难关。1980 年 10 月开始生产，为了有效利用资金，尽快出产品、出效益，爱华边建基边生产。1981 年计划产值 40 万元，实际完成 1197.05 万元，超额完成 29 倍。1982 年计划产值 1330 万元，实际完成 1961.24 万元，

---

[1]　石建勋、孙小琰：《中国企业跨国经营战略：理论、案例与实操方案》，北京机械工业出版社 2008 年版。

超额完成 48.1%。不仅产值增长，产品的品种也不断向高精尖发展，从开始的三大类（电视机、录放机、收录机）发展到以生产微型计算机为主。在原材料方面，逐步用国产取代进口。爱华公司实行外引内联、多种经营的方式，与香港新利贸易有限公司合资经营，从日本引进一条比较先进的生产线，主要生产全自动遥控电视机、高级音响和录像机，成立了华利公司，生产的产品双方各占一半，但是价格及销路可以各行其是。此外，爱华利用特区的有利条件，利用已有的技术力量和劳动力，接受外商的来料加工，来料装配。虽然来料加工的比重不大，增长较慢，同时还容易受外商的牵制，但是爱华认为适当作一些来料加工还是必要的。首先，可以培训工人，提高工人的技术水平。其次，当自己的生产任务不足时，接受一些来料加工可以解决多余的劳动力。再次，可以促进管理水平的提高，并能了解香港市场的变化，积累与外商交易的经验。这些，对于一个企业的长远发展是十分有利的，但机动性显然差些。

　　深圳通华电子有限公司由深圳特区上埗工业发展公司和哈尔滨通江晶体管厂合办，建厂时只有 40 万元的投资，租了几百平方米的房子并购买了一些必要的设备，剩下的钱连发工资、买材料都不够。但是，他们通过特区这个"窗口"了解到微型电脑畅销这个信息，又利用临近香港这个有利条件，请来了专家传授技术，终于生产出合格的微电脑，积累了一笔发展资金。然后，他们又与香港两家公司建立了技术协作关系。在可与日本同类名牌产品媲美的通江厂气敏管为基础，吸收国外新技术自行设计，并请香港专家做顾问，研制出了集各家之长的灵敏度极高的报警器。建厂仅仅 10 个多月，就自行设计和生产了 6 个品种的可燃气烟雾报警器。这些产品不仅畅销大半个中国，而且打入了香港及英国、瑞典、德国、葡萄牙和沙特阿拉伯等国家和地区。建厂不到一年，人均上交纯利润高达 4 万元，全员劳动生产率达到 26 万多元。其成功经验之一，就是搞好外引内联。

二、"互动—学习"型

(一)脉山龙——核心竞争力+超前意识

　　脉山龙实业有限公司正式成立于 1997 年 2 月，主营业务是系统集成，当时光深圳就有三十多家。成立初期的脉山龙只要有单就揽，电力、政务各行业都做过，但游击队的做法显然难成气候。总经理汪书福认为应该盯住一个行业，机会总是留给有准备的人，这句话放在他身上再恰当不过。1998 年，汪先生在一个偶然的机会，把目光投向了证券行业，因为他意识到：一方面，证券行业正进入新一轮的大发展时期；另一方面，智能交换机的出现将促使证券行业对 IT 系统进行升级换代。于是，脉山龙迅速在证券行业采取了高品质进入的策略。2000 年，南方基金管理公司搬迁，行内人士都认为基金市场太小而不愿进入，脉山龙承揽了它的系统集成项目。当 2001 年基金迎来大发展的时候，脉山龙已经顺利地圈走了他们想要的项目，取得了近 80% 的份额。从白手起家到拥有上亿元资产，脉山龙只用了短短六七年的时间。

(二)中科健——"零距离销售"模式

科健曾经是国内手机市场的第一，这几年虽然产销量也年年增长，然而市场份额却一步步落到了五名之外。2002 年，国内手机市场狂飙猛进，国产手机势如破竹，以波导、TCL、康佳、科健、联想为主的国产手机迅速攀升并获得消费者高度认同，在与洋品牌的激烈竞争中，占据了超过 50% 的市场份额。然而，面对诱人的市场和白热化的竞争，如何开拓市场，如何让越来越挑剔的消费者在琳琅满目的手机市场选购自己的产品，并保持品牌的忠诚度，这个问题同样摆在了科健面前。

在科健整体战略中，"渠道"是其颇具杀伤力的"杀手锏"。摩托罗拉、诺基亚等国际品牌，渠道策略是多级批发商，制造商通过大量广告提升品牌的知名度，然后找全国性代理商通过其销售网络进行铺货。靠低端产品铺货，靠中高端产品去赢利。1999 年刚刚起步的科健手机，曾经尝试过国外几大手机制造商采用的传统销售模式，但是在资金、品牌和营销管理上，科健都没有优势，因而受到代理商的排斥。在此情况下，转而向二、三级城市发展。科健在进入手机产业之前就有自己的销售渠道，在各地都有代理商，于是手机的销售也沿用了这个渠道，没想到还杀出了一条血路。此后国产手机大多采用这种保姆式销售，从代理商一直到最终消费者，均有国产手机人员一路照看，有了这种"保姆式"的销售渠道，使得国产手机迅速崛起。绕过总代理或者一级代理，直接深入到地、市包括省级，这样就节省了流通的环节，提高了整个渠道的效率而更加能够迅速地了解挖掘甚至是引导消费群体的需求。在二、三级城市市场上，零售商推荐不推荐、是否积极推荐，对于销售量会有决定性影响，原来零售商仅仅是供应链的尽头，大厂商不太重视，而现在越低层级的渠道，越能够掌控消费者的钱袋。

科健与大部分国产品牌都采取了以农村包围城市的策略，自建渠道，通过对渠道末端的有力控制，在人盯人的贴身战中逐渐胜出。科健区别于其他手机生产商的销售渠道是：弃"集中"改"零售"成立专门的销售公司、实行集中销售。然而这个模式带来了过多的销售层级和盲目的终端控制等问题，反而让公司的销售渠道绕了很多弯子。2003 年，中科健简化销售渠道，启用零售管理模式，以压缩渠道层级实现成本降低。在该模式下，中科健直接发货给主力销售店并派专员管理，通过现场活动及设立专柜等一系列形式推动产品直销。科健这种为消费者服务到家的"零距离销售"模式，直接供货给零售店，除了给零售店的那部分利润之外，中间环节的成本减少了，价格自然就下降了。

科健的零距离销售模式是否成功，不在讨论范围之内，因为之后科健发生了太多的事件，科健手机已在市场上踪迹难觅。无论如何，曾经的科健在经营方面的创新举措是值得借鉴的。

(三)腾讯QQ——无心插柳，有心跟随

腾讯公司成立于 1998 年，是中国最早的互联网即时通信软件开发商和最大的即时通信运营商。最初，公司的业务是提供互联网寻呼解决方案，然而在 1999 年 2 月的一次无心插柳到现在已经是柳成荫了。彼时，腾讯推出了 OICQ 的第一测试版本，这个设计本来是为了参加一家寻呼台的投标，但没有中标。弃之又觉得可惜，腾讯就将它放到网上让大家随意下载，当下载的人数以千计时，公司开始意识到这里或许蕴藏着巨大的潜力，于是开始关注用户的反应，在技术上作一些调整和优化，并且不断推出新的版本，那个戴着红领巾的慈慈的小企鹅逐渐深入人心。到 2006 年末，QQ的注册账户超过 5.8 亿。腾讯 QQ 有着超大的注册用户量，依托这个庞大的客户端资源，腾讯在业务上的可能选择极其丰富。其实，腾讯的成长史，真的可以说是因祸得福、误打误撞，可就是得益于种种的因缘或者契机，比如由于资金不足想卖而没卖掉、被迫从 OICQ 更名为 QQ、移动梦网收费，等等，让腾讯走到了今天的"垄断"地位，同时期 IT 行业做类似 QQ 产品的企业不止一家，但坚持下来的只有腾讯。

业已取得现在成绩的腾讯则是有意识地采取了跟随战略，把创新的风险留给别人，然后利用自己强大的客户资源后发制人。"QQ 游戏"运营不到一年，投入的资金也不多，但由于和 QQ 社区捆绑，最高同时在线账户数（仅包括小型休闲游戏）达到 271.4 万，超越了联众。它的下一个目标就是做网络游戏的盛大，当盛大把泡泡堂弄成"世界第一休闲游戏"的同时，又引进了"冒险岛"，不到几个月就突破了 20 万人的最高同时在线，这一示范效应立刻让腾讯心领神会，腾讯很快就开发出自己的

"QQ堂"，内容与"泡泡堂"相似，依靠QQ的客户资源优势很快积聚了旺盛的人气。由此可见，腾讯采用这种跟随战略是比较成功的。此外，像过去推出的铃声、短信、交友等服务，莫不是跟随战略的运用。

跟随战略不是每个企业都可以采用的，它必须至少具备这样两个条件：第一，拥有垄断性的战略资源；第二，采取跟随战略有得天独厚的优势。腾讯有数以亿计的客户，也不缺钱。它可以牢牢盯住市场，一旦发现关联业务公司有新动向或开发出新产品，对市场产生不同程度的影响时，它立刻可以凭借其雄厚实力后来追上。

三、解决方案型

随着大公司、大集团战略的不断推进，经济规模继续向优势企业集中，资源、人才、市场份额继续向优势企业流动，形成了一大批跨地区、跨行业、跨国经营的电子信息产业的大公司，企业规模结构得以改善，竞争力增强，对行业的发展起到了很强的支撑作用。深圳的典型是华为、创维、中兴等，在国外设有生产企业或研发中心，在国际市场上也形成了一定的竞争实力。21世纪，不再唯国外技术马首是瞻，许多企业在各自的领域内争取到了部分的"话语权"，经营模式也向着"解决方案型"发展。

(一)雅图科技

深圳雅图数字视频技术有限公司（简称雅图科技）成立于1998年5月，是专业从事数字视像技术产品研发、生产与销售的深圳市高新技术企业。主导产品为数字投影电视、数字背投、正投，是国内数字电视终端显示产品的技术骨干企业。全球家电行业的核心权威机构——国际3LCD联盟目前在全世界仅有13家企业成为其成员，其中仅有3家中国企业：康佳、创维和雅图。雅图的经营理念是：科学管理，科学经营，以市场为主导，努力创新，打造民族品牌。其核心技术包括：数字图像处理技术；光学系统、器件设计技术；驱动电路和嵌入式软件；高质量的结构设计和高效的减噪散热系统；机、光、电精密配合的系统集成技术等。应用这些技术，已生产了6代近30款产品（含正投、背投）。1999年推出填补国内空白的第一台数字液晶投影机并取得了该项产品的专利。作为深圳市高科技民营企业，雅图科技以出众的成绩被评为2007年"支持农村信息化综合信息服务试点荣誉企业"，作为"中国信息化联盟"的重要成员，仅在2007年国家农远项目，就中了几千台投影机的标。

(二)长城

长城国际信息产品有限公司 1996 年 11 月 13 日通过了国际标准化组织的 ISO9002 认证，表明了"金长城"的生产、装配和服务质量获得了世界权威机构认可，而其价格却比国外品牌机低 2000—4000 元。第一台中文电脑在深圳诞生，"1985 年，就是由长城电脑生产的"。长城电脑也从当初的 4.584 亿元注册资本快速发展，业务从单纯的中文电脑发展到今天涵盖计算机整机制造及周边产品、计算机核心零部件、网络和数码产品领域，产品包括台式电脑、笔记本电脑、显示器、电源、服务器、打印机及消费电子产品。2007 年长城电脑营业收入达到 42.47 亿元，净利润 9817.55 万元。

在特区成立 30 周年的日子里，值得书写的有很多，电子信息业的发展历程也是奇葩一朵。经营创新是一个无止境的过程，亦没有好坏之分，但有"橘生南则为枳"的可能。作为经营者要综合考虑企业的资源和内外环境，探索最合适的经营模式，引领深圳市的电子信息业向着更高的目标前进。

参考文献

1. 刘鹏、胡媛媛（整理）：《IT 化与经营革新——中日专家谈经济全球化》，《工厂管理》2001年 12 月。

2. 方生：《深圳特区经济考察》，深圳大学特区经济研究所。

3. 安筱鹏：《电子信息产业发展模式的探讨》，《现代经济探讨》2005 年第 7 期。

4. 周庆行、周伟：《区域电子信息产业发展的路径选择与对策》，《产业经济研究》2007 年第 5 期。

5. 张富禄：《加强经营创新，提升中国企业竞争力》，《科学管理研究》2002 年 2 月。

6. 沈志屏：《再谈经营创新》，原载《中国高新区》2005 年第 4 期。

7. 孙勇、陡玲：《企业经营风险的管理》，《集团经济研究》2007 年 10 月。

8. 杨永贵：《提高经营创新能力实现企业快速可持续发展》，《铁道物资科学管理》2006 年 3 月。

9. 韩云：《以 OEM 为基础的跨国经营模式研究》，《商业文化》2008 年 1 月。

10. 牛大山：《中小企业多元化经营风险分析》，《中小企业管理与科技》2007 年 6 月。

第十章

营销创新与现代营销理念和网络的形成

市场营销不仅在一定程度上决定了一个企业能否通过市场来交换产品和服务，对一个想要通过市场来发挥资源配置的基础性作用的国家也产生巨大的影响，对于深圳这个中国面向世界的窗口而言，市场营销对深圳的社会经济生活的各个领域，都得到了广泛的应用。在受社会主义市场经济影响最大的深圳，市场营销也凸显出强大的生命力，越来越受人重视。市场营销在深圳的迅速发展，影响也推动了在全国的传播。本章致力于对特区创建 30 年以来发展最快的电子行业对于市场营销学习、运用与创新的研究与总结，并能将深圳的市场营销经验推广向其他城市。

第一节　市场营销的发展背景与理论概述

一、市场营销的概念

(一)传统定义

美国市场营销协会在 1960 年曾将市场营销定义为：市场营销是引导货物与服务从生产者流转到顾客或用户所进行的一起企业活动。该定义认为市场营销的起点是产品的生产，而终点是产品到达顾客的手中。在这过程里包括商品的定价、渠道的选择、广告的选定、推销、货物的运输、仓储等等。传统营销的活动也就仅限于上述的活动。该定义过于狭窄，并未将市场营销的最重要的职能包括进去。

(二)现代定义

现实市场营销包括生产之前的营销活动，也包括销售之后的营销活动（售后服务等），是一个整体营销的理念。对此，美国市场营销协会在1983年对市场营销的定义进行修正时写道：市场营销是对思想、货物和服务进行构想、定价、促销和分销的计划和实施的过程，从而产生满足个人和组织目标的交换活动。该定义的范围比之1960年的定义更为宽泛，将交换的对象也由仅仅针对产品扩展到了货物、服务甚至思想，也强调了计划与实施这些市场营销战略问题。

对于市场营销，笔者有个更为通俗的看法：在市场中，无论是买者还是卖者，如果哪一方更主动、更积极地寻求与对方进行交易，则前者就将进行市场营销活动，则称为市场营销者，而后者则被称为顾客或者潜在顾客。

二、市场营销的形成与发展

市场营销活动在市场产生之初就已经出现，但真正的以理论形式出现却是在20世纪初。营销观念的转变也意味着市场营销活动不断发展，市场营销观念是指企业进行市场营销活动的指导思想，是指企业在一定时期、一定生产技术和市场环境条件下，进行全部市场营销活动的指导思想和根本准则，是企业如何看待顾客和社会的利益，即如何处理企业、顾客和社会三者利益之间比重的关键，而且，一定的市场营销环境要求一定的思维态势、经营哲学对市场营销活动进行指导。

随着商品经济的深入发展和市场环境的不断变化，营销观念也经历了相应的演变过程。无论是西方国家企业或我国企业经营观念思想演变，尤其是经历市场营销观念最早的深圳都经历了由"以生产为中心"转变为"以顾客为中心"，从"以产定销"变为"以销定产"的过程。企业经营观念的演变过程，既反映了社会生产力及市场趋势的发展，也反映了企业领导者对市场营销发展客观规律认识的深化。纵观全球企业的市场营销实践与理念的发展，这一演变过程大约包括五种观念：生产观念、产品观念、推销观念、市场营销观念和社会市场营销观念。

(一)生产观念

生产观念是指导企业营销行为的传统观念之一，产生于20世纪初。企业经营哲学不是从消费者需求出发，而是从企业生产出发，其主要表现是"我生产什么，就卖什么"。它认为,消费者喜欢那些可以随处买得到而且价格低廉的产品,企业应致力于提高生产效率和分销效率,扩大生产,降低成本以扩展市场。生产观念是一种重生产、轻市场营销的商业理念。

深圳在计划经济旧体制以及改革开放的初期,由于市场产品短缺,企业不愁其产品没有销路,甚至很多产品都是由国家统购包销的。企业在其经营管理中也奉行生产观念:工业企业集中力量发展生产,轻视甚至忽略市场营销,实行以产定销;商业企业集中力量抓货源,工业企业生产什么就收购什么,工业企业生产多少就收购多少,根本不重视营销工作。

(二)产品观念

产品观念也是一种较早的企业经营观念。它认为,消费者喜欢高质量、多功能和具备某种特色的产品,因此企业应致力于生产高价值、高附加值的产品,并不断加以改进。这种观念认为只要产品好,不愁没有销路。

(三)推销观念

推销观念是为许多企业所采用的一种观念,表现为"我卖什么,顾客就买什么"。认为消费者通常表现出一种购买惰性或抗衡心理,如果听其自然的话,消费者一般不会足量购买某一企业的产品,因此,企业必须积极推销和大力促销,以刺激消费者大量购买本企业的产品。推销观念在现代市场经济条件下被大量用于推销那些非渴求物品,即购买者一般不会想到要去购买的产品或服务,如保险、百科全书、美容等。当然,许多企业在产品过剩,无法正常销售之时,也常常会奉行推销观念。

(四)营销观念

市场营销观念是作为对上述诸观念所遭受的挑战而出现的一种新型的企业营销观念。这种观念是以满足顾客需求为出发点,即"顾客需要什么,就生产什么"。这种思想在20世纪50年代中期基本定型,当时的社会生产力迅速发展,市场趋势表现为供过于求的买方市场,同时广大居民个人收入迅速提高,有实力开始对产品进行选择,因而企业之间为争夺顾客的竞争加剧,许多企业开始认识到,必须转变经营观念,才能求得生存和发展。市场营销观念认为,实现企业各项目标的关键,在于正确确定目标市场的需要和欲望,并且比竞争者更有效地传送目标市场所期望的产品或服务，进而比竞争者更有效地满足目标市场的需要和欲望。

(五)社会营销观念

社会市场营销观念是对上述市场营销观念的修改和补充。在 20 世纪 70 年代西方资本主义出现能源短缺、通货膨胀、失业增加、环境污染严重、消费者保护运动盛行，因为市场营销观念回避了消费者需要、消费者利益和长期社会福利之间隐含着冲突的现实，从而衍生了社会营销观念。它认为：企业的任务是确定各个目标市场的需要、欲望和利益，并以保护或提高消费者和社会长远福利的方式，比竞争者更有效、更有利地向目标市场提供能够满足其需要、欲望和利益的物品或服务。社会市场营销观念要求市场营销者在制定市场营销政策时，要统筹兼顾三方面的利益：企业利润、消费者需要和社会利益。

上述六种市场营销观念，其产生和发展都有其历史背景和必然性，都是与一定的条件相联系、相适应的。发展得较为迅速的外国企业正在从生产型向经营型或经营服务型转变，企业为了求得生存和发展，必须树立具有现代意识的市场营销观念、社会市场营销观念。但是由于诸多因素的制约，即使当今营销活动最为发达的美国企业也不是都树立了市场营销观念和社会市场营销观念。而我国更是处于社会主义市场经济初级阶段，由于社会生产力发展程度、市场发展趋势，经济体制的现状及广大居民收入状况等因素的制约，我国企业经营观念仍处于以推销观念为主、多种观念并存的相对落后阶段。

三、市场营销的方式方法与策略

美国著名营销专家麦卡锡教授把营销组合要素归纳为产品、地点、价格、促销，即 4ps 组合。这四个营销要素进行组合的基本理念是：从制定产品策略入手，同时制定价格、促销及分销渠道策略，组合成策略总体，以便达到以合适的商品、合适的价格、合适的促销方式，把产品送到合适地点的目的。企业营销策略的顺利与否，甚至是企业经营的成败，在很大程度上取决于这些组合策略的选择和它们的综合运用效果。

市场营销组合后来又由 4ps 发展为 6ps，6ps 是由菲利普·科特勒提出的，是在原4ps 的基础上再加政治和公共关系，6ps 组合主要应用实行贸易保护主义的特定市场。

当然，在其后又有人提出了要将其他的因素考虑进营销组合之中，出现了诸如 10ps 以及 11ps 的营销组合。而到新世纪，又涌现出各种新的营销策略，具体有：

(一)绿色营销

随着世界经济的发展，环境的污染越来越成为人们关注的一个焦点问题，人们的环保意识也随之增强。保护生态环境、促进经济与生态的协同发展，是企业不可推卸的社会责任。同时，人们对消费品也更趋向于环保产品，在市场竞争优胜劣汰规律的作用下，企业被迫改变经营观念，开展绿色营销，唯有如此才能有力地对付竞争对手，不断地提高市场占有率。而绿色营销正是企业以环保观念作为其经营指导思想，从保护环境、充分利用资源的角度出发，在研制开发产品、保护自然等营销过程中融入安全、环保与健康的概念，以绿色消费为出发点，在满足消费者绿色消费需求的前提下，为实现企业目标而进行的营销活动。

(二)网络营销

20 世纪末，网络技术飞速发展，已经成为继报纸、杂志、电台和电视之后的第五大媒体，几乎渗入了人们的全部生活。网络营销就是以国际互联网为基础，利用数字化的信息和网络媒体的交互性来辅助营销目标实现的一种新型的市场营销方式。相对于传统营销，网络营销具有国际化、信息化和无纸化，已经成为各国营销发展的趋势。为了促进网络营销的普及和发展，对网络营销进行战略分析具有重要意义。

(三)关系营销

在很多情况下，公司并不能寻求即时的交易，所以他们会与长期供应商建立顾客关系。公司想要展现给顾客的是卓越的服务能力，现在的顾客多是大型且全球性的。他们偏好可以提供不同地区配套产品或服务的供应商，且可以快速解决各地的问题。当顾客关系管理计划被执行时，组织就必须同时注重顾客和产品管理。同时，公司必须明白，虽然关系行销很重要，但并不是在任何情况下都会有效的，因此，公司必须评估哪一个部门与哪一种特定的顾客采用关系行销最有利。

(四)社会营销

社会营销是基于人具有"经济人"和"社会人"的双重特性，运用类似商业上的营销手段达到社会公益的目的，或者运用社会公益价值推广其商品或商业服务的一种手段。与一般营销一样，社会营销的目的也是有意识地改变目标人群（消费者）行为。但是，与一般商业营销模式不同的是，社会营销中所追求的行为改变动力更多来自非商业动力，或者将非商业行为模拟出商业性卖点。

(五)个性化营销

现代的市场营销观念就是"顾客至上"，"爱你的顾客而非产品"的观念。个性化营销是根据自己的个性化需求自行设计，改进出来的产品，是顾客最满意的产品。更加充分地体现现代市场营销观念，最大限度满足消费者个性化需求。企业与消费者逐步建立一种新型关系，建立消费者个人数据库和信息档案，与消费者建立更为个人化的联系，及时地了解市场动向和顾客需求，向顾客提供一种个人化的销售和服务，顾客根据自己需求提出商品性能要求，企业尽可能按顾客要求进行生产，迎合消费者个别需求和品味，并应用信息，采用灵活战略适时地加以调整，以生产者与消费者之间的协调合作来提高竞争力，以多品种、中小批量混合生产取代过去的大批量生产。这有利于节省中间环节，降低销售成本。不仅如此，由于社会生产计划性增强，资源配置接近最优，商业出现"零库存"管理，企业的库存成本也节约了。

第二节　深圳电子企业营销的发展

从 1978 年中国改革开放到 2008 年，深圳电子企业营销的发展一直是走在国家的改革开放发展、市场经济发展前沿的，中国市场营销 30 年实际是一段计划经济向商品经济转化和过渡的发展史。无可否认，从计划经济到市场经济，市场营销扮演了催化其过程成熟、反映其跌宕起伏的角色，其中在深圳最大的行业——电子行业里更得到了充分的演绎。而说这 30 年的市场营销的发展，不得不说到中国当时的国情，当时中国工业化进程短、市场经济不发达、商品供不应求；不同于西方，其市场营销理论的建立本身就是与资本主义、市场经济、商品供过于求等社会和经济因素密不可分的；而这些现实，决定了 70 年代末改革开放初期深圳的市场营销处于一个对外的引入应用期。

一、引入应用时期（1978年—90年代初）

在计划经济条件下起步的深圳电子市场营销首先是在一个经济体制变革、社会逐步对外开放的环境下建立概念的，这个概念夹杂着计划经济思想的残余，混合朦胧的推销思想，构成了所谓具有中国特色的营销概念。由于市场供不应求的状况还在持续，市场营销概念产生的作用十分有限。商业的经营体制沿袭原有的分销渠道和定价策略，而且原有的价格体制、流通体制还没有彻底改变，但开始逐渐地接触国外的先进营销策略与观念。总体上呈现出几个特征：

(一)企业获得自主权

1978年中国步入改革开放的轨道之后，更多的关注是国有企业体制的变革，宏观环境中政策的影响一直成为国企改革的主导，整个社会改革的重点是扩大国有企业自主权，提高企业职工增产增收的积极性，而这些特点尤以当时中国对外的窗口深圳为最，国有企业也开始在市场上发挥自己的"积极性"，为当时社会生产力的提高作出了自己的贡献。但是，在这个时代的营销概念严格地来讲，对深圳企业来说还是一个空白。当然，在那个由新旧体制转化中的深圳企业要解决的是自主权问题，是快速调动生产力的问题，而不是营销问题，当时的市场营销观念没有真正在深圳扎下根来。相比之下，深圳改革的显著成效推动了以集体经济为主的乡村企业的蓬勃发展，非国有企业在改革中日益壮大，包括集体经济、个体经济和私营经济在内的非国有成分在市场营销竞争中占据了举足轻重的地位。由于其经济活动取决于市场导向，竞争意识和危机感强于国有企业，所以，随着深圳市场化进程的加快，以及外向型市场经济的成熟，它们在深圳电子市场营销阵营中不仅构成了最为活跃的力量，而且在促进市场营销理论与实践相结合的过程中发挥了持久有效的作用。

(二)境外品牌进入参与实践

在深圳的对外开放，不仅扩大了外资在深圳的投资，也加快而且扩大了深圳市场营销实验阶段的节奏和范围。从改革开放之初，海外资金进入深圳越来越多，尤其是港资，深圳多数电子企业为港资企业，且投资结构多元化，海外知名消费品牌以独资、特许经营或合资的方式纷纷进入深圳市场。海外资本以及品牌的进入，不仅给深圳的企业以及消费者带来了视觉和概念的冲击，也使这些在西方上百年积累的营销经验呈现在中国的经营管理人员面前，让他们不仅亲身参与了市场调研、产品开发、消费者研究、广告和一系列促销策略的制定，而且经历了激烈的市场竞争。

这个时期西方品牌从最初的广告示范发展到实实在在的营销实践，加速了深圳市场营销实验过程，尤其是美国宝洁公司 1989 年继在深圳市场推出海飞丝洗发水之后，又成功将飘柔、潘婷、舒肤佳和碧浪品牌打响，其品牌在市场研究、品质管理、分销策略、促销手段和广告创意方面的一系列做法，对后来许多民族品牌的发展起了潜移默化的作用。

(三)广告的兴起

随着深圳改革的日益深入，企业的自主权不断扩大，企业之间的竞争也开始升级，以生产为导向的旧观念开始受到冲击，当日本的手表和家用电器已开始在深圳做广告，西铁城手表首次在中央电视台播出广告让深圳人感到耳目一新时，已经宣告了深圳市场营销时代的广告阶段的到来，以日本为代表的外国产品进入深圳市场，特别是家用电器产品的广告在深圳的投放，并成为这个时期广告的主流。从最早的精工手表、SONY 电视到丰田汽车和夏普电器，它们以独特新颖、制作精良的户外广告和电视广告打动着老百姓的心，让深圳的企业以最感性的方式领略到了市场营销的魅力，即使在当初这种感知和认识是粗浅的、幼稚的。海外的产品广告首先给深圳的企业上了一堂生动的市场营销启蒙课，也使本地的企业开始对广告逐渐重视，各企业也开始对广告表现出了自己的"积极性"，模仿海外产品在户外和大众媒体上投放广告。由于改革开放初期，全民广告意识处于萌芽状态，所以当时广告所产生的巨大的市场效应和社会效应让生产厂家始料不及。为厂家引来无数的广告追踪者，从此改变了深圳企业包括消费者对广告的传统看法，在深圳市场营销的引入期启蒙了无数的企业，让他们对市场营销有了最直接的感性认识。

(四)重产品而不重品牌

80 年代，在市场营销的引入期间，深圳的市场营销一直在机械地引入国外的营销策略，却是在没有系统地引进营销理论的情况下艰难地成长着。实际上，深圳经济社会发展进程的速度并没有真正将市场营销理论和实践的发展带向一个新的地平线，理论不得不依靠全盘吸收西方，对于不适合中国国情的营销又找不出创新的途径，始终徘徊在模仿西方理论同时游离中国现实的停滞状态。

80 年代中期深圳绝大多数企业还未完全摆脱计划经济体制下的习惯性思维方式，依然是以生产为导向，缺乏战略发展观念；忽视消费市场研究；产品和新技术研发沿袭旧体制的一套做法，严重滞后于市场发展；广告意识开始建立，但没有整体促销策略的概念，媒体选择单一；在对市场营销认识上是与推销等同起来的。引入应用时期的深圳市场营销还不是完全意义上的营销；企业经营的重点是重产品的生产而不是发展品牌。

(五)对公关营销和营销管理的关注

在营销的引入期间，深圳企业首次开展各类公关活动，不仅改变了以往人们对公关狭隘的认识和偏见，而且将中国企业组合市场营销策略偏重商业广告的传统做法拉回到了与国际企业相近的思路上来。1990 年北京亚运会上，广东企业健力宝集团花巨资购买了专用运动饮料专利权，并出资 1600 万元赞助第十一届亚运会，成为国内最大的广告赞助商。健力宝的公关赞助活动对中国市场营销的转折具有里程碑的意义。深圳诸多企业也从健力宝最后的胜利中领悟到西方品牌进入深圳市场为什么如此重视公关活动的缘由，深圳电子企业在竞争日益激烈的市场搏斗中，又从市场营销策略的应用中开阔了思路。

这一时期表现在市场外在的广告、公关、营业推广等一系列市场营销雏形的形成，也促使企业改变传统组织架构，将企业管理的重心调整到以市场营销管理为重点的轨道上来。旧体制中的供销科、销售科、营业部逐渐被市场部、推广部、营销中心和业务策划部等取代，在大型企业中，还设立了按照市场营销机制运作的专业部门，如市场调研部、广告宣传部、新产品开发部、战略规划发展部、公关部、售后服务部或客户服务部等。尽管这一时期专业机构的职能还未能发挥其真正意义上的作用，企业也没有将整个管理体制调整到与市场环境相适应的水平上来，但企业已经意识到以市场为导向改变经营管理体制，是企业改革的最终发展方向。

二、营销扩张时期（90年代初至21世纪之初）

到 90 年代初期，经过国家的宏观调控，我国整体的工业品市场由短缺转变为过剩，总体市场特征为供过于求。中国工业化积极参与国际分工和国际竞争，国际市场和国内市场趋向一体化的特征，决定了深圳市场营销从封闭、垄断状态下的实验阶段向开放和理性阶段过渡发展。因为 90 年代初期之后，靠低价资源的竞争优势已经丧失，国外资本大举进入深圳市场，越来越多的政府保护主义措施被取消，企业在市场上面临的竞争对手不仅是国内同行，更多的是跨国企业，国际市场营销渐渐成为深圳企业制定竞争战略思考的问题。品牌意识强化提升了市场竞争的起点，竞争领域的多元化和营销策略的理性化成为这一时期中国市场营销的显著特点。

(一)由广告大战到产品创新

90 年代初期家用电器的供过于求导致了一场市场营销竞争的全面升级，除了价格战的持续不断外，广告促销一直是电视机、VCD、冰箱和家用空调的重要手段，家用电器的广告占到中央电视台广告的 30%。产品广告推广的中国市场营销，在 90 年代初期由中央电视台黄金段位"标王"的推出而达至巅峰。伴随"秦池"、"爱多"标王的相继陨落，企业很快思索单纯依靠电视广告的缺陷，产品创新策略是这一时期中国市场营销革命性的一个变化，高科技与知识含量高的产品创新成为众多民族产品求得市场竞争优势的重要策略，特别是当 90 年代类产品差异性越来越小，降价的空间越来越有限时，产品创新就将中国市场营销竞争的起点提高到了与国际市场营销相接近的水平。这对于企业营销策略改变来讲是一个质的飞跃。以康佳为代表的家电产品进入 90 年代之后，产品更新换代的寿命周期不断缩短，产品研发和市场调研、消费者行为研究被融入企业整体发展战略之中，企业市场竞争的武器不再只是价格，到 1999 年彩电行业从比完价格比服务，相继走上以科技开发为重点营销战略转移。1999 年 10 月，康佳在中国首家推出第一条高清晰度数字电视生产线；同年，TCL 与微软携手推出"TCL 精彩王牌"信息家电。当中国彩电品牌凭借科技力量重新点燃与洋品牌较量的战火时，我们已经感受到深圳市场营销时代创新策略的魅力，它不仅改变深圳企业竞争的视野，还将企业置入与国际市场竞争环境，民族工业与国际市场开始接轨。

(二)境外品牌大战与电信产品营销

90 年代中期深圳市场营销的结构发生了崭新的变化，外国品牌、合资品牌、民族品牌之间的市场竞争相互交错，相互影响，在某些产品领域，已经完全演变为以境外品牌为主的国际市场营销活动。摩托罗拉、爱立信、诺基亚和西门子争夺手提电话市场的激烈程度，可以说是汇集了当今最先进的技术和人才而展开的一场跨国营销"表演"：产品更新换代迅速；广告促销手法新颖独特；售后服务保障；分销体系灵活多样；营销管理手段先进科学。

90年代，随着中国电信市场的改革开放，世界通信设备著名品牌贝尔、朗讯相继进入深圳市场，电信市场的竞争将成为深圳市场营销的焦点。1999年10月初，在深圳举行的首届中国高新技术交流会上，TCL、康佳等企业也相继推出最新研制的国产手机，打破了手机市场境外"四大"品牌一统天下的格局；华为、中信等国内著名通信设备生产商也同上海贝尔、朗讯等国际品牌"同台演出，各领风骚"。这预示着深圳市场营销已经从改革开放初期的普通消费品领域向高科技市场渗透，通信市场领域民族品牌在技术、人才、组织和管理方面，已经为企业进入国际市场营销环境，奠定了相应的基础。

(三)IT行业，深圳的国际竞争

与通信市场营销一样活跃、产品科技含金量较高的IT市场，在90年代初期就迎来与国际市场接轨的时代，成为深圳产业最先跨入国际市场营销竞争环境的行业。由于该行业技术更新换代迅速，产品同质性越来越强，产品的附加值较高，属于知识密集型产品，所以引发的IT市场营销在另外一个层面改变了深圳市场营销的结构。1996年，在深圳市场以联想、长城、方正和同创为代表的国产电脑品牌机所占市场份额首次超过洋品牌之后，90年代中期随着微软、IBM、ORACLE、SAP等国外著名软件公司陆续进入中国市场，IT行业市场竞争的重点就由硬件的营销转向软件、网络和技术服务的营销。特别是互联网技术在全球全面普及和应用的推广，进一步加速了IT市场的国际性。1999年7月23日，联想集团宣布，该行业将全面进军互联网产品领域，并表示要成为中国网络产品的第一品牌。同年8月，联想向市场就推出了23种网络产品，将来拟在互联网接入产品、局端产品和信息服务三个层面上构筑企业的市场架构。

某种意义上讲，中国IT行业已发展为一种国际市场竞争，国内还没有任何一个行业能像IT这样积聚了当今最先进的技术，以及最有竞争实力的众多国际品牌，在同一市场展开较量。

(四)品牌并购

品牌并购生动地再现了20世纪末改变市场竞争力量对比的奥秘；同时，资本运营和市场营销相结合也给中国市场营销发展带来实力的变化和竞争格局的重新"洗牌"。90 年代初期之后深圳市场营销除了采用常规的竞争手段，利用品牌并购成为扩大市场占有率有效的策略之一；同时，品牌并购赋予市场营销以新的内涵，即营销不仅是产品的推广和目标对象的满足，资本营销也构成其重要组成部分。

当然，前提是并购的品牌必须具有很强的实力，竞争者之间实力有较大的悬殊和较强的相关性。与此同时，康佳、三九集团、广东科龙等都相继通过收购和兼并，扩充了品牌的竞争实力。

三、网络创新时期（21世纪之初至今）

到了 21 世纪，随着加入 WTO、中国进一步的改革开放，深圳作为一个特区已经不再有过多的政策倾斜，是"特区不再特"了。面对市场竞争的加剧，深圳电子企业的市场营销也走出了自己的创新之路。

(一)从跟随营销到创造营销

市场营销理论自引进深圳以来，许多企业的营销策略主要是一种跟随营销。企业跟在市场后面开展营销活动，市场需求变了，营销活动跟着才变，即"跟着市场走"。跟随营销使企业被动地适应市场，往往是市场需求已明朗化，甚至出现了"抢购"风，企业才进行生产或销售，从而使企业的生产销售总是比市场需求慢半拍。随着市场需求的变化加快和市场竞争日趋激化，许多企业深感"跟着市场走"不再可行，企业只有走在市场前面，才能在竞争中生存，即企业"牵着市场走"，由跟随营销转向创造营销。创造营销是把人们潜意识的、模糊的、不清晰的需求有意识化、明朗化、清晰化和现实化，并通过市场营销加以满足，是主动地适应市场需求。创造营销是更好地依市场需求发展走势开展营销活动，使企业的生产销售与市场需求之间保持"快半拍"的状态，从而牢牢掌握市场主动权。

(二)从国内营销到国际营销

深圳企业的营销活动过去主要在国内市场展开。近年来，随着深圳的经济以及制度日益与国际经济接轨，深圳企业国际化的趋势日益明显，企业把眼光仅放在国内已远远不能适应经济发展的要求，于是一些企业开始走出国门，到他国从事市场营销活动，由本国营销转向多国营销。多国营销是指企业跨越本国国界，倾注力量打入他国市场从事营销活动。尤其是电子企业，大力开展多国营销活动，有效地突破贸易保护主义防线，缓解贸易摩擦的矛盾，适应国际环境的变化。当然，开展多国营销的企业，需要有强大实力，不仅要在海外建立多个生产基地，而且要建立一套多国营销管理体系。目前，深圳还只有为数极少的几家企业走上了多国营销的道路，如华为公司、中兴公司、康佳集团等。

(三)从"浑浊"营销到绿色营销

深圳过去 20 多年的市场营销发展历程中，环境保护并未引起足够的重视。生产过程中的废气废水排放呈上升趋势，生产出的产品有的副作用较大，部分包装物带来的污染严重，还有销售过程的不洁净等问题。这种不注重环境保护或造成环境污染的市场营销，即"浑浊"营销，它给深圳经济的长远发展带来十分不利的影响。近年来，在国外兴起的绿色营销引起深圳企业界的高度重视，随着我国可持续发展战略的实施，绿色营销正为越来越多的企业所运用。随着深圳提出发展成高科技城市、适合居民生活的城市的战略后，深圳电子企业积极参与配合，将满足市场需求、环境保护和企业利益有机结合起来，在市场营销过程中，不仅维护了企业自身利益，还承担了保护环境的社会责任。如广东科龙集团还通过与日本三洋公司合资，建立了我国第一个在冷柜业中通过 ISO14001 的绿色企业——三洋科龙冷柜公司。

(四)从对抗营销到合作营销

传统的市场营销观念总是把竞争对手视为敌人，从而往往导致竞争双方两败俱伤。回顾深圳十几年的市场营销，对抗营销现象相当普遍。诸如同行业、同类产品中，你搞一种特价销售，我也如法炮制；你生产某种产品，我也生产；你宣传你的产品好，我说我的比你更好，等等。其中最为典型的为华为与中兴的对抗，结果造成两家企业在进入国家市场时，将极多的能量用于相互的内耗。而经过多年的对抗之后，两家企业开始由对抗营销转向合作营销，他们把对手当成朋友、伙伴，在市场竞争中相互合作，相互促进，相互提高，共同发展。不仅使自身获得了更快的发展，也使得对手在争夺国际市场时能做到互有支援。两家企业认为，市场竞争由企业单兵作战的历史已经结束，再创辉煌的联盟行动将为深圳企业提供新的机遇。

第三节　电子信息产品多元化的营销方式

一、华为的关系营销

在 2007 年 6 月揭晓的中国第 21 届电子信息百强企业中，华为以 2006 年营业收入 656 亿元人民币的优异业绩位居第三，仅次于联想和海尔。但在盈利的硬实力方面，华为以 41.36 亿元人民币高居榜首，远超第二名海尔的 15 亿元。华为的辉煌成就固然与其正确的战略、独特的企业文化、持久的技术投入等有关，但最重要的还是营销策略的成功运用。其中最为著名的就是"关系营销"。

(一)针对政府的关系营销

在华为产品目标地市场的政府部门里，天天都可以看到华为人的身影。在华为人与政府人员熟悉以后，就和他们讲述华为的文化、战略以及发展历程。一旦时机成熟，就邀请官员们到深圳的华为总部参观。为了接待好访客，华为专门成立了客户工程部，里面光接待人员就有数百人，接待用的豪华轿车更是上百辆。在访问结束时，由副总裁甚至总裁为访客设送行宴，由客户工程部人员到机场送行，而华为在该国办事处的人员也接到通知，早早地就准备好了接机工作。通过对政府部门的"轰炸"加上价格上的优势，华为在开拓国际市场时也就势如破竹了。而有些国家由于恐惧中国廉价劳动力，害怕中国产品的进驻会影响本国的就业以及本地经济的发展。华为为了避开"中国恐惧"，走了一条新而巧的路子：设立海外研发机构，带动华为产品与华为品牌的国际化。如华为在印度的"硅谷"班加罗尔设立研究所，吸纳了大量的就业人员，为当地技术的发展与税赋的增加发挥了重要的作用，也赢得了当地政府的好感。华为的产品也就在当地政府的支持下顺利进入了印度市场。

(二)针对顾客的关系营销

对广大的社会公众和企业各种客户，华为娴熟地采取营销策略以扩大影响，使国际市场了解华为，认识华为，认可华为。

1."东方丝绸之路"

华为 2000 年在香港组织了"东方丝绸之路"的大型宣传活动，邀请全球各地的电信专家、运营商的决策层到中国访问，带领他们参观华为，亲自体验华为，了解华为。

2．"东方快车"

华为的 3G 产品在欧洲展出时，为了加强欧洲客户对华为的认识和了解，专门举办以"Your profit，Our goal"为主题的"东方快车"巡回展活动，将自己的产品和技术送到客户手中。该活动在欧洲运营商中引起空前的反响，使华为在欧洲为很多的运营商所认识。

(三)针对竞争伙伴的关系营销

在进入以市场成熟度高，竞争激烈、行业规则规范，对品牌严重依赖而著称的欧美市场时，华为明智地采取了战略联盟的进入模式。如与 3COM 组成联盟，借助 3COM 在客户心中良好的品牌地位以及在欧美市场的渠道优势成功进入美国数据通信市场；在 3G 热潮中，华为又和世界电信巨头西门子走到了一起，共同进行 TD-SCDMA 的研究。

二、比亚迪的精准营销

2007 年以来，比亚迪 F3 月销连续突破万辆，从 2006 年 5 月基本完成上市，再到 2007 年 6 月 18 日第 10 万辆下线，比亚迪 F3 仅仅用了 14 个月的时间就跨过了中级轿车生存的第二门槛；而从 2007 年 6 月到 2008 年 6 月，比亚迪 F3 用 12 个月的时间，再创造了产销 10 万辆的奇迹，为自主品牌之最，成为"速度之王"。比亚迪汽车凭借精准营销策略，有效实现其第一款中级家庭轿车 F3 的销售成功。

比亚迪的精准营销就是指在恰当的时间，提供恰当的产品，用恰当的方式，送达到恰当的顾客手中。比亚迪汽车上市之前，中国的家庭轿车需求不断增长，1.6—2.0 的排量的轿车逐步成为车市中的黄金排量。比亚迪预估到了这一细分市场的潜力。在准确细分市场和定位目标客户群之后，根据目标市场的特征和目标客户的产品诉求，便"生出"了 F3。首先，在 F3 上市前后的那段时间里，一方面是和潜在客户进行沟通，了解他们对汽车产品的需求，从而通过不断的努力，掌握尽可能多的潜在客户资料。例如潜在客户们家庭的状况、汽车使用的周期、家里人口的变化、汽车需求的变化等等；另一方面是和实际用户沟通，了解用户购买比亚迪汽车之后的相关情况，比如说使用是否方便，对产品是否满意，是否能够按时保养等等。通过和潜在用户的沟通，加上对于产品本身各方面的判断，比亚迪就能够在 F3 上市之前，准确对汽车的潜在用户进行分类，并通过沟通确定这部分潜在用户对于这款车型的感受和态度，最终便能判断出之前对于 F3 用户的分类是否准确。其次，集中力量在某一个省进行营销，然后逐省逐市进行市场运作，收到较好的成效。通过巡回上市的操作，比亚迪能在目标市场上以精准的市场定位、产品投放、价格策略、产品工艺、广告投放、亲情服务、全员培训，确保精准攻击的成功；同时也有效解决了公司产能不足的问题。由于火力集中，比亚迪在各省、市的品牌知名度和美誉度迅速提高。更为重要的是，在 F3 完成巡回上市后，比亚迪在每个区域的渠道建设都已经非常成熟。

比亚迪的汽车销售总经理夏治冰先生如是说："比亚迪 F3 成功的原因是坚持精准营销的战略，产品切入点选择比较好，选择 1.6 排量，2.6 米轴距，中级家轿。价格定位比较精准，2005 年上市的时候定的 7.98 万，这个价格一直卖到今天几乎没有做调整，价格我们一步到位。"

三、创维的公益营销

创维作为连续六年深圳市纳税大户，截至 2006 年度，已累计向国家缴纳各项税金超过 30 亿余元，累计向社会各界捐助 8000 多万元，扶持 500 多家配套企业，解决约 10 万人就业。在中国彩电市场，创维虽然总销量排名第三位，但其销售额却稳居第一位，甚至超过索尼、三星等洋品牌，产品平均单价比国内其他同行高出 30%—40%。取得如此骄人的成果，除了技术一贯领先的推力外，创维近年在营销上的公益举措不少，为创维的品牌知名度以及美誉度增色极大，并传导到终端市场的销售上，使业绩持续走高。

(一)投入巨资做慈善彰显社会责任

2006 年 4 月，创维集团就在深圳宣布，启动一项名为"创维新农村影院工程"的庞大计划，总投资 1000 万元，分赴全国 600 个县 4000 个乡，为 8000 多万到 1 亿的农村观众放电影，所放映的 500 部电影既有红色革命经典、娱乐大片，也有反映当代农村生活的优秀影片。除了放电影之外，创维还开展各式各样的公益捐助和扶贫送温暖活动，丰富电影下乡的人文内涵，以响应党和国家关于建设社会主义新农村的战略部署。

"新农村影院工程"仅仅是创维热衷公益文化事业的一部分。1998 年，创维走进赣南，向洪水赈灾基金会捐助彩电 530 台；2003 年 3 月，启动"健康光明行活动"，资助 1000 名西部贫困地区白内障儿童接受复明手术；2004 年，与四川省扶贫基金会联合设立"栋梁工程·创维助学金"，捐款 100 万元；2005 年 4 月，向中国光彩事业促进会捐款 1000 万元，用于全国各地光彩学校的建设。

据民政部门提供的数据显示，自 1997 年以来，创维集团已累计向社会捐款捐物达 6000 万元，受到社会各界高度评价。

(二)举办文艺演出

2005 年 8 月，名为"创维情·文化行——亲近城乡，构建和谐"的大型系列文化活动正式启动，并选择在辽宁抚顺县拉开帷幕。这次系列文化活动由创维集团联手中央电视台，邀请国内著名的文艺演出团队、艺术家以及地方文艺工作者共同参与，以文艺演出为主，同时进行扶贫、捐赠以及送科技产品下乡服务等，受到文化部、农业部的好评和大力支持。通过举办文化演出活动，在送戏下乡的同时，送科技下乡，以拉动市场销售，从而将创维的产品挤进了家电企业所觊觎的庞大的农村市场。

在强大的公益营销面前，"不闪的，才是健康的！"这句让消费者耳熟能详的广告语，从 2000 年提出至今，集团以"健康电视"定位的品牌整合营销传播在彩电行业中奠定了独一无二的品牌地位，创维已经成为健康电视的代名词，让竞争对手望尘莫及。

参考文献

1. [美]科特勒、[美]凯勒著，梅清豪译：《营销管理》，上海人民出版社 2006 年版。

2. 王妙编著：《市场营销学教程》，复旦大学出版社 2005 年版。

3. [美]加里·阿姆斯特朗、[美]菲利普·科特勒著，俞利军译：《市场营销》，华夏出版社 2004 年版。

4. 程东升等著：《华为经营管理智慧》，当代中国出版社 2005 年版。

5. 杨克等著：《创维解码》，江苏文艺出版社 2007 年版。

6. 任家华：《中国电子信息企业创新升级：基于全球价值链的研究》，西南财经大学出版社 2009 年版。

7.《"创维——华帝新农村影院工程"突破企业和产品之"界"》：http://www.shnn.com/shopSide/news/20082/2008222164929.html。

8. 创维集团：http://www.skyworth.com/ch/newslist.asp?sendid=282。

第十一章

机制创新与人力资本开发

第一节　机制创新与人力资本开发

一、机制创新与人力资本开发的关系

机制一词最早源于希腊文，是指机械或机器的构造原理和工作方法，即机器内部各个组成部分之间的相互关联。后来该词被运用到生物学和医学当中，用以表示生物有机体的各种组织和器官是如何有机地结合在一起，并通过它们各自的变化和它们之间的相互作用，产生特定的功能。

机制是系统各个要素相互依存、相互制约的关系。这种关系是系统的自组织功能。所谓自组织，就是系统在没有外界特定干预的情况下，自行调整自身要素和结构以适应自身及外部环境变化，形成或保持其特定功能的过程和现象。人们后来将机制一词引入经济学的研究，用经济机制一词来表示一定经济内各构成要素之间相互联系和作用的关系及其功能。

所谓机制创新是指新体制条件下制度的科学化、系统化、整体化以及有效地执行落实，从而使其成为有机的、活力的、有效运行的良性机制，而良性机制一旦形成，就有了自动发生、自动运转、良性循环的力量。制度的科学化要求制度随着形势的变化和客观现实的需要不断创新，与时俱进，不断适应新形势新任务的需要；企业的各项制度之间，形成一个环环相扣、循环促进的网络体系，形成牵一发而动全局的联动体系，从而实现了制度的科学化、系统化、整体化。制度的科学化、系统化、整体化仅仅只是形成良性机制的前提，要形成有效运作的良性机制，则在于制度体系的有效

执行和落实，使其成为自觉的相互制约、相互推动、相互促进的联动系统。[1]

那么，机制创新与人力资本是什么关系？一方面，机制离不开人，机制的建立依靠人，机制运行的承担者也是人；另一方面，机制更激发人、规范人、制约人。这种持久有力的功能使我们深深感到一百句一般号召、一百个行政要求，往往抵不上一套有效的机制。机制的外在表现是政策、法律、法规、制度、规范、习惯、习俗的运行、作用；机制的内在特质则是政策、法规、规范等内化而成的人们相应的素质以及人与人、人与事之间比较定型的相互关系。这其中最本质的东西是关系。[2]

二、机制创新对人力资本开发的作用

舒尔茨的"人力资本理论"把人力资源作为投资对象，发现了人力资本是经济增长的源泉，它对促进科技进步和经济增长起着关键性的作用。如果说 20 世纪在国家之间是资本、技术、人才之间的竞争的话，那么，在 21 世纪还要加上机制的竞争。良好的机制能把资本、技术、人才吸引进来，我们要重视资本、技术、人才，但更要重视使资本、技术、人才能充分发挥作用的良好的机制的建立。

社会发展在于人。人才是最宝贵的资源，日益激烈的国际竞争，说到底是人才的竞争。机制创新的本质是最大限度地调动人的积极性和创造性，从而推动生产力的发展。在生产力诸要素中，人是最活跃、最革命的因素，是开拓、创造生产力的主要动力，可以说人力资本要素在生产力诸多要素中扮演着最为关键的角色。人力资本是指每一个人身上拥有的体力和脑力的综合。依据人所拥有的知识的多少，能力的高低，判定其拥有的人力资本质量层次，一般而言，接受教育和培训的时间越少，人力资本的质量层次越低，反之越高。

(一)建立健全人才资源的预测、规划和科学评价机制

对人才的科学预测、规划和准确评价是正确地开发人才资源的直接依据和重要前提。人才预测是指对未来一定时期内人才的需求数量、需求质量、需求机构和人才可能供给的数量、质量、结构进行的推测，它为人才规划提供决策依据。要依据高校的

---

[1]　师惠平：《机制创新是企业发展的持续发展的推动力》，《理论学习与探索》2003 年第 6 期。

[2]　王明方：《论机制建设与创新》，《江淮》2006 年第 3 期。

发展战略、目标和任务，对未来人才资源需求作出预测（如人员数量、种类、结构及层次等），并制定出相应的政策和措施。[1] 组织行为学告诉我们：组织一个团体，应该以高能人物为核心，同时要注意异质互补性，防止出现同层相抵现象。达到这一科学的结构目标要求，就能使每个人静有其位，动有其规，各尽其能，相互协调，相互补充，使师资队伍发挥最佳的整体功能。要积极引进先进科学技术，大力采用现代化的科学手段，增大评价结果的客观公正性与准确性，以利于正确评价人才价值，正确开发和使用人才。

(二)建立健全有利于优秀人才脱颖而出的选拔任用机制

正确选人、用人是企业发展的重要保证，合理的人才选用机制是造就人才群体的关键环节。长期以来，我国企业已经形成了一整套人才选用机制，但仍需要进一步细化选用条件、规范选用程序、强化选用责任，以形成公平、公正、公开的选用机制。要制定用人失察、失误的追究制度，既要兴举才之风，又要明用才之责。把对企业发展有用的高素质、高技能人才大胆地推荐使用起来。在事业发展中培养人才，在事业建设中造就人才。

(三)建立健全在使用中培养人才的机制，做到人尽其才

人才使用是人力资源开发的关键环节。人才的价值只有在使用中才能显现出来，只有通过使用性开发，才能转化为真正的、现实的力量。这就要求在人力资源开发时，使用好现有人才是留住人才和吸引人才的关键，也是储备人才的前提。如果一味重视人才的引进，而不重视现有人才的使用培养，势必会伤害现有人才的积极性，难以形成好的人才氛围。这样也就失去了人才吸引力，人才是留不住也进不来，必然造成人力资本的贬值或流失。[2] 在用好现有人才的过程中，必须建立在公平、公开、竞争、择优的用人机制上，做到人尽其才，才尽其用。尤其要重视优质人才资源的选拔、培养和使用。

(四)建立动态可控的流动机制，促进人才资源配置的良性循环

随着经济和社会的发展，人才流动是人才开发的必然要求，应遵循"开放、流动、竞争、有序"的原则。流动是绝对的，稳定是相对的，有流动才有活力。人才流

---

[1] 段灵芝、李润珍：《高校人才资源开发与山西省经济发展研究》，《科学之友》2009 年第 5 期。
[2] 同上。

动既能激发人才的创造力，又能最大限度地实现人才的价值。要抛弃以往的狭隘的留人观念，在人才流动上实现柔性化，"不求为我所有，但求为我所用"。充分发挥市场配置人才的基础性作用，科学合理地调整人才的结构和布局，进一步建立健全制度，畅通人才"进"、"管"、"出"渠道，完善合理的人才流动政策，制定留住人才的倾斜政策。[1]同时，应建立淘汰机制，对经考核不能胜任岗位要求的人员，要通过内外流动来加以置换，从而达到优化结构的目的。

(五)建立绩效优先、体现价值的人才激励机制

进一步深化分配制度改革，强化收入分配对人才的基础性激励作用。一是市场定位。各类专业技术岗位和管理岗位逐步实行市场工资制，工资水平由市场供求关系决定，随行就市。二是价值决定价格。一流人才，一流贡献，一流报酬，那些顶尖人才可以参照国际价格定价。进一步建立和完善重实绩、重贡献、向优秀人才倾斜的分配机制，探索改革现行工资总量的调控办法，使以业绩为取向的分配新机制在更多的高等院校得到贯彻落实并发挥作用。同时，遵循按劳分配和按生产要素分配相结合的原则，逐步研究探索技术、资本、知识、信息、管理等要素进入分配的方法和途径，把专业技术人员的贡献、绩效与其收入水平全面挂起钩来，真正体现"一流人才，一流业绩，一流回报"。总之是多种分配形式相结合方式，建立起符合社会主义市场经济特点和国际通行规则的人才分配激励机制。[2]

第二节　电子信息产业人力资本应用回顾

一、80年代人力资本应用的有效尝试

特区建立以来，深圳人才发展经历了从"以引进为主"到"引进与培养并重"，从计划调配到市场配置，从初始积累到全面开发。现代人才良港目标的确定起到了继往开来的延续作用，成为人才发展的前后接驳点。人才初始发展阶段（1980—1989），

---

[1] 段灵芝、李润珍：《高校人才资源开发与山西省经济发展研究》。

[2] 同上。

人才配置方式多以计划配置为主，人才总量不多。1980 年特区创办之初共有市管专业技术人才 1929 人，具有中级职称或职务的人才共 15 人，尚没有高级职称或职务的记录。1990 年具有大专以上学历人员仅为 7.4484 万人，占全市总人口的比重为 4.47%。[1]

1987 年 2 月，深圳市人民政府颁发了《关于鼓励科技人员兴办民间科技企业的暂行规定》，吸引了一批内地科技人才来深圳创办民间科技企业。几年来，民营科技企业已发展到 134 家，职工人数 2042 人，科技人员占 42%，年工业产值达到 1.46 亿元，总销售收入 1.39 亿元，创汇收入 1047 万美元，在没有国家投入的情况下，累计上交税金 1140 万元，已成为特区建设中一支不可忽视的科技力量。[2]

深圳民科企业中的科技人员 80% 以上来自内地大专院校、科研单位、军工部门，这些科技人员基本上是五六十年代培养出来的大学生，他们都有一定的政治觉悟和较好的技术基础，其中不少是在内地担任过科、处级以上的行政职务，80 年代新毕业的大学生、研究生也占一定比例。内地来的科技人员，绝大部分都是因为深圳的优越环境想来干出一番事业，为国家、为民族争光。[3]

民科企业能在激烈的竞争中生存和发展，关键是他们对知识的尊重，对人才的重视。他们以科技骨干人才为核心，形成了企业的凝聚力。如深圳捷成电子有限公司十分重视技术人才。该公司工资额较高的前 7 名全是技术骨干，第 8 名才是总经理。深圳华为技术有限公司发现一位 26 岁的博士生能力较强，便果断地任命他为总工程师。为了培养新型人才，深圳新地计算机网络有限公司聘请国内外专家讲课，坚持了每周 3 个晚上的业务学习。在市场竞争面前，一批有技术、会管理、善经营的人才脱颖而出。[4]

宝安观澜日广电子厂于 1985 年建厂，是日本客商投资 8000 多万港元开办的一家专门生产电子元件的外资企业，全厂有近 2000 名工人，95% 以上原先都是农村青年。投产初期，由于没有抓好人才培训，生产出来的产品质量达不到规定的要求，20% 的产品需要重新返工，有些模具还经常被损坏和打破，在经济上造成了一定的损失。该厂清楚地认识到技术问题、人才问题是关系到工厂兴旺发达的大事，他们从 1986 年 5 月以来，先后采用"走出去"和"请进来"的多种形式，加强对厂里骨干进行技术培训。首先，

---

[1] 吴振兴：《深圳人才战略选择与发展路径初探》，《特区实践与理论》2006 年第 6 期。
[2] 谢绍明：《特区建设中一支不可忽视的科技力量》，《科技进步与对策》1991 年第 6 期。
[3] 同上。
[4] 同上。

他们选送 7 名管理人员到日本进行为期两个月的学习，主要学习机械修理、质量检查和科学管理技术。其次，他们又聘请日本技术员、香港师傅前来对本厂的 40 多名管理人员进行专门培训，还对 30 多名 85—87 届的高中毕业生进行为期 3 个月的电子技术培训，较好地发挥了技术骨干的作用。赴日学习归来的人员全部在该厂挑大梁，有的成为插针车间的技术总监，有的在可塑车间当技术指导，有的在 7mm 车间当技术总指导，有的不但成为技术骨干，而且成长为厂一级领导。厂长凌伟民是 1986 年赴日本学习的骨干，在日期间，认真学习机械修理、质量检查和科学管理技术。回来后，他结合本厂实际加以运用和发挥，进行科学管理，取得了较好的成绩。插针车间技术员万继贤，赴日学习归来后，担任修理工模产品质量管理工作，他把学到的技术运用到生产实际中去，把好产品质量关，使产品达到规定的标准。由于注重人才的培训，推动了生产的发展，该厂厂房面积从 7100 平方米扩大到 11000 平方米，工人从 1772 人增加到 1950 人。赴日学习的万继贤等 7 名昔日的农民如今已变成了该厂的技术员。

粤宝电子联合公司的前身是广东电子局直属的 8571 厂，1983 年 9 月从北山区搬到布吉，与宝安县工业总公司合资而成。粤宝公司在引进先进设备的同时，注意引进先进技术和先进管理。他们先后派出了 28 名技术、管理人员到日本、香港地区的同类厂家进行对口专业培训。通过开展各个层次的全员培训，使全厂的培训率达到了 90% 以上，全面提高了管理干部和职工的技术、管理素质和产品品质意识。

二、90年代人力资本应用的巨大效应

人才快速发展阶段（1990—1999），人才市场初步形成，产业成为人才聚集主体，人才总量增长快。2000 年具有大专学历以上人员为 56.41 万人，比 1990 年增长了 7.57 倍。[1] 自 90 年代以来，深圳市委、市政府高度重视发展高新技术产业，出台了一系列方针、政策和法规，努力创造平等、规范的法制环境，以促进形成优化资源配置的市场环境，使深圳发展高新技术产业的外部环境和创业条件不断得到改善。为了使深圳发展高新技术产业具有更高的运作平台、形成更具规模的人才高地和更富特色的人力资源优势，其内部运作机制亦在不断地调整与完善之中。

1991 年，深圳特区的发展从前十年的铺摊子、找基础、求速度转入第二个十年的

---

[1]　吴振兴：《深圳人才战略选择与发展路径初探》。

上水平、求效益的新阶段。随着这个转折的到来，改革人事制度、完善人才管理，更加紧迫地提上了日程。1991年8月深圳市委、市政府《关于依靠科技进步推动经济发展的决定》文件发布之后，深圳科技进步的软环境有了较大的改善。1992年以来，随着邓小平同志南方重要讲话的发表、十四大的胜利闭幕，"科技热"进一步升温，带动了科技体制改革的深化。深圳自己的教育系统培养的人才无法满足社会发展的需要，大量人才必须从外地引进。

1. 吸引留学生来深工作

1992年初，市政府修改了鼓励留学生来深圳工作的规定，提出更为优惠的条件，如企事业单位接收留学生受编制的限制，可以追加编制；在深圳定居落户的免收城市增容费，评定技术职称不受指标限制；如配偶及子女是农村户口，优先办理"农转非"；配偶是国家干部或工人的，优先办理调动和入户手续；调入深圳的已婚留学生，其配偶调入后可购买一套福利商品房；留学生可以在深圳自由选择适合自己专长的工作单位，可以在深圳创办民营科技企业，允许以境外注册公司的名义来深圳投资入股；留学生在深圳期间获得的合法外汇收入可以汇出境外；已来深工作的留学生按来去自由的原则，可办理出国手续。这些优惠条件颁布之后，从1992年3月到5月，就有100多名留学生来信表示愿意来深效力。为进一步加强这方面的工作，市政府于1992年5月专门组团赴美国旧金山、华盛顿、纽约、休斯敦公开招聘留学生，引起留学生的热烈反响，800余名留学生领了招聘表，175人表示愿意来深工作。

2. 制定奖励科技人员的政策

为调动科技人员的积极性，1992年初，市委、市政府起草了《关于企业奖励技术开发人员的暂行办法》，对从事技术开发工作取得明显经济效果的科技人员给以奖励。1992年9月，市委、市政府又正式颁布了《深圳市优秀专家选拔鼓励试行办法》，对有重要成果和突出贡献的优秀专家进行奖励，凡被评为优秀专家的人员，由市委、市政府颁发荣誉证书，并享受下列优惠待遇：一次性发给500—1000元津贴；三年内每年给以20天专家休假；享受医疗优诊待遇；属于暂住户口的，可办理户口迁入手续，免予考试，免收城市增容费；优先解决夫妻分居问题。[1]

高科技产业的发展需要技术创新，而技术创新更需要进行制度创新。高科技产业的发展不能只盯着技术本身，注意力应放于创建有利于高科技发展的经济体制，

---

[1] 周路明：《深圳市1992年科技体制改革综述》，《中国科技论坛》1993年第2期。

营造发展高科技的社会氛围。深圳市政府为了发展高科技产业，吸收高科技人才，制定了《深圳市人事局加快高科技技术产业人才队伍建设和引进工作的若干规定》。作为年轻的城市，深圳正是以灵活的制度吸收了国内外的人才，为高科技产业的发展奠定了基础。

三、世纪之初人力资本面临的挑战

人才全面发展阶段（2000 年至今），人才新政策不断出台，政府宏观调控作用与市场机制作用日益协调，人才发展继续保持较快的增长速度。2003 年，大专学历和中级职称以上人才总量增至 86 万人。[1]2003 年全国人才工作会议后，许多城市对人才工作重新审视并明确了发展定位，如上海的人才发展目标为国际人才高地，北京为人才之都，广州为现代人才都会，四川为人才洼地。"深圳的人才发展要有一个总的目标，要有主角，要有活力、有吸引力、有创业条件，要有全方位的包容性，充分体现人文精神，这既是定位也是努力方向。"深圳市科技教育人才工作会议提出：实施人才强市战略，就是要通过 20 年左右的努力，把深圳建设成为人才资源能力的培育中心、人才与智力资源的汇集中心、人才价值充分实现的创业中心、人才安居乐业的温馨港湾，使深圳成为开放包容、激励创新、崇尚创业、充满活力的现代人才良港。具体目标是：第一步，到 2010 年，大专以上学历及中级以上职称人才从 2003 年的 86 万人增长到 109 万人，年均增长 3.44%，全市年均净增人才约 3.3 万人，建设一支数量充足、结构合理、素质优良的人才队伍，成为在国内有较大影响力的人才良港；第二步，到 2020 年，人才资源的总量、综合实力和国际化水平得到大幅度提升，建成"三个中心，一个港湾"，成为在东南亚地区有较大影响力的现代人才良港。深圳市委市政府"2006 年 1 号文件"明确提出了要"发挥人才第一资源的作用，打造创新型人才高地"。同时下发的深府 2 号文件《关于印发深圳市产业发展与创新人才奖暂行办法的通知》提出，市政府每年在市本级财政预算中安排产业发展与创新人才奖励专项资金 2 亿元。接着，在建设国家创新型城市会议还下发了关于打造创新型人才高地的配套政策，提出要进一步完善人才引进政策，构建创新型人才引进"绿色通道"，实行引进与培养开发并重的人才战略，构建创新型人才培养开发大体系，加大财政投

---

[1]　吴振兴：《深圳人才战略选择与发展路径初探》。

入力度，优化投入机制，建立鼓励创新、推崇贡献、形式多样的人才激励机制，优化人才环境，完善创新型人才的服务保障体系。[1]

第三节　人力资本应用中的机制创新

一、选拔与用人机制

民营科技企业对人才的选拔机制，坚持以市场为导向，根据企业的实际需要，通过企业的内部资源和外部市场，充分选拔那些懂经营、擅管理、会营销或能够从事技术开发和技术创新的高级人才或复合型人才，优中选优，以科学合理的人才结构和人才队伍保持公司的综合竞争力和核心竞争力。

达实公司利用市场资源建立人才网络并形成五大人才吸纳渠道，它包括与深圳人才大市场、猎头公司、深圳人才中介机构、合肥工业大学、华南理工大学、中南工大等国内高校建立的沟通以及和竞争对手"过招"而形成的特殊渠道，使各类人才得以合理流动、科学配置。[2]

文达公司，把人力资源开发作为企业经营决策的战略要素之一。在文达公司，人才的选拔机制不是守株待兔，不是等人才找上门来，而是主动出击，四处寻访可用人才。聘用人才，只是为了一时之需，遇到真正的精英，也可以先储备起来。储备人才，在文达的人力资源开发中是一个重要环节：有备才能无患，这只是一个层面的原因；爱才、惜才，才是这种企业行为的深层动机。为此，文达为员工设计了三条成才跑道：技术专家跑道、管理职务跑道和业务精英跑道。[3]

二、培育与引进机制

人才的获得不外乎两种方式：内部培育与外部引进。深圳已经是拥有 400 万人的

---

[1]　吴振兴：《略论现代人才良港》，《新资本》2006 年第 4 期。

[2]　魏达志：《以机制创新促体制转型》，《中国科技产业》2003 年第 4 期。

[3]　同上。

城市，其人口数量大约是北京、上海、天津的 1/3 或 1/2，但其高校的拥有数量却占不到人家的 1/10，即使与邻近的香港、广州相比，拥有的高校数量亦相距甚远；其次，深圳现有的深圳大学和深圳高职院，前者非重点大学，后者又主要培养实用型技工，这样就使得招生的生源质量、数量均受到了限制，不仅外地的高材生不能进入深圳，而且深圳本地的优质生也大批量考往外地重点高校；再次，深圳的高校十分年轻，尚没有形成良好的学术传统和氛围，在市场经济的冲击下，难免出现急功近利的短期行为，致使已经十分有限的教育资源发挥作用受到限制，并最终限制了高精尖人才的培育，限制了基础学科的教学科研，进而不得不寄望于虚拟大学和人才引进。深圳要努力使自己成为培养人才的基地，引进国内名校到这里办"虚拟大学园"、"大学城"以及各种各样的"基地"。这些办法对于"短平快"地解决一些深圳急需的人才固然是有用的，但绝不能夸大它的作用，更不能把它作为解决深圳人才的唯一或根本的途径。从根本和长远上来看，还是要搞好自己的人才培养，这才是百年大计、千年大计。因此深圳一定要重视办好自己的大学和自己所属的各种培养高级人才的基地，无论是国家办的还是民办的，深圳市政府都应给予高度的重视和政策上、条件上的大力支持。[1]

深圳改革开放以来的高速发展和取得的巨大成就，对全国各地人才具有极大的吸引力，可以说，深圳配置人力资源首先发生作用的是其引力机制。根据深圳产业结构调整升级和经济发展的需要，适时引进各行各业的学科带头人、紧缺的专业技术人才、懂技术会经营擅管理的复合型人才、高学历人才及应届大学毕业生等等。近年来，深圳平均每年要引进高级专业技术人才 500 名，博士后 10 名，博士生 100 名，硕士生 2000 名，本科生 10000 名，通过引力机制，为深圳源源不断地输入一支结构合理、年轻化而又具有梯级的人才队伍。这种引力机制同时还对国际科技人才、海外留学人才发生作用。[2]

三、培训与发展机制

员工的培训是人力资本开发的一个重要环节，企业和员工个人的发展离不开培

---

[1] 魏达志：《深圳高新技术产业人才资源状况与分析》，《经济前沿》2005 年第 5 期。

[2] 魏达志：《浅析深圳高科技人才资源的配置》，《特区理论与实践》2000 年第 4 期。

训。我们正在进入一个知识日新月异的时代，许多知识都变得过时，跟不上时代的发展和市场的需要，要在激烈的市场竞争中获胜，就需要对员工进行不断的培训，建立一个学习型企业。在经济全球化快速发展的时代，企业随时面临市场需求的转变和业务结构的调整，这对员工知识储备和学习能力提出了更高要求，通过不断学习和培训来适应时代的发展。另外，企业也需要对人才进行培训和改造，使之成为具有企业特点和文化、符合企业发展需要的人才。

四、评价与激励机制

深圳在对中高级人才的选拔评价过程之中，逐步形成了一个有序的人才选拔程序和评价体系，注重实绩考核、效率评价、任人唯贤、评价体系的确立，将综合测评、独立测评、评培结合、建立档案等方式方法结合起来，使深圳的科技人才、党政干部人才和企业家人才队伍，在有效的选择机制和评价体系中能够脱颖而出。在发展高新技术产业过程中，为了吸引并留住更多的高精尖人才，激励机制必不可少。除了对高级科技人才高薪聘用之外，最令人称道的方式是采用技术入股、专利入股、项目入股的办法，使科技人员的聪明才智和价值转化得到最大的发挥和保护，从而焕发出更大的创造激情和创新能量。如深圳开发科技公司外方专家以技术等无形资产占有公司34% 的股份，被海内外所关注；又如深圳民营科技企业 80% 以上采取了技术入股的形式；留英归国博士沈浩技术入股汉德胜化工公司占其 17% 的股份；再如 1997 年深圳1440 件专利申请中的大部分都是由企业的科技人员完成的，使深圳成为全国少有的以企业专利为主的新兴城市。技术入股不仅推动了一批重要的"863"成果在深圳落户，也推动了深圳科技产业化的历史进程。[1]

华为公司在实践中探索出了一条积聚高科技人才的一套行之有效的激励机制，吸引和留住高素质人才，激发他们的潜能，建立大规模的研究开发团队，通过技术创新，获得自主研发能力，造就了技术华为、营销华为、管理华为。《华为基本法》明确规定，负责管理有效的员工是华为最大的财富；人力资本是华为公司价值创造的主要因素，是华为公司持续成长和发展的源泉。华为公司将人力资源的增值目标作为其战略目标之一，作为其核心价值观。华为公司，一方面利用高工资进行短期的物质激

---

[1] 魏达志：《浅析深圳高科技人才资源的配置》，《特区理论与实践》2000 年第 4 期。

励，另一方面注重长期的物质激励。华为的工资分配是实行基于能力的职能工资制，员工的工资不仅与其业绩挂钩，还与其工作态度、责任心和能力挂钩。这使员工受到长期的激励，促使员工在做好分内工作的同时，还努力寻求自己能力的成长。职能工资制最能体现员工发挥其能动性和创造性。只要能够施展自己的才华，每时、每刻、每个岗位、每条流程都能够成为员工发挥自己能力的舞台，这样的制度叫做全员接班制，从而为所有有能力的员工提供了一个宽松发挥自己才能的环境。同时，华为所推行的员工持股制是华为公司价值分配体制中最核心、最有激励作用的制度。在股权上实行员工持股，但要向有才能和责任心的人倾斜，以利益形成中坚力量。华为的员工普遍有持有公司股份的机会。每一个年度，员工可根据对其评定的结果，认购一定数量公司的股份。股金的评定以责任心、敬业精神、发展潜力、作出贡献为主要的标准。通过股权的安排，使最有能力和责任心的人成为公司剩余价值的索取者。知识转化为资本，使华为这个以知识为生存根本的公司，获得了源源不绝的生命力。华为公司的股权分配强调持续性贡献，主张向核心层和中间层倾斜。员工持股的激励是短期的激励和长期的激励相结合。华为股权的分配不是按资分配，而是按知分配，它解决的是知识劳动的回报，股权分配是将知识回报的一部分转化为股权，从而转化为资本；股金解决的则是股权的收益问题，这样就从制度上初步实现了知识向资本的转化。

另外，华为还专门设立一些如荣誉奖、职权等多种形式的精神激励。例如，华为专门成立过荣誉部，专门负责对员工进行考核、评奖。只要员工在某方面有进步就能得到一定的奖励，华为要对员工点点滴滴的进步都给予奖励。除此之外，华为还把职权作为员工晋升的通道、奖励的形式。在华为，职位不单单是权力的象征，而且也是收入的象征。如华为把职权和货币收入捆绑在一起，得到一个比较高的位置，从这个位置上获得的收入是起源收入的若干倍。另外职权的激励在华为是非常重要的，为华为留住人才起到了非常大的作用。通过一定的职位给一部分员工提供晋升的机会，从而使员工有更强烈的进取心，增加员工工作的满意程度，获得员工的认同感与忠诚度。在华为，良好的氛围是华为宝贵的财富。其实在良好的氛围中工作，本身就是一种奖励，有员工就表示，这种满意感，也正是华为吸引他们的最大的原因。[1]

---

[1]　陈明等：《华为如何有效激励人才》，《化工管理》2006 年第 3 期。

五、流动与淘汰机制

深圳高新技术企业在实行试用制、任期制促成企业科技人才相应流动的同时，也实行"末位淘汰"制，以淘汰机制促成企业内部具有竞争意义的紧张氛围，并促使人才常流常新。如中兴通讯公司每年实施 10% 的淘汰率，对公司中级干部 200 人，每半年考核一次，连续 2 次考核不及格则实行淘汰，而且各部门必须评出业绩末位者，并最终实现 20 人的末位淘汰率。

康佳集团实行优胜劣汰的用人机制，大刀阔斧地精简机构，原电视机厂管理人员 159 人精简到 95 人。在用人制度上坚持"能者上，庸者下"的原则，实行"双轨制"：一是聘用制，总经理层由董事局聘任，部门负责人由总经理聘任，一般管理人员由各部门经理聘用，聘用中打破论资排辈的陋习；其次是实行招聘制，首先在厂内公开招聘营销人员，同时还在社会上公开招聘管理、技术、公关等方面的人才。在用工制度上，实行了全员劳动合同制。把分配同企业效益挂钩，全员实行岗位工资和浮动工资制。

参考文献

1. 姜仁良：《高校人才开发的机制创新研究》，《黑龙江高教研究》2008 年第 2 期。

2. 辜胜阻、李永周：《论高技术产业的技术创新》，《经济评论》2001 年第 6 期。

3. 齐慧敏：《推进机制创新发挥人力资本潜能》，《考试周刊》2007 年第 46 期。

4. 周路明、赵善游：《从罗湖工业研究所的崛起看高科技企业的发展》，《特区经济》1993 年第 6 期。

5. 魏达志：《浅析深圳高科技人才资源配置》，《特区理论与实践》2000 年第 4 期。

6. 魏达志：《深圳民营科技企业的机制创新》，《特区理论与实践》2003 年第 5 期。

7. 谢昭明：《特区建设中一支不可忽视的科技力量》，《科技进步与对策》1991 年第 8 卷第 6 期。

8. 梅光仪：《制度创新与深圳高科技产业》，《开放时代》2000 年第 4 期。

9. 魏达志：《深圳高级人才状况堪忧》，《特区经济》1998 年第 4 期。

10. 魏达志：《以科技创新促体制转型》，《中国科技产业》2003 年第 4 期。

第十二章
文化创新与各具特色企业文化的创建

第一节　企业文化创新的内涵及其作用

一、企业文化创新的内涵

(一)企业文化的内涵

企业文化是以企业精神和企业管理哲学为核心，凝聚员工的归属感、积极性和创造性的以人为本的管理理念，它受社会文化的影响和制约，以企业规章制度和物质现象为载体，包括道德规范、价值观念、行为准则、企业制度、企业精神、历史传统等，其与企业规模、水平、资源、外部竞争等因素共同决定企业行为。企业文化是通过企业环境、奖惩和企业管理的综合作用，建立起准则和价值体系来指导企业员工如何工作。

从广义上看，文化是人类实践过程中所创造的物质财富和精神财富；从狭义上看，文化是社会的意识形态以及对应的组织机构与制度。而企业文化则是企业在生产经营活动中逐步形成的，被员工所认同并遵守的、带有企业特点的宗旨、精神、使命、愿景、价值观以及经营理念，以及这些在生产经营管理活动、员工行为方式和企业对外活动中的体现。

企业文化是企业的灵魂，推动着企业不断向前发展。其包含非常丰富的内容，核心是企业精神和价值观，其中价值观是指企业和员工在从事商品生产经营活动中持有的价值观念。

(二)企业文化创新

企业文化创新是指为了让企业的发展和外部环境相适应，企业在继承原有优秀文化的同时，挖掘企业在发展历程里所形成的优秀文化，吸收企业外部新文化中符合自身发展所需的优质文化，以充实现有的企业文化，促进企业文化的丰富和提升。企业文化创新的实质是突破并摆脱企业文化建设中与企业经营管理活动脱节的僵化文化的束缚。在国内外市场竞争日益激烈的情况下，越来越多的深圳电子信息企业不仅认识到创新是企业文化建设的灵魂，是提高企业竞争力的关键，而且逐步把创新贯彻到企业文化建设的各个层面以及企业的经营管理实践中。

1. 文化理念的创新

企业文化创新首先就是企业文化理念的创新，这意味着企业文化创新最重要的是要创建适应经济全球化、有利于提高企业国际竞争力和推动企业创新的文化。企业文化理念的创新主要有三种形式：从道德的角度，强调企业的社会责任；从知识价值的角度，强调适应知识经济的要求；从人性的角度，建立关心人、尊重人、激励人的文化。

许多企业的文化理念强调企业作为社会的法人，创造利润的同时，应承担相应的社会责任，包括对企业内部员工、股东、消费者、环境保护和可持续发展的责任等。国外对企业社会责任问题的研究有很多，美国杂志《财富》在评价全球企业500强时，企业社会责任是重要的考核指标之一。这表明，企业的社会责任是企业发展过程中的普遍问题，一个社会责任意识差的企业很难持续获得良好的经营业绩。因此应将社会责任意识作为企业文化的核心理念，企业就能形成道德的自我约束机制。深圳电子信息产业内一些优秀企业的企业文化理念也体现出了企业的自我约束和其对社会的奉献。

2. 企业管理模式的创新

企业文化创新的第二个方面是企业管理模式的创新。文化管理是一种新的管理模式，与传统的以生产和质量为核心的管理模式不同，其更强调生产和管理过程中人的因素。企业文化管理模式首先是通过向其员工灌输企业核心价值观，形成一种文化氛围，从价值、制度和行为规范层面对全体员工的价值观和行为进行整合。文化管理模式不仅是形式上的创新，更是内涵和过程的创新，因为，各个企业的文化形式区别不大，真正不同的是企业文化的内涵和表现方式。其次是通过一些生动形象的方式，比如企业领导的创业故事，工作作风示范，企业的文化氛围，来宣传企业文化传统，无形地将企业文化的核心理念同化到员工的价值观中，让员工按照企业倡导的行为规范形成习惯性的思维和行为方式，这就是员工认同企业文化的过程。在这个过程中，企业员工始终是一个主动的，受尊重的人，这是企业文化以人为本的内涵，也是企业文化能对企业长期绩效和发展产生深刻影响的根本原因。因此，文化管理模式就可以达到传统的制度化管理难以达到的效果。

3. 企业文化个性的创新

企业文化创新的第三个方面是企业文化个性的创新。企业根据核心价值和发展历程会选择不同的文化理念、管理文化、经营文化、品牌文化等，并以不同的方式表现出来，这就构成了企业文化的个性特征。优秀的企业文化往往是个性鲜明的，它贯穿于企业发展的内在过程，企业文化形成的内在逻辑，表现在企业员工的工作作风和行为方式中，体现在企业的整体形象中。

一个企业拥有个性化的企业文化就拥有了独特的理念，特殊的经营方式和气氛，其员工能感受和理解企业文化的真正内涵，可以塑造一种与众不同的气质，使企业在公众的心目中具有鲜明的形象。个性化的企业文化是企业的灵魂，它来自企业独特的发展历程，企业的价值选择，不可能模仿或照搬其他企业的模式。因为它是来自企业内部的，所以这种企业文化有生命力，对企业长期发展产生影响。

二、企业文化创新的作用

企业文化能使企业保持长久的竞争力，企业文化创新是由全新的文化理念转变为能提高企业竞争力的新型经营管理模式，从而打造个性化的企业。企业文化创新能增强企业的凝聚力，提高产品和企业的竞争力。企业文化的核心是文化理念，它决定着企业员工的思维和行为方式，能激发员工的士气，发掘企业的潜能。一个好的企业文化氛围，能带来团队协作的精神，为企业的创新和发展提供源源不断的精神动力。

企业文化是在企业发展过程中形成的，它应随着企业的发展而创新。因为，企业在发展的不同阶段，面临的环境、经营策略都不同，因此对应的企业文化也应不断地变革。没有创新的企业文化是没有生命力的，会成为企业进一步发展的阻碍，许多企业的失败就是因为其企业文化创新没有跟上企业发展的脚步。因此，企业文化创新对企业在适应经济全球化中提高核心竞争力，提升整体形象具有战略意义，也是深圳电子信息企业在国内市场上和跨国公司同台竞争以及走向全球市场的关键。

企业文化创新更紧密地把企业文化活动和实际收益相联系。坚持企业文化创新对企业发展的意义重大，它可以摒弃不合理的思维和行为，以合理的新思维创造新的成果。文化创新会直接作用于人的观念意识、思维方式，进而影响人的行为。任何企业都应该进行企业文化创新，为其发展增加动力。

深圳电子信息企业主要有四类：外资企业、国有企业、股份制企业和民营企业。企业文化创新在这些不同类型的电子信息企业中的重要性都是不言而喻的。企业文化创新是企业的灵魂，决定企业的基本走向。企业文化创新关系着企业长远发展目标以及为实现这些目标所制定的规划、措施、办法等，是企业文化的主要内容。企业文化创新使企业能预测需求的变化，主动地去迎接挑战，创造企业发展的机会。因此，企业文化创新使企业能不断适应变化的环境，指引着深圳电子信息企业勇往直前。

第二节　企业文化创建的历程回顾

一、萌芽阶段——企业文化创建的初步探讨

从特区成立到 1986 年，是深圳电子信息企业文化的萌芽阶段，深圳电子信息企业文化从理论引进转到企业文化创建的初步探讨。20 世纪 80 年代初，深圳经济特区实行的是计划经济指导，以市场调解为主的外向型经济模式。深圳的开放不仅带来了西方先进的管理和技术，还带来了适应市场经济的经营理念和企业文化。在计划经济管理行不通的背景下，深圳不少电子信息企业主动地去探索适应市场竞争的管理模式，选择适应经济活动的管理与企业文化，以协调企业与人以及社会的关系。在这个阶段深圳不少电子信息企业把企业文化作为思想政治工作的重要手段。

1981 年，深港合资企业——光明电子工厂（康佳集团的前身）率先导入企业文化理论，提出"让投资者赚钱，让我们收益"，"我为你，你为他，人人为康佳，康佳为国家"的标志性的口号。这是中方管理者为了发展企业、实现劳资双方的共赢，缓冲劳资矛盾，让外方管理者重视员工的存在和需求，让员工排除雇佣意识和抵触情绪，共同创造一个和睦共处的环境而提出的。1981 年底，其还提出"爱国爱厂，团结协作，遵纪守法，好学上进"的 16 字厂风，把对产品的期望转向对人规范性的要求，这是康佳企业文化的萌芽，是实现产品价值人格化管理的最初尝试。到 1986 年，康佳公

司的企业文化部成立，真正开始探索以人为本的管理模式，走向产品价值人格化的新道路。1986 年 10 月，康佳公司开展征集"康佳精神"的活动，广泛动员和依靠员工，在总结和提炼"康佳精神"的过程，其员工对康佳的理念有了更深刻的理解，因为全体康佳人都结合企业发展目标和自己工作中的体会来思考和表述"康佳精神"。这来自员工最终又回到员工的企业精神，是全体康佳人的心声和愿望，更容易被员工接受，并化为员工的价值观念。该阶段，康佳一直在组织全体员工构建企业价值观、提炼"康佳精神"的活动。当时的康佳公司在深圳电子信息企业中具有代表性，这种企业文化创建的初步探讨也取得了一定的成效。此后一批企业争相效仿，纷纷提出了企业的口号，如深圳华强电子工业总公司提出了"华强精神"，表现了企业追求个性和目标的愿望。

该阶段的深圳圳峰工业联合公司，自 1984 年筹办以来，一直注重开展其企业文化建设的工作。抓产品质量，以提高企业信誉；抓员工素质，以提高生产效率；抓员工福利，以调动生产积极性。对员工展开生产知识、法制纪律、技术水平、TQC 基本知识等全面培训。建立严格的考核制度，重视、发掘并合理使用人才。最大限度激发其员工的工作热情，调动全体员工的生产积极性，还注重关心职工生活，改善职工生产工作环境和福利待遇，解决职工生产、生活中的问题和困难，例如先后投资 30 万元安装了空调机、除湿机、抽气机、排风扇、噪音隔离房和各种照明灯具等。其对员工的信任、尊重和关心，使员工看到了公司的前途和希望，极大地调动了员工的积极性。

深圳兴隆精密电子有限公司创办于 1984 年 5 月，是原深圳电子工业总公司、航天部 239 厂共同投资的内联企业，1985 年 3 月又与香港成丰电子公司合资，变成中外合资企业。在开始组建的 1984 年，兴隆就提出"艰苦创业，奋发开拓"的口号，即"兴隆精神"，该阶段，其不断地鼓舞着兴隆人，推动了兴隆的发展。在兴隆公司，工作上，员工不分彼此，朝着一个目标共同奋斗；在工作以外，兴隆从思想和生活上为员工着想，从各方面满足员工需要，调动员工工作的积极性，使其更好地为兴隆作贡献。

二、发育阶段——企业文化建设的积极推广

从 1987 到 1992 年，这个阶段是深圳全市性开展企业文化的发育阶段，也是深圳电子信息企业文化知识建设的积极推广阶段。在这一时期，以赛格等为代表的一些电

子信息企业开始了企业形象设计，导入了 CI 及其识别系统，对公司的口号、精神和价值观进行了提炼，制定了公司的标准字、标准色，制作了公司标徽，有些企业还创作了企业歌曲。

1988 年 7 月才建厂的深圳华丰印刷电路厂在 1990 年创利 130 多万，这离不开华丰的企业文化建设。华丰电路厂企业文化建设的起点是重视人的价值。为吸引广大职工参与企业的管理，深圳华丰印刷电路厂把民主管理作为重要的工作，华丰定期召开职工大会，公布其生产和经济活动情况，商议华丰的生产经营方针；通过团支部、职工会等形式，与职工展开积极的交流。"艰苦奋斗、团结进取、开拓创新"是华丰的精神。1990 年 3 月到 6 月，华丰的订单大大超出了其生产能力，在这种情况下，全厂职工均表示愿意加班；自华丰实行承包经营以后，团结人、尊重人、关心人、帮助人成为了华丰的美德，在工厂资金不足时，职工集资了 10 万元作为流动资金，为华丰解决难题，同时增强了企业的凝聚力。开拓创新也是华丰企业文化建设的重要内容，其努力改进生产工艺，开发新产品，开拓新市场，在客户要求线路板上要有不同颜色时，华丰工程部大胆创新将彩色印刷和特种印刷的工艺、技术运用到电路板印刷上。

深圳市晶华显示器材有限公司，是由中、美、港三方合资兴办的电子信息企业。早在 1990 年，其就形成了"艰苦、奋进、挑战、创业"的企业精神，"用户第一"的对外业务基本信条，"人人为客户着想，为公司荣誉着想，为公司的发展着想"的企业文化。

1992 年，深圳汇通设计用品公司，建立了主要内容为企业奋斗目标的激励型的管理体系，积极开展了"双基"教育和"企业爱职工，职工爱企业"的双热爱活动。其十分重视职工，领导主动上门探访生病职工，在职工生日时送生日蛋糕，尽力为职工解决生活困难，大力表彰好人好事，每月还从各部门评选出一名先进生产者，以激励职工上进。

该阶段，深圳兴隆精密电子有限公司自建厂以来，始终坚持"职工活动日"制度，把每周六下午的一个小时作为活动时间。每月的第一周是行政活动，领导向全体员工通报生产经营情况，培养职工参政议政的意识，让员工理解和关心自己的企业；第二周为党团活动，使其党团组织活动正常运转；第三周是工会活动；第四周是职工政治、技术教育活动，提高其员工素质。兴隆非常注重职工的劳动保护，晚上加班一般不超过 2 小时，每季度给员工发一次劳动保护用品。在焊接岗位的发给保健品，对临时工和固定工一视同仁。其尽力为员工创造良好生活环境，专门在员工宿舍安装电视机、电风扇、电热水器，还为员工设立了活动室，设有羽毛球、篮球、排球等体育用品。其工会每年都会组织各种文艺联欢会，知识竞赛活动，各种球类比赛，此外工会还及时为职工解决困难。如员工生了病，工会主席亲自送往医院进行治疗，专门为病号做病号饭；职工住院，公司领导亲自去医院探望慰问等。

1991 年 5 月，长城集团赞助《星星火炬报》，支持儿童教育事业的发展。1992 年，长城集团和北京景山学校共同开发了"高中化学题库"，在国家教委的中小学计算机教育研究中心组织的教育软件评比中获得一等奖。

三、发展阶段——企业文化建设的稳步提升

1993 年到 2000 年，是深圳电子信息企业文化的发展阶段，深圳电子信息企业文化的建设在稳步提升。邓小平同志到南方，视察了深圳并发表了重要讲话，肯定了深圳特区的成绩；在特区先行开展企业文化的探索并积极推广后，党的十四大明确提出加强企业文化建设，这对特区企业是很大的鼓舞。该阶段，不少深圳电子信息企业专门设置了相关工作机构，制定企业文化的发展规划，初步建立起具有特色的企业文化。有的企业利用自办报刊和闭路电视宣传其企业文化建设过程，展示企业文化建设成果。如华为公司出版了企业文化丛书、论文集，总结其企业文化建设的经验和成果，还制定了《华为公司基本法》。

1993 年，深圳彩电总公司，依据其"企业法"和"条例"精神，对总公司和下属企业的经营权、责任、义务和两者的关系等作了明确规定；按照精简、高效的原则，对公司领导岗位、职能部门、经营部门和岗位等的设置、部门及下属企业负责人的任免程序、优化组合方式、岗位和待遇原则、未聘人员的安置、对下属合资企业董事会成员的要求和任免办法、下属企业财务部长的纪律要求等都做了详细的规定。这次改革得到了员工的积极响应，为其全面实施公司的战略目标打下了良好的基础。

1995 年，深圳奥维尔电器公司对员工的管理主要从引导入手，编出《奥维尔文化》小册子，每天早会共同学习，结合公司的建设实践进行交流。奥维尔经营方针的制定从基层中来，又回到基层中去执行。奥维尔文化是深圳奥维尔公司的灵魂。奥维尔文化采用了许多兵家思想，孙子兵法是奥维尔文化的重要部分。奥维尔文化强调"以优质产品为社会服务"，其产品只要在质检中发现一点微差，就不允许进入库房。奥维尔文化提倡积极的创业精神，反对墨守成规、不求进取、唯利是图的思想。奥

维尔只把毛利润定在 20%，并把信誉作为商人的基本品格。奥维尔文化是造就人才的摇篮，其把人才看作是企业的血脉。奥维尔极少惩罚或开除员工，非常重视人才的发现，其认为"提升全体员工的素养与集团的跃进是不可分割的"。奥维尔文化强调团队精神，这使得奥维尔员工齐心协力，为奥维尔事业的发展作贡献。

1995 年，长城集团捐赠金长城微机 30 台给《中国少年报》。1995 年 6 月，长城向天津市和平区"迈向 21 世纪金钥匙工程"捐赠金长城微机 30 台，用于支持天津市计算机的普及。

1996 年，深爱公司没有资金购买现成的技术和聘请设备安装调试技术人员，但深爱公司技术人员依靠自己的知识和经验，参考国内外的先进技术，创造出了全新的前工序工艺，并把闲置的设备安装调试完成。深爱人迎难而上，靠自身的知识和经验的积累、学习借鉴和团结协作，艰苦奋斗，不断创新和努力，造就了深爱公司创新的文化。[1]

四、成熟阶段——企业文化创新的丰硕果实

进入新世纪后，深圳电子信息企业文化的创建进入了成熟阶段。这一阶段，深圳电子信息企业不仅注重员工的利益，而且更加注重其社会责任。

进入新世纪，深圳深爱半导体有限公司企业文化的建设也走向了新的阶段。该企业的经营理念是"至诚至爱，共创未来"，根据这一理念，塑造了"为人的发展创造空间"的企业文化。这首先表现在如何对待员工，其选择合适的人放在合适的位置，最大限度地发挥他们的才能。当员工在现行岗位上不能胜任时，其考虑的不是立即辞退，而是看能否适应公司其他岗位。深爱公司对员工的爱体现在行动中。关系到员工福利待遇方面的事情，公司都非常重视。深爱的食堂几经改造，环境越来越好，饭菜品种越来越多；逢年过节，公司为员工发放过节物品；员工过生日，都会收到总经理亲自签名的贺卡；公司宿舍经过多年的文明宿舍活动，统一安装了热水器、风扇、电源插座，居住环境大为改善。其还给每个人创造发挥才能的条件和氛围，给每个人提供学习、锻炼、创新、晋升的机会。

以人为本，最重要的是沟通。深爱公司的企业文化建立了许多企业内部沟通的渠道。每周一期的《深爱周刊》，让员工畅所欲言，发表内心的感受；每年一次的企业

---

[1]　《从创新看深爱企业文化》，http://www.seg.com.cn/news/data/2005-3-19/2005319121836.asp。

精神文明试卷问答，既考核了员工的企业文化知识，也反映了员工对公司的工作意见；形式多样的文体活动、座谈会、忘年餐、迎新晚会等，使企业员工达成精神层面的充分交流，充分表达内心情感；通过学习、落实"五个三"企业文化理念，进一步完善深爱的企业文化，对公司的发展起到了积极的作用。

2007 年深圳市赛格集团股份有限公司提出"求真务实、营造一个干事创业的好氛围，培养出'勤勉、尽责、忠诚、协作'的优秀企业文化"。在集团层面，从"监督、控制、指导、服务"这四个方面进行管理。赛格集团从提高员工道德素质，更新观念，强化员工为他人、为企业服务的意识，树立正确的思想道德观念；提高文化素质，把学习纳入到工作中、融入工作中，营造爱学习、好学习，共同追求进步的浓厚文化氛围，使学习成为企业文化建设的核心组成部分；提高专业技术素质等方面进行企业文化建设。

2008 年四川发生了特大地震，桑达集团积极地响应党中央、国务院的号召，组织抗震救灾捐款活动，以实际行动履行其社会责任。其所属企业股份公司、物业公司、迪富宾馆、无线通讯公司、设备公司、兴业公司、南方公司、销售公司、彩联公司、神彩公司、世纪公司、宏业公司都积极响应，全集团向灾区捐款捐物 218 万余元。各企业积极关心地震灾情，加强抗震救灾宣传工作，倡议桑达员工发扬"一方有难，八方支援"的精神，向灾区伸出援助之手。同时，集团各企业认真组织好生产经营活动，确保完成集团下达的各项工作任务，以良好的工作业绩支援灾区的经济重建。赛格集团有近 800 名川籍员工。在汶川大地震中，受灾家庭 39 户，集团各企业对这些人员予以高度关注，进行安抚、疏导和稳定的工作。集团公司工会还根据在此次地震中遇难或受伤的川籍困难员工家庭受灾的实际情况，组织慰问和关爱活动。[1]

第三节　各具特色的企业文化创建

一、外资企业文化的建设风貌——以人为本的惠普文化

中国惠普深圳分公司是一家跨国公司，其企业文化具有多元化和包容性的特点，

---

[1]　http://www.seccw.com/dongtai/hydt/2008-05-29/185.html.

其将员工的梦想和公司的目标紧密结合，在实现公司发展的同时，最大限度地提升员工价值。中国惠普深圳分公司利用各种途径，使其员工真正融入企业的文化中。公司的工会组建了很多俱乐部，并按期组织内容丰富的业余活动，使其员工可以进行更加轻松和亲密的交往和沟通，从而使公司拥有一种富有人情味的氛围，增强了员工的归属感。其还在办公大厦内开设了经营纪念品的专卖店和经营、租赁图书的知识中心，并定期举办活动为其员工创造良好的文化氛围。公司采取了系统的经理人培训方案，为其员工制定个人发展计划，拥有"IT界的黄埔军校"、"未来总裁的摇篮"的美名。惠普还设有激励人心的奖励机制，奖励不同领域贡献突出的员工，设立了"e-award电子奖状"、"狮奖"、"百分百销售精英奖"等。

以人为本一直是惠普企业文化重要的一部分。中国惠普深圳分公司一直在努力使其员工免受伤害，改善员工及其家属的健康和生活质量，提高员工的工作效率。惠普通过培训和检测来提高其员工的健康意识，其工会通过组织健身俱乐部等各种运动俱乐部，引导其员工选择健康的生活方式。为了避免员工因工作带来的健康损害，惠普为其员工提供在线办公室人类工程学评估，从使用电脑的姿势、坐姿、阅读习惯等各方面，全面地检测其员工的工作习惯是否健康。如果发现问题，就通过电子邮件或人工的方式反复提醒员工，并向其提供免费的笔记本支架等健康辅助设备。

每年中国惠普深圳分公司都举办"员工之声"调查活动，调查员工对其的满意度，并征集改进方案，以得出保障员工权益的结果。通过其不懈努力，员工满意度连年提升。同时，员工对惠普提出了很多有益的建议和设想。2006年，惠普因为在维护员工权益、员工发展以及培养方面表现出色，获得了"中国最受尊敬企业"的赞誉。

惠普办公室的大门是敞开的，这反映了其贯彻道德的、透明的商业行为，同时，这也鼓励了开放式沟通，使公司更具有创造力，员工间的情谊更为深厚。在企业内部，与业务合作伙伴、供应商以及客户沟通时保持诚实，并保护惠普的机密信息和商业秘密，也是惠普对其员工的要求。惠普还注重履行其公民责任，遵守我国的法律法规，倡导环保理念。同时，惠普尊重其员工、股东、业务合作伙伴、客户以及供应商，积极听取他们的意见，重视他们的反馈。

中国惠普深圳分公司公益项目的基本出发点是"科技扶助教育，科技回馈社会"，并将这一理念贯穿公益项目始终，在开展公益项目时，会采取举措确保项目真正实施到位；经常与运作成熟的团体，如基金会、协会等，进行合作，寻找成熟的公益项目并对其进行资助，保证活动能够顺利地进行；其还会和发展完善的非政府组织进行合作，对公益活动进行全程跟踪和评估，确保活动做到可持续发展。中国惠普深圳分公司的慈善教育计划提供专业的开发技术，为深圳的学校捐赠设备、技术支持和现金。

二、国有企业文化的创建特征——人人平等的康佳文化

康佳集团一直享有"广东企业文化摇篮"的美誉，优秀的企业文化是其快速发展的重要原因之一。康佳企业文化是以"团结开拓、求实创新"的康佳精神和"创新生活每一天"的经营理念为核心的，其特色是"以人为本，员工至亲"。康佳在提供优质产品的同时，追求企业与员工的共同成长，将各时期的工作中心和企业文化建设相结合，同时，康佳还服务社会，积极参与社会公益活动，其在井冈山、延安等革命老区以及贫困山区援建了8所希望小学，使2000多名失学儿童重新走上课堂，积极帮助当地发展经济，解决当地劳工的就业问题。

卓越的企业必然具备优秀的企业文化，而优秀的企业文化又能促进企业的成功。康佳把人才看作企业发展最重要的资源，认为企业的责任除了制造产品外，还要服务社会，造就员工。康佳的企业文化，在于其打造了一支团结开拓、求实创新的员工队伍。

1981年，康佳的前身——光明电子厂创立之初，其就提出了"爱厂爱国，团结协作，遵纪守法，好学上进"的16字厂风，这16个字当时被广东省宣传部誉为康佳企业文化的萌芽，而且成为了康佳克服困难、谋求长远发展的精神动力。康佳的企业管理中加入了中国文化中最富有感情的内容，康佳的企业文化在那时就已经初步形成，而且促进了其稳定、高效地发展。在康佳提出这一口号时，企业文化在我国还是一种新鲜事物，康佳的行为是一种突破和创新。

康佳企业文化发展的基本特色是针对特定的环境和问题，及时调整方向，及时提出更符合实际的新理念。1987年，随着企业的发展，其又提出"我为你，你为他，人人为康佳，康佳为国家"的口号，并进一步明确了"团结开拓，求实创新"的康佳精神。通过这种简洁的方式，康佳使其员工明白了奋斗的目标、工作范围和工作方式，从而促进统一、明确的康佳"价值观"的形成。

20世纪80年代末90年代初，康佳的产品结构发生了改变，贴牌生产慢慢从康佳的产业中退出，技术开发力度的加大使大量高素质的人才被引进来，康佳为新的人才创造了宽松的环境，企业文化也随着人才结构、产品结构的改变及现代文化的发展而改变。

康佳对企业形象识别体系（Corporate Identity System，简称 CIS）战略的策划和实施，表现出其企业文化的成熟和独特之处。康佳在生产经营过程中提炼出了"为企业内外公众创造健康、快乐的生活，不断奉献优秀的产品和服务"即"康乐人生，佳品纷呈"的企业理念。该理念表达了其全体员工的心声，这一新理念结合"对外是承诺，对内是目标"的定位标准，促进了其更高层次的企业文化价值观的形成。

面对新世纪，康佳从一种比较封闭的文化状态转到一种开放的文化状态。其本着"创新生活每一天"的全新理念，将其企业文化融入销售文化中，让消费者了解它的历史，在使用产品时就能想到它的文化色彩。康佳尊重创造力，康佳尊重人，尊重人的尊严，康佳尊重人的思想，康佳会激发员工的创造力，康佳能包容一切对企业发展有利的人的个性，在康佳没有等级，就像个大家庭，这就是康佳的文化。

三、民营企业文化的创新风采——华为的"狼性"企业文化

华为的"狼性"企业文化是作为民营企业的华为发展成国际知名企业，走向成功的关键因素之一。深圳各种规模的电子信息企业成千上万，如何通过打造自身企业文化和寻求文化创新使企业走向国际化，华为是一个值得借鉴的典例。

和众多国有企业相比，华为员工在工作中的拼搏精神是令人惊羡的。作为深圳电子信息行业的模范，华为企业的文化建设是有效性的，同时也是不可复制的。华为的狼性文化是一个完整的体系，已经将狼的特性和企业的特性完美地融合在一起，高薪、成就、学习、压力创造出其员工能够拥有一如既往的狼性精神。华为的文化强调不让雷锋吃亏，认为付出就应该有回报，这些让其处于一种不断向前发展的状态。

华为的文化定位是实际有效的，其根据企业发展的需要和特点，提出"扎扎实实在通信制造业发展，以满足客户的需求为己任，提倡艰苦奋斗，多劳多得，崇尚技术在可预计范围内的创新和领先"。

对企业所有的员工而言，激发他们的积极性是必需的，但在企业文化初创期，采取一些强制措施也是必要的。员工从参与到理解到认同，最终形成企业凝聚力。不管是集体齐唱《我的祖国》，还是全体员工持股，华为企业文化将全体员工团结在这个狼性十足的企业之中。

深圳很多电子信息企业都认识到企业文化的重要性，都在建设各自的企业文化，而且选择了不少华丽的辞藻作为理念，但部分只能是一种点缀的话语，达不到预期

的效果。简单的口号和文件并不是企业文化建设。企业文化建设需要设计愿景、使命和价值观来为企业设计"蓝图"和理念体系，然后制定相应的制度和行为规范，甚至还要进行企业形象设计，最后还要进行培训和研讨，建设沟通渠道，制定企业文化手册，搞一些宣传和娱乐活动等，来确保企业文化的实施。在创建企业文化的过程中，华为始终根据行业的现状、企业特性、地域特征来寻找并建立最适合其发展的企业文化。

在深圳的电子信息企业中，华为是制度最健全的一家民营企业，从 20 世纪 90 年代到现在，《华为基本法》、各种华为的内部文件、各种运营管理机制的实施和落实都是融会贯通的。华为会定期进行内部和外部的客户满意度调查，并且经常展开大面积的民主生活会等，通过科学的制度，华为将其企业文化很好地传递给了全体员工，并使之得到了很好的落实。华为的客服人员贯彻的是"精诚服务顾客"的理念，华为每个月都会进行内部和外部顾客满意度调查，以检查该理念贯彻的效果，调查结果直接关系到华为各个部门的考核以及其员工的薪酬，因此长期以来该理念就成了文化，得到了很好的贯彻实施。

华为企业文化建设的根本目的是将其员工塑造成"企业人"。华为的这一做法是中国企业文化史上的一次创新，虽然有人认为华为花这么大的代价去培养人才，最后会流失，会得不偿失，但华为的员工大多都从内心里认同华为的企业文化，把自己变成了一个有着狼性血统的华为人。

四、股份制企业文化创建的探索——中兴文化的制胜之道

中兴通讯股份有限公司对其企业文化的建设一直都非常重视，不断地进行文化管理的创新，努力寻找企业和员工共同发展的道路。

创建至今，中兴通讯股份有限公司的企业文化创新经历了以下四个阶段：

第一阶段：文化创新的探索阶段（1985 年到 1992 年）。中兴通讯股份有限公司的前身创办于 1985 年，在刚刚成立的 7 年时间里，中兴通讯开创了振兴民主通讯产业的先例，在这 7 年时间里，中兴形成了员工为其奋发图强精神感到自豪的企业文化。

第二阶段：企业文化的提炼阶段（1993 年到 1996 年）。1993 年初总裁侯为贵提出"互相尊重，忠于中兴事业；精诚服务，凝聚顾客身上；拼搏创新，集成中兴名

牌；科学管理，提高企业效益"，并成为中兴企业文化的精髓。这四句话是中兴在对其历史的总结和未来发展思考时提出的，概要地点明了中兴企业文化的核心要素，准确地归纳了中兴企业文化的精要之处。1995年5月，中兴举办了中层以上干部培训班，以研讨中兴企业文化，学习并理解企业文化和中兴企业文化的内涵，以及如何贯彻落实中兴企业文化的创建工作等。1996年4月《中兴通讯》报正式创办并发行，成为了中兴企业文化宣传的重要工具。《中兴通讯》报除了报道中兴内外信息，以及先进事迹以外，还连载介绍国内外企业文化和中兴企业文化的文章、资料和评述等。

第三阶段：企业文化的成熟阶段（1997年到2000年）。1997年8月，中兴通讯积极响应并参与了"深黔联手，扶贫帮困"活动，帮助贵州织金的贫困山区人民。1997年8月，《中兴企业文化细则》（1997版）正式定稿并出版，制定了中兴员工的共有价值观理念以及其追求目标，表达出了中兴的基本经营理念，并且规定了其内部运行管理机制和员工行为规范。1998年7月，中兴员工在"深圳98助残行动"中主动捐款4万余元，以帮助残疾人。1998年6月到8月，中兴先后向湖南、湖北、江西、黑龙江和内蒙古等遭受水灾地区捐助通信设备合计2500万元。1998年8月，中兴为了加强其高科技企业的形象推广，全面推广了"视觉识别系统（VI）"。1999年2月，中兴召开了企业文化座谈会。2000年5月，中兴制定了《员工手册》，并在全公司范围内开展学习。

第四阶段：企业文化的整合阶段（2001年至今）。2001年9月，中兴为了以价值观统一思想和行动，用优秀的企业文化凝聚员工，激发员工的积极性和创造性，成立了价值观整合团队。2002年3月，中兴的高层领导审议通过了其核心价值观，并审定了《中兴企业文化细则》（2002年版）和"高压线"。中兴确定了"互相尊重，忠于中兴事业；精诚服务，凝聚顾客身上；拼搏创新，集成中兴名牌；科学管理，提高企业效益"的核心价值观。中兴在迅速发展的同时积极履行其社会责任。中兴通讯积极参与对印尼海啸、汶川地震等重大自然灾害的救助工作，截至2008年8月，中兴通讯工会名下就设有中兴通讯关爱儿童专项基金、云南抗战老兵救助资金、中兴通讯捐资助学爱心基金、中兴通讯员工救助爱心基金等四项基金。中兴最终确定了"中兴通讯，业界领先，为全球客户提供满意的个性化通讯产品及服务；重视员工回报，确保员工的个人发展和收益与公司发展同步增长；为股东实现最佳回报，积极回馈社会；2015年成为世界级卓越企业"的使命和愿景。

参考文献

1. 侯晓菲、彭南林：《深圳企业文化新观察》，海天出版社 2002 版。

2. 祝慧烨主编：《发现企业文化前沿地带》，企业管理出版社 2003 版。

3. 方文：《企业文化建设是一项价值转换工程》，《特区企业文化》1994 年第 1 期。

4. 陆云：《搞好企业文化建设　提高企业整体素质》，《特区企业文化》1994 年第 1 期。

5. 陈小平：《企业文化与市场经济》，《特区企业文化》1994 年第 2 期。

6. 许长辉、吴华珍：《赛格模式："以人为本"的企业管理思想》，《特区企业文化》1994 年第 2 期。

7. 吴刚：《现代企业制度与企业文化建设——培育独具特色的企业文化》，《特区企业文化》1994 年第 3 期。

8. 康佳集团：http://www.konka.com/about/about.jsp。

9. 中兴通讯股份有限公司：http://www.zte.com.cn。

10. TCL 集团：http://www.tcl.com/main/index.shtml。

11. 赛格集团：http://www.seg.com.cn。

第十三章
标准创新与企业质量、品牌和核心竞争力

第一节　标准创新的概述

　　电子信息产业作为一个科技含量较高的产业，标准在产业发展过程中至关重要。在某种程度上，标准的发展反映了电子信息产业的发展状况。标准在信息产业中的地位如此重要，那么标准究竟是什么呢？根据国际标准化组织（ISO）的标准化原理委员会（STACO）对标准的解释，标准是指由一个公认的机构制定和批准的文件。它对活动或活动的结果规定了规则、导则或特殊值，供共同和反复使用，以达到在预定领域内最佳秩序的效果。

一、标准发展现状

(一)国际标准发展现状

　　进入 21 世纪，随着经济全球化进程的加快，国际标准的地位和作用越来越重要，国际标准化活动呈现以下发展趋势：

　　1. 标准战略化

　　在新的国际经济竞争环境下，技术标准已成为战略竞争的制高点，引起各国的高度重视，ISO 和 EU 等国际性组织及美国、日本等发达国家纷纷加强标准化战略的研究，以确保本组织和本国标准的国际适应性，加强自身产业在国际市场上的竞争力，标准战略已成为国家产业政策的重要组成部分。1999 年欧盟通过欧洲标准化战略决议；2000 年美国、加拿大分别制定了本国的标准化发展战略；2001 年日本制定了标

准化发展战略。这些国家标准战略的共同之处在于，加强参与国际标准化活动，努力使本国产业的技术要求转化为国际标准，争夺竞争的主动权，注重建立区域标准化联盟，选择信息、环保、制造技术等领域作为实施标准战略的重点，强调科技研究开发政策和标准化的协调统一，确保标准的市场适应性等。

2. 标准国际化

近年来，随着经济全球化的迅猛发展，对国际标准的需求日益增长，标准的国际化已经成为 21 世纪一种势不可挡的世界潮流。一方面，标准国际化表现在积极采用国际标准上，截至 2008 年，已有 100 多个国家参加 ISO 和 IEC 这两大国际标准化组织的标准制定活动，一些经济发达国家，直接采用和部分采用国际标准的比重达 60% 以上。另一方面，标准国际化表现在标准的制定上，随着经济技术的迅猛发展，标准化工作涉及领域以及标准的内容和作用日益复杂与广泛，国际社会普遍认识到，要构筑内容复杂、数量巨大的标准体系，无论从技术上、经济上，还是使用上讲，必须依靠国际合作，如 ISO、IEC、ITU 等权威标准化机构都表示将加强彼此之间的相互联系，避免工作交叉与无序竞争。ISO9000 族标准、ISO14000 标准已被 100 多个国家和地区采用，欧共体颁布实施的《技术协调与标准化新方法》使欧洲标准化格局发生了重大变化，欧洲统一大市场运行所需的几百项法律（指令）大多数已转化为各成员国的法律而付诸实施。

(二)我国标准发展现状

依据《标准化法》规定，我国标准分国家标准、行业标准、地方标准和企业标准四级。国家质量技术监督局统一管理全国的标准化工作，包括国家标准制修订，行业标准、地方标准备案等。国务院有关行业主管部门和各地方质量技术监督局统一管理本行业和本地区的标准化工作。企业标准由企业负责制定和实施。国家标准和行业标准分强制性标准和推荐性标准，地方标准为强制性标准。

截至 1999 年底，我国有国家标准 19118 项，其中强制性标准 2563 项，推荐性标准有 16555 项，备案的行业标准有 3 万多项，备案的地方标准有 1 万多项，各地方已备案的企业标准有 80 多万项，批准国家标准样品 1094 个，已基本形成了以国家标准为主体，行业标准、地方标准和企业标准相互衔接配套的标准体系。

到 1999 年底，在我国 19118 项国家标准中，已有 8237 项采用国际标准和国外先进标准，采标率达到 43.1%。5988 项采用了国际标准（ISO、IEC），其中，等同采用

1624 项，等效采用 2079 项。采用国外先进标准 2405 项。在 2563 项强制性国家标准中，采用国际标准有 491 项。其中，等同采用 192 项，等效采用 142 项，非等效采用 157 项。

目前，从国家质量技术监督局到各省、地、市、县局，已具有一支专职的标准化管理队伍和标准化研究机构。全国已建立了 245 个全国标准化技术委员会和 406 个分会，有 2.6 万多名各行各业专家被聘请为委员。

二、标准的分类

电子信息行业标准的种类纷繁复杂。根据不同的分类依据，我们可以把电子信息产业标准分为不同的类型。在这里，我们依据标准化对象不同，将标准分为技术标准、管理标准和工作标准。对于电子信息产业，技术标准尤为重要。

(一) 技术标准

从宏观上来讲，技术标准是指对一个或几个生产技术设立的必须符合一定要求的标准，以及能达到此标准的实施技术。其包括以下两层含义：规定技术必须达到的水平，低于该水平的技术即为不合格或不符合要求的技术；技术标准中的技术是完备的，若生产达不到该技术标准，可以向标准体系寻求技术许可，从而获得相应达标的生产技术。

技术标准是知识经济的一个典型代表，是高技术时代体现知识和技能优势的工具。根据标准化对象特征和作用的不同，技术标准又可以分为基础标准、产品标准、方法标准、安全卫生与环境保护标准等。

1. 基础标准

基础标准是指在一定范围内作为其他标准的基础并普遍使用，且具有广泛指导意义的标准。企业可利用基础标准保证产品、零部件的协调统一、通用互换，企业便于组织专业化生产；可确保产品的性能和使用要求，提高产品的质量；可简化设计，减少工作量，提高工作效率；利用引进先进技术，便于科学技术的交流。基础标准也是制定各项标准的依据，能保证企业产品标准化工作的顺利进行，是科学管理工作的重要组成部分。

2.产品标准

产品标准指对产品结构、规格、质量和检验方法所做的技术规定。它是一定时期和一定范围内具有约束力的产品技术准则，是产品生产、质量检验、选购验收、使用维护和洽谈贸易的技术依据。产品标准的主要内容包括：产品的适用范围；产品的品种、规格和结构形式；产品的主要性能；产品的试验、检验方法和验收规则；产品的包装、储存和运输等方面的要求。

3.方法标准

方法标准主要包括两类：一类以试验、检查、分析、抽样、统计、计算、测定、作业等方法为对象制定的标准，如试验方法、检查方法、分析计法、测定方法、抽样方法、设计规范、计算方法、工艺规程、作业指导书、生产方法、操作方法及包装、运输方法等；另一类是为合理生产优质产品，并在生产、作业、试验、业务处理等方面为提高效率而制定的标准。方法标准在技术标准中可以对其他的标准产生影响。如果方法标准不健全，便会直接影响其他标准的准确性，因此，在生产的过程中应该密切关注方法标准。

4.安全标准

安全标准是为保护人、物的安全而制定的标准。安全标准有两种形式：一种是专门的安全标准；另一种是在产品标准或工艺标准中列出有关安全的要求和指标。从标准的内容来讲，安全标准包括劳动安全标准、锅炉和压力容器安全标准、电气安全标准和消费品安全标准等。安全标准均为强制性标准，由国家通过法律或法令形式规定强制执行。随着经济、社会的发展，人民生活水平的提高，人们的安全意识不断提高，安全标准越来越被人们重视，因此，企业也不断增加对安全标准的关注度。

5.环境保护标准

环境标准指在一定时间和空间范围内，根据社会经济的发展需要，以保护生态环境和生活环境为目标而制定的统一规范。为保护环境和有利于生态平衡，对大气、水、土壤、噪声、振动等环境质量、污染源、检测方法以及其他事项制定的标准均为环境保护标准。我国的环境标准由三类两级组成，所谓三类指环境质量标准、污染物排放标准和方法标准，所谓两级指国家和地方两级。

(二)管理标准

管理标准指以获得最佳秩序和社会效益为根本目的，以管理领域中需要协调统一的重复性事物为对象而开展的有组织的制定、发布和实施标准的活动所制定的标准。管理标准按其对象不同可分为技术管理标准、生产组织标准、经济管理标准、行政管理标准、业务管理标准和工作标准等。制定管理标准的目的是为合理组织、利用和发展生产力，正确处理生产、交换、分配和消费中的相互关系及科学地行使计划、监督、指挥、调整、控制等行政与管理机构的职能。

而根据管理标准的性质又可以将管理标准分为以下五种：

1. 管理基础标准

管理基础标准指在一定范围内以管理活动的共性因素为对象所制定的标准。

2. 管理方法标准

管理方法标准指以管理方法为对象所制定的标准，包括决策方法、计划方法、组织方法、行政管理方法、经济管理方法、法律管理方法等。

3. 管理工作标准

管理工作标准指以管理工作为对象所制定的标准，主要包括：工作范围、工作内容和要求、与相关工作的关系、工作条件、工作人员的职权与必备条件、工作人员的考核、评价及奖惩办法等。

4. 生产管理标准

生产管理标准指以生产管理事项为对象而制定的标准。从广义上讲，生产管理标准的内容很广，涉及生产管理过程中的各个环节、各个方面。例如，生产经营计划管理、产品设计管理、生产工艺管理、生产组织与劳动管理、定额管理、质量管理、设备管理、物资管理、能源管理和销售管理等。从狭义上讲，生产管理标准仅涉及与产品加工、制造和装配等活动直接相关的生产组织和劳动管理等方面。

5. 过程管理标准

过程管理标准指对生产过程中的管理事项所做的统一规定。生产过程管理标准一般包括：生产计划、工作程序、方法的规程，生产组织方法和程序的规程，生产管理控制方法规程等。

管理标准是为合理组织、利用和发展生产力，正确处理生产、交换、分配和消费中的相互关系，以及行政和经济管理机构行使计划、指挥、控制等管理职能而制定的管理准则。管理标准在目前的经济生活中的作用也日益重要，人们逐渐开始重视采用科学的管理方法来提高企业的经济效益。随着社会的发展，管理标准将会越来越健全，越来越备受企业的青睐。

(三)工作标准

工作标准的提法出现的时间相对于技术标准和管理标准来说比较晚，且这一标准发展得还不够完善。工作标准指对工作的内容、方法、程序和质量要求所制定的标准。工作标准的内容包括：各岗位的职责和任务、每项任务的数量、质量要求及完成期限，完成各项任务的程序和方法，与相关岗位的协调、信息传递方式，工作人员的考核与奖罚方法等。工作标准的建立在一定程度上对劳动者的权利和义务具有一定的规范作用，将会对社会产生较大的积极影响。当然，这一标准的发展和成熟仍然需要一段较长的时间，但是最终它必将会成为电子信息产业中非常重要的一种标准。

电子信息产业中的标准在国际范围内已经逐渐形成一个较为完整的体系，他们分别都从不同的方面对电子信息产品的生产、销售进行了规范。统一的标准有利于产品的生产和在国际市场上的流通，对国际贸易的顺利开展起到积极的推动作用。

第二节 企业标准创新的发展历程

改革开放三十年来，深圳的经济实现了突飞猛进的发展，由一个边陲小镇发展成为一个现代化大都市，电子信息产业更是从无到有，从弱到强，实现了跨越式的发展。在这些企业发展过程中对标准的认识和运用也发生了很大变化，由开始的不懂标准到现在的积极参与国际标准的制定，深圳电子信息企业也大致走过了无标准阶段、应用标准阶段和创建标准阶段的三个阶段。

一、无标准阶段

无标准阶段大致从改革开放之初到20世纪80年代中期。深圳经济特区创办之初，便将发展以电子产品为主的来料加工工业作为主导产业。各项特区优惠政策的推出，吸引了以港资为主的大批外资的涌入，同时也吸引内地电子企业纷纷来深圳投资，外引内联政策在特区初期发展电子工业过程中产生了巨大的影响。

在这一阶段，企业对标准的认识较少。大规模的公司企业注册成立，大量的写字楼和厂房在深圳这个年轻的城市拔地而起，当时的深圳到处是建筑工地，到处尘土飞扬。该阶段企业一般与外商合资成立，或经营"三来一补"的加工生产，标准意识淡薄。企业创立之后首要的宗旨是求得生存，大量的企业均是从零开始，仅仅瞄准了某一个市场机会或者获得了一项技术，便开始筹集资金、购买设备、招聘人员上马经营。企业自身产品质量把关体系、员工管理体系等尚不健全，根本谈不上运用标准来规范企业的经营管理，参与这些标准的制定。

深圳第一批电子信息产业的企业：广东省光明华侨电子工业公司（现深圳康佳集团股份有限公司）、深圳华强电子工业公司（现华强集团公司）、洪岭电器加工厂（现深圳电器有限公司）、深圳电子装配厂（现深圳爱华电子有限公司）、深圳市无线电工贸公司（原深圳无线电厂）等，这些企业创办之初均是生产自有产品，主要销往本地和周围地区，只有深圳市无线电工贸公司一家企业除了生产自有产品还同时给港商加工收音机主板，108 名职工的全年工业产值为 121 万元，利润 5000 元，自产产品除满足本地需求外，其余销往广州、汕头等地。

1980 年，与港资合作的新华电子厂，生产新华牌收录音机。与此同时，第四机械工业部（即后来的电子工业部）在深圳成立"中国电子技术进出口公司深圳分部"（现深圳中电投资股份有限公司），位于福田公社深南公路福田路段北侧的深圳华强电子工业公司经过几个月的筹建后，于同年 5 月 7 日，开始利用从日本 SANYO 公司引进的收录音机、收音机生产线，在两栋简陋的钢架厂房里为 SANYO 公司来料加工收音机和单卡的收录音机。紧接着，其他几家也陆续开始给港商加工收音机和收录音机以及电子手表表链之类的产品。至此，深圳电子信息产业完全开启了"三来一补"（来料加工、来件装配、来料制造和补偿贸易）的序幕。

这些企业有的从事来料加工，有的以"补偿贸易方式"进料组装双卡的收录机、14 寸彩色电视机、电冰箱、电子按键电话机和 8 位的 838 电子计算器、电子万用表等，有的从事收录音机和彩色电视机配件的生产，例如为实现收录机和彩色电视机装配的零部件国产化，分别引进生产单双面印刷电路板生产线等。

由于企业刚刚开始创立，无论是在技术方面，还是在管理方面都处于摸索和积累经验的阶段，很多企业的管理制度都不健全，对于质量的监控也不够完善，没有能力实现标准化生产。

二、应用标准阶段

应用标准阶段是从 20 世纪 80 年代中期到 21 世纪初，这个阶段是深圳电子信息产业高速发展的黄金时期，企业对标准的认识不断提升，从原来的不知道标准为何物，到逐渐地积极运用标准来管理生产、监控产品质量，他们还利用获得国际标准认证积极获取打入世界市场的"通行证"。

(一)政府积极促进标准运用

在这一时期，深圳市政府也充分认识到标准对于电子信息产业发展的重要性，不断出台一些新的政策、法规来帮助企业认识标准、运用标准。

在 1985 年成立市标准化局（后改为标准计量局，现为技术监督局），在组织机构上保证了标准化工作的实施，在 1998 年，深圳市形成的以市产品质量监督所为中心的质量监督检查网、以市计量检测研究所为中心的量值传递网和以市技术研究监督所为中心的标准化情报网已经能为全市 70% 的标准化工作提供服务。尤其在 1987 年国际标准化组织颁布了 ISO9000 系列标准，深圳面临国际市场的考验，国外市场愈来愈多客户依据 ISO9000 系列标准向企业提出了质量保证的要求。为与国际市场接轨，技术监督局积极组织 ISO9000 研究会开始理论和实施规划的研究，对后来企业通过 ISO9000 标准认证产生了极大的积极影响。

同时，在 1985 年由深圳市政府与原国家商检局、电子部共同出资组建的，具有独立事业法人资格的电子产品专业检测机构，也是电子信息通信医疗产品测试技术公共服务平台。该中心本着"公正、准确、严格、科学"的原则，承担数百批电子产品的检测任务，从技术上保证标准认证的准确性。

(二)企业努力提升实力、运用标准

企业运用标准取得成效的案例在这一时期不断涌现。在 1989 年，深圳市已有 200 多种工业品采用了国际标准和国外先进标准，其中 15 家企业的 17 种产品通过了国际标准合格验收，其中绝大多数是电子类产品和企业。在 1993 年，70 多家企业实施 ISO9000 标准，13 家企业质量管理水平通过国外权威机构的认证，50 多家企业的 300 多种产品取得美国 UL、加拿大 CSA、德国 VDE 等国际认证标志，另外，条形码技术也得到了广泛的推广。到 1998 年，深圳市已经约有 30% 的产品采用国际先进标准或者较为先进的标准，使 44 种产品成为进口替代品，100 多种产品被评为国家、部、省（市）优质产品。

光明华侨电子公司（现康佳集团）便是最为典型的例子。该公司在这个时期逐渐

意识到质量是企业的生命，要保证产品质量，必须把标准化工作和计量工作做好。因此，他们引进先进设备，同时还注意引进先进的国际标准，全公司先后制定了 200 多项工作标准和管理标准，颁行到位，人人执行，使之制度化、体制化。公司还收集整理了原始记录和技术档案 18 大类 164 种，根据实际制定出计量管理网络图和量值传递系统，使计量器具的配备率高达 99%，并用电脑进行管理。1986 年实行了国际标准验收，1987 年取得国家二级计量合格证。其产品取得了"UL"认证（美国权威产品安全测试认证机构），是 1986 年之前深圳市第一家取得"UL"认证的企业。在 1989 年还两次组织员工学习"标准化法"，使每个员工都熟悉标准化的相关知识。该公司后更名为康佳集团，在 1993 年，康佳在全国同行业中首家通过 ISO9001 质量管理体系国际国内双重认证，奠定了其在家电市场的领导地位。在 1998 年，康佳还在国内同行业中首家通过 ISO14001 环境管理体系国际国内双重认证。在 1999 年，康佳 3118 移动电话通过 FTA 认证。在 2000 年，深圳康佳通信科技有限公司生产的康佳移动电话荣获国家质量技术监督局通报表彰。在 2001 年，荣获国家 863 计划 CIMS 应用示范企业。

深圳华发电子股份公司也在 1993 年获得了"中国出口商品生产企业质量体系（ISO9000）工作委员会"（由中国 14 个部委组成，并在 1991 年组建了深圳评审中心）深圳评审中心的认可，该公司同年还通过了"挪威船级社"（国际公认的具有国际权威性质质量体系评审机构）的认证，从而成为我国彩电定点生产企业首家同时获得国内外两家 ISO9000 权威评审机构认证的企业。

企业在管理标准方面也不断地发展，在 1993 年深圳市推广"泰勒制"取得了很显著的成效，作为综合性管理科学的工业工程，"泰勒制"对生产的全过程的工序、工艺流程、操作时间等逐项分析，寻求最标准的形式生产，以达到最佳的经济效益。深圳市标准化协会在 1989 年开始在市工业企业中推广运用这种管理技术。康佳集团、安可公司等采用这种管理技术，工作效率提高了 30%。

三、创建标准阶段

创建标准阶段大致从 21 世纪初至今。随着自主创新战略的实施，深圳企业谋求标准话语权的内在动力明显提高。越来越多的企业已不满足于被动地执行标准，而是积极参与国际、国内标准以及行业标准的制定，通过参与标准制定来抢占市场竞争的制高点。有关资料显示，2002 年至 2006 年，深圳市企业主持或参与研制国际标准 20 项，国家标准 85 项，行业标准 603 项，向各种国际标准组织提交提案 1000 余件，深圳企业制定标准的数量和层次在国内大中城市中均居领先地位。其中，华为无疑是参与标准制定最多的企业，另外，中兴、康佳等企业也积极参与国内外标准的制定。

（一）华为参与国际标准制定

深圳市专利协会会长、华为高级副总裁宋柳平 2007 年对外公布：华为已参加 75 个国际标准组织，已有数百件专利进入了国际标准，有 300 多人参加国际标准的制定。

2005 年，华为参与制定标准 IEEEP1903，由 IEEE 通信协会和 IEEE 标准协会企业标准计划联合发起，将在 IEEE 标准协会企业标准计划的框架下开发。此项标准用来描述基于互联网协议（IP）的服务层叠网络的框架。

2007 年 1 月，华为公司承办了 FSAN 标准组织 2006 年度深圳会议暨核心成员管理会议。FSAN-OAN 标准论坛由全球 7 个主要网络运营商于 1995 年发起成立，是 FTTH 行业标准领域最具影响力的论坛。该组织致力于推动光纤接入网通信标准，到 2007 年为止，FSAN 主导完成了 APON，BPON，GPON 设备标准，提交 ITU-T 批准通过，并体现于其 G.984.x 的系列标准中。2006 年，该组织主要致力于推进 GPON 产品互通性规范的发展和下一代光接入技术的研究。FSAN 组织对其成员的挑选极其严格，其成员构成主要为全球知名运营商、行业一流设备制造商以及作为观察员的业内资深专家，AT&T，BT，FT，NTT，SBC，TI，Verizon 和 Qwest 都是其成员。华为公司参加 FSAN 会议以来，持续提交了多篇文稿，与其他成员一起持续推动 GPON 标准的确立和全业务接入网的发展。凭借在 FSAN 中的突出贡献，华为获得了 ITU-TG.983.x、G.984.x 多个标准的主编和联合主编席位。华为在 GPONFSAN 标准组织中还与海外主流运营商共同发起和制定光纤线路检测标准，为降低规模应用中的运维成本作出了积极贡献。

2007 年 7 月，华为积极参与 3GPP2UMB 标准制定，与中国联通、VerizonWireless、高通等行业领先者密切合作，申请了 14% 的 UMB 专利，成为该标准架构最重要的贡献者之一。

2007 年 11 月，世界通信产业解决方案联盟（ATIS）宣布成立光接入网标准组（OAN），华为技术有限公司 Frank Effenberger 博士获标准组副主席席位，进一步增强了在标准组织关键技术领域的影响力。作为全球领先的下一代解决方案供应商，华为在接入领域已成为 17 个标准组织和论坛的主席和活跃成员，包括 ITU、ETSI、IEEE、DSL 论坛、FTTH 理事会、WiMAX 论坛等。光纤接入是接入网的发展方向，华为组建了超过 30 人的专家团队参与相关标准的制定工作，并在推动 xPON 标准制定和产业链发展方面取得阶段性成果。我们知道，EPON 的后续发展是 10GEEPON，该标准由 IEEE802.3av 工作组制定。华为在 IEEE802.3 标准组织中已有 6 个有效投票权，是 5 个标准研讨小组中 2 个小组的组长。至此，华为已经提出了 24 篇提案。

此外，华为技术有限公司近年来积极参与国际国内语音音频编解码标准的制定活动，也是国际 ITU-T、3GPP、MPEG 和国内 AVS、CCSA 等标准组织的活跃成员，并在这些标准组织中担任了会议报告人、组长等重要职位。除 G.711.1 外，华为公司参与的 ITU-TG.VBR，G.729.1DTX/CNG 等标准的制定工作有望在今年完成并成为 ITU-T 的正式标准。

（二）中兴积极参与制定标准

中兴通讯到 2007 年为止，有组织地、广泛地参与了 ITU、3GPP、3GPP2 等 50 多个国际标准化组织。累计提交国际标准文稿 1000 余篇，6 名专家在国际标准组织中担任领导职务，取得了 11 个国际标准编辑者（EDITOR）席位和起草权，其中 3 项国际标准已在全球范围内正式发布。

2002 年 7 月，中兴通讯关于 CDMA 技术的三项提案被中国无线通信标准研究组（CWTS）正式接受并采纳，三项提案是：基于 Parlay 的 L1 接口标准《CDMA 无线定位业务应用编程（API）接口技术规范》、《800MHzCDMA 数字蜂窝移动通信网定位业务相关设备技术要求》、《800MHzCDMA 数字蜂窝移动通信网定位功能平台接口技术要求》。这些标准、规范的制定，将为 CDMA 综合业务平台的开发和中国联通 CDMA 网络定位早日商用化奠定基础。

自 2001 年起，中兴通讯就已开始参与制定 TD-SCDMA 的标准和专利申请工作。到 2005 年，中兴通讯已完成了包括系统和终端在内的 70 余项国际、国内 TD-SCDMA 专利的申请工作，并向 3GPP 提交了近 60 项标准提案。

在 2005 年爱沙尼亚召开的 3GPPRAN 第 29 次全会上，由中兴通讯牵头，大唐移动和电信研究院传输所参与起草的 TD-SCDMA 国际标准 TR34.943 正式获得通过。这一标准的通过大大加速了 TD-SCDMA 一致性测试进程，提高了 TD-SCDMA 产业化能力，从而加快了 TD-SCDMA 国际化的步伐。

随着市场竞争的日趋激烈，越来越多的企业开始关注标准的制定，希望能在未来的市场竞争中掌握竞争的主动权。

第三节　企业标准创新的具体实践

深圳市电子信息产业的发展总体来讲大致经历了上述的无标准阶段、应用标准阶段和创建标准阶段，但是家电行业、信息行业和计算机软件行业分别呈现出其自身特点。

一、家电行业的标准创新

家电行业在深圳的发展历史相对较长。从改革开放之初的简单进行组装，逐渐到引进技术生产自有品牌的产品，从刚开始的产品仅仅销售到周边地区，到后来大量的产品销售到国际市场上，深圳的家电企业对标准的认识也逐渐发生变化，从开始无标准意识，到后来积极运用标准，再到目前积极参与标准的制定。

在 20 世纪 80 年代，深圳家电企业开始大量出现。这些家电企业刚开始生产的产品主要是收音机、收录机、组合音响等，由于没有成熟的技术只能经营来料加工。像前面提到的光明华侨电子有限公司、康乐电子公司、宝华电子公司、爱华电子有限公司等企业都从经营来料加工开始。由于当时的市场是卖方市场，很多产品供不应求，市场竞争不激烈，企业没有认识、运用标准的压力。

20 世纪 80 年代末，随着深圳家电企业越来越多，产品种类和数量也越来越多，市场竞争不断升级，多数企业开始寻求和采用新的技术生产自有品牌的产品。由于国内市场逐渐饱和，企业要进一步的发展不得不拓展国际市场。但是，国际市场上很多国家对进口的产品质量有严格的控制，例如美国要求大部分产品要经过"UL"认证，尤其在 1987 年国际标准化组织颁布了 ISO9000 系列标准后，企业便面临国际市场的考验，愈来愈多的国外客户依据 ISO9000 系列标准向企业提出质量保证的要求。因此，政府、企业都开始着手研究国际标准。1986 年，光明华侨电子有限公司通过检验成为深圳第一家取得"UL"认证的企业，接着又分别取得了加拿大 CSA、德国

VED 等国际认证标志。在 1993 年，深圳华发电子股份有限公司也获得了"中国出口商品生产企业质量体系（ISO9000）工作委员会"深圳评审中心的认可和"挪威船级社"的国内外的双重认证。此后，深圳康乐电子有限公司获得中国电工产品安全认证、UL、CB、TUV、CE、CCIE、CCC 等认证，而且于 1997 年获得 ISO9001 质量体系认证证书。随着经济的发展，深圳的家电企业积极寻求标准认证，从而获得消费者的信任，先后将产品打入国际市场。

在 2005 年，TCL 全球四大研发中心分别参与了全球三大彩电市场——中国、美国、欧洲的数字电视标准的制定。TCL 深圳研发中心是中国数字电视的标准制定者之一，同时也是国际平板电视标准制定小组的组长单位。而 TCL 美国印第安纳研发中心拥有全球最先进的第四代数字电视及 DLP 微显示电视的顶尖技术，因此全面参与了美国 NTSC 数字电视标准的制定。在欧洲市场上，TCL 德国菲林根研发中心，主要侧重于制定产品和技术发展路线，注重 TCL 战略产品的技术储备，联结技术发展伙伴，对整体产品开发提供技术支持，并凭借其在投影电视和软件开发上的绝对优势，参与了欧洲 DVB 数字电视的标准制定。

2006 年，创维参与国家音频标准制定，与 AVS 共建实验室，大大缓解中国企业使用这些国外技术要缴纳昂贵专利使用费的压力。同年，创维参与由中国家电维修协会牵头制定的《家用平板显示电视机安装和维修服务技术规范》，其内容主要涉及评测指标、工作规程、质量监管、保障条件、试验数据、评测方法等。并且以创维集团的平板服务标准作为蓝本推出该行业服务标准来规范整个平板电视服务行业。

二、信息行业的标准创新

深圳信息行业与深圳家电行业相比起步较晚些，但是深圳信息行业的发展却是最为迅速的，呈现出突飞猛进的发展态势。信息行业标准的发展也呈现其独有的特点。企业成立之初便十分关注标准，不但积极地获得 ISO9000 等标准认证，而且还积极地参与国内外标准的制定。

华为是深圳信息行业中最有效利用标准的企业。截至 2007 年，华为已参加 75 个国际标准组织，已有数百件专利进入了国际标准，有 300 多人参加国际标准的制定。华为是深圳信息行业中参与国际标准制定最多的国内企业，并且未来华为还会不断地在制定标准方面有新的突破，在信息行业内具有举足轻重的影响。

深圳市航盛电子股份有限公司成立于1993年，是一家一直专注于研发、制造和销售汽车电子系列产品的国内汽车电子龙头企业。2000年，它通过了QS9000质量体系认证。2002年，又通过了VDA6.1质量体系认证。2003年，通过了ISO/TS16949质量体系认证。

深圳华强信息产业有限公司成立于1993年，是深圳华强集团内从事高技术信息产业的专业公司。公司业务范围涉及卫星导航定位、计算机应用系统开发与集成、网络及网络安全等领域。成立之后迅速通过了ISO9001：2000质量体系认证，从体制上保证为市场提供可靠、稳定的产品及值得信赖的服务，而且还正积极地参与行业标准的制定。

深圳京华成立于2002年，迅速通过了ISO9002、TUVPS等各类认证，还成为信息产业部LED显示屏标准工作组的成员单位。在2006年3月，参加了在北京召开的《LED显示屏测试方法》和《体育场馆用LED显示屏规范》标准审定会，与此同时，深圳京东方作为标准的主要起草单位之一，积极地参与了行业标准的制定和修订工作，为有力地促进LED显示屏行业的发展作出了不懈的努力。

三、标准创新的经验及展望

虽然与国际先进水平相比，深圳电子信息产业企业在标准运用、标准创建方面还存在一些差距，但是，30多年来的发展也使很多企业积累了丰富的经验。

总的来说，企业主要积累了以下几个方面的经验：

(一)熟悉相关行业标准

运用标准和参与标准制定都应该建立在熟悉相关行业标准的基础上，不仅领导阶层要熟悉标准，而且应该尽量使每个员工对企业所采用的标准都能有更加深刻的认识，这对于企业进行标准化生产、标准化管理至关重要，并且还可以使员工群策群力，提出更加有利于企业标准创新的建议。

(二)密切关注国际标准动态

尽管很多企业没有能力参与国际标准的制定，但是可以密切关注国际标准发展的动态。国际标准发展的前沿意味着未来国际市场发展的趋势，这种趋势很快就会成为国内标准发展的趋势，这对于企业调整发展战略、应对未来国际国内市场竞争都具有十分重要的意义。

(三)积极参与国际、国内标准的制定

　　仅仅运用标准只是做"游戏规则"的遵守者，在激烈的市场竞争中始终处于被动的地位，更无法实现运用新标准提升企业产品竞争力的目的。企业要获得更强劲的竞争力，积极参与国际、国内标准的制定是其发展的必然选择。

　　标准自诞生之日起，便在不断地发展，为电子信息行业的发展提供了规范，有利地促进了电子信息行业的发展。随着电子信息产业的发展，标准也将会进一步发展，并且呈现出新的特点。未来标准的发展必将会越来越国际化，越来越战略化。电子信息企业应该认清未来标准发展趋势，积极应对挑战。

参考文献

1. 中华人民共和国工业和信息化部：http://www.miit.gov.cn。

2. 国际标准化管理委员会：http://www.sac.gov.cn/templet/default/。

3. http://www.xtzhagun.com/kexuekeji/60411.html.

4. 中国标准服务网：http://www.cssn.net.cn/pages/dongt/standardfirst.jsp。

5. 信息产业部电子工业标准化研究所：http://www.cesi.ac.cn/default.aspx。

6. 深圳信息行业协会：http://www.sziia.org。

7. 康佳集团：http://www.konka.com。

8. TCL集团：http://www.tcl.com。

9. 深圳京华：http://www.jwdigital.com。

第十四章
产业园区创新与管理体制的进步

产业园区是在一定地域（区域）内科学规划和布局，以市场为导向，通过招商引资实现产业聚集，形成具有支撑作用的区域经济系统，是发挥生产要素聚集效应带动区域经济快速发展的有效方式，其集聚增效、示范带动、整合优化、招商引资、降低成本、促进城镇化和工业化结合等功能，都是其他形式不可替代的。

本章将以深圳市的产业园区发展为重点，探讨产业园区的发展模式和管理体制，以及对深圳产业园区的创新提出建议，为产业园区及其园区企业的发展提供参照。

第一节　产业园区的发展模式与管理体制

产业园区的发展模式与管理体制，一般说来，可以分为市场主导模式与管理体制、政府主导模式与管理体制、政府主导市场运作模式与体制以及区域优势发掘与综合发展模式。区域优势发掘与综合发展模式又可以细分为高等院校创业型、产业组织配套型、城市旧区改造型、新区规划创建型、新兴产业专业型、综合优势发展型等。

一、市场主导模式与管理体制

从市场在科技园区发展中的作用的角度可以分为市场主导型与政府主导型模式。美国硅谷模式是一种以市场力量为主导的模式，即政府对于科学园区的发展并不直接介入，主要职责是提供自由的创新环境和健全的法律环境。美国的微电子公司几乎没有得到政府的帮助。构成这一模式的主要因素是科技人员的创新精神，私人企业家的风险资本投资和科技人才致富氛围对人才的吸引力。[1]

市场主导管理体制是指自发形成的、完全由市场主导的管理体制。这种体制的优点是资源配置灵活，市场竞争力强，充满活力。其不足体现在缺乏统一规划，资源不够集中，容易产生不经济性等问题。市场主导管理体制的典型园区就包括美国硅谷以及波士顿128号公路地区。一般说来，欧美发达国家的园区在管理中发挥市场作用较多，政府的干预相对较小，像美国硅谷和128公路地区至今没有一个统一的管理机构，其原因是外部大环境较好，表现为市场经济发达、法制比较健全，而发展中国家（甚至包括日本）较多地采用单一的政府型管理体制，这证明由于受市场发育不完善、法制不健全、外部环境比较差等因素的影响。

二、政府主导模式与管理体制

以政府为主导的科学园区发展模式以日本筑波为代表（中国台湾新竹科学园区也归于此类）。如果说，美国的硅谷是在自由市场的环境下逐步成长的，日本的筑波则是在危机意识驱动下由政府推进的。日本筑波模式给予我们的启示是对于后起国家和地区，在建筑科学园区方面，政府要发挥积极的作用。这些作用包括资金投入、企业机制之间的团体协调和科学园区的规划。[2]

政府主导型管理体制是指政府通过成立管理委员会或办公室作为政府派出机构，发挥政府的有关行政职能，对园区内企业进行管理。这一模式按照管理部门的权力大小可以进一步细分为"协调型"和"集权型"。

协调管理型强调由所在城市的政府全面领导园区的建设和管理。所在城市人民政府设置园区管委会，管委会由原行业或主管部门的主要负责人组成，区内各类企业的行业管理和日常管理仍由原行业主管部门履行，管委会只负责在各部门之间进行协调，不直接参与园区的日常经营。这种管理模式的优点是有利于城市政府的宏观调控，使园区的发展格局与城市的整体经济发展保持一致。但这种管理模式也有明显弊端，主要表现为园区管理委员会权限少，而且管理效率低下。

---

[1]　胡坚：《中关村高科技园区的发展模式与动因探讨》，《经济界》2001年第5期。
[2]　同上。

集权管理型一般由省或市政府在园区设立专门的派出机构——管委会来全面管理园区的建设和发展。这种管理模式中的管委会具有比较大的经济管理权限和相应的行政职能。能够全面实施对园区的管理，真正体现"小政府、大社会"的特点。这一模式的优点是管委会拥有全套的经济管理权和部分社会事务管理权，积极性高、主动性强，有利于园区整体规划和协调发展。不足之处是园区相对独立，受城市主管部门的控制力较弱，易使园区发展脱离城市整体发展目标和发展规划。[1]

三、政府主导市场运作模式与体制

政府主导市场运作模式与体制是综合了单纯的政府主导和市场主导模式与管理体制的优点而避免了两者缺点的一种产业园区发展模式和管理体制，并采用两者结合的方式来管理产业园区。这是我国目前采用最多的一种管理模式。以深圳市的产业园区为例，深圳市大工业区即属于政府主导市场运作的模式和管理体制。这种模式和体制将会在下一节中作更深入的介绍。

四、区域优势发掘与综合发展模式

区域优势发掘与综合发展模式可以细分为龙头企业带动型、出口导向牵引型、高等院校创业型、产业组织配套型、城市旧区改造型、新区规划创建型、新兴产业专业型、综合优势发展型等。本章限于篇幅，选取其中具有代表性的高等院校创业型、城市旧区改造型、新区规划创建型、新兴产业专业型、综合优势发展型五种发展模式来进行详细说明。

(一)高等院校创业型

高等院校创业型是指由大学或科研院所设立专门机构创立科学园或孵化器并对其进行管理的产业园区发展模式。例如，英国剑桥科学园由剑桥大学圣三一学院领导，在其创立之后设两组专职人员对科学园进行管理。美国斯坦福研究园由斯坦福大学创立后，其管理的重点在出租土地上，设有专管土地的部门——土地管理局。近年来我国兴起的大学科技园大都也实行自主管理。这种管理模式，消除了来自政府的一些行

---

[1]　韩伯棠等：《我国高新技术产业园区的现状及第二次创业研究》，北京理工大学出版社 2007 年版。

政干预，发展的自由度较大，对中小型投资者有吸引力。但如果缺乏政府的参与和支持，产业园的权威性和协调力就会受到影响，资金保障也会面临一定的问题。

(二)城市旧区改造型

城市旧区改造型是在原有经济技术开发园区或大学产业园区的基础上拓展改造出新区的产业园区发展模式。其特点是：一、在原有经济或大学产业园区的基础上拓展新区，开发新技术，实现产业园区的再创业；二、筹集资金一般采用地方政府，投资银行和民间集资等多种形式；三、由于是旧区改造，资金又不够雄厚，所以一般基础设施不够完善，建设新园区因陋就简，如利用旧厂房，改造旧工厂或租赁场地创业；四、一般没有单独的行政管理机构，由旧区延伸行政管理，因此给园区的发展带来了一些不便。但我国这种类型的园区一般都单独设有管理委员会。

(三)新区规划创建型

新区规划创建型是指在没有产业园区的地方创建一个完完全全新的产业园区的发展模式。新区规划创建型的特点是：一、在大城市近郊或经济发达的地区单辟一块农田或荒地建立集中的园区，它又分两种类型：一是作为新城的一部分，目前大城市另辟新区时一般在规划中有一个园区在内，来带动新区经济发展，二是单独建立一个园区。二、集中的行政管理机构，一般成为一级政府。三、政府的较雄厚的资金支持。这些新区一般距技术源和人才源较远，必须有风险创业资金才能吸引创业人才；这些新区一般不具备足够的基础设施，只有大量投资才能建设园区。这种类型的园区是最规范的一种，也是最普遍的一种，但是需要大量的资金投入。[1]

(四)新兴产业专业型

这种模式是以相同或相似的新兴或热门的产业为基础发展产业园区的一种模式。这种产业集群强调的是新发展起来的产业。如近年涌现出来的许多创意产业园区，就是以（文化）创意为核心，充分发挥全社会创意产业资源优势，积极配合政府制定创意产业发展规划及策略，强化导向、构筑平台、推动集聚、形成体系，推动创意产业发展的专业产业园区。

---

[1] 冯雪冬：《中关村科技园区发展模式研究》（硕士毕业论文），2005 年。

(五)综合优势发展型

综合优势发展型是综合利用本地区的多种优势（资源优势、科技优势、产业优势、多学科优势、人才优势、环境优势等）发展产业园区的一种发展模式。该发展模式的特点是：多种优势互补，综合协调发展。例如，法国法兰西岛科学城是充分利用原有坚实的工业和科技基础优势、密集的智力优势、优美的环境优势发展起来的，它投资少，见效快。另外，美国费城科学城、英国的 M4 号公路走廊、日本的一些技术城均属此种模式。

第二节　深圳产业园区的发展模式与管理体制

深圳市的产业园区自 80 年代以来，发展迅速，并形成了自己的鲜明特点。这其中以深圳市高新技术产业园区、深圳市天安数码城、深圳市留学生创业园和深圳市大工业区最为突出。下面就以这四个产业园区为背景，对深圳市产业园区的发展模式和管理体制进行初步的探讨，并进行详细的分析。

一、深圳市高新技术产业园区

(一)深圳市高新技术产业园区介绍

深圳市高新技术产业园区（以下简称深圳高新区）是国家科技部"建设世界一流科技园区"发展战略的首批试点园区之一。

随着投资环境的日益完善，高新区招商引资的磁场效应愈加明显，大批国内外企业竞相入驻，逐渐形成了电子信息产业群、生物工程产业群和新材料产业群。国内大企业有华为、中兴、联想、长城、TCL、创维、海王、东大阿尔派、创智等；跨国公司有 IBM、菲利浦、康柏、奥林巴斯、爱普生、朗讯、哈里斯、汤姆逊等。

深圳高新区拥有大量的自主知识产权。2002 年深圳高新区具有自主知识产权的高新技术产品产值已占"半壁江山"。华为、中兴的程控交换、移动通信和接入设备；长城的计算机系统；金蝶、创智的软件产品；飞通的光器件；迈迪特、迈瑞的医疗器械；科兴、匹基的基因工程产品；海王、海普瑞的医药产品；长园的新材料等，都在国内外占有相当的市场份额。高新区聚集了一批拥有核心技术的高水平集成电路设计中心。

许多企业都在高新区设立研发中心，相当一部分企业的研发经费已超过销售收入的 10%，高新区已形成了以市场为导向，以产品为核心，以企业为主体，以大学、科研院所为依托，辐射周边地区，拓展国内外，"官产学研资"相结合的研究开发体系。两院院士活动基地、大学研究院、企业博士后工作站、工程技术开发中心和国家重点实验室共同构成了服务中小科技企业的公共技术平台。

(二)深圳市高新技术产业园区发展模式和管理体制

深圳市高新技术产业园区发展模式和管理体制可以说是一种典型的政府主导模式与管理体制。

深圳高新区由市政府统一领导、统一政策、统一规划、统一管理。这种以政府为主导的产业园区的发展模式，在深圳市高新技术产业园区看来是非常成功的，深圳高新区的迅速发展得益于政府的正确引导和大力扶持。

在政府主导的管理体制下，深圳高新技术产业园区又有属于自己的体制特色。深圳高新区实行三级管理体制，一是决策层，以市长为组长，市科技局、计划局、经济发展局、规划国土局等十几个部门负责人组成园区领导小组，负责高新区各项方针、政策的制定和协调，负责高新区内改革和发展重大事项的决策，制定高新区的规划和发展目标。二是管理层——园区领导小组办公室，包括综合处、计划处和监督协调处，具体负责园区的行政管理事务。它既是领导小组的办事机构，又是市政府的派出机构，负责组织、实施高新区的建设与发展计划，在高新技术产业高新区领导小组的指导下，对高新区内的项目、土地审批、工商注册、企业监管、资金运作、人员入户和出国等方面进行初审和全过程管理。三是服务层——园区服务中心（属服务性事业机构），负责园区的开发建设和日常服务工作，服务层即综合服务中心，通过这个机构的设置，可以"把管理变成服务"的创新思想变为现实。它为高新区内的企业提供政策法律服务、财务服务、通用信息服务、宣传服务、运行服务、生活服务。

二、深圳天安数码城

(一)深圳天安数码城介绍

天安数码城是完全市场化运作的科技园区，由天安数码城公司自主规划、设计、招商、运营及管理。天安数码城主要定位于服务中小民营科技企业，属深圳市高新科技产业带的一部分，并与深圳市高新科技园区形成互补、协作、双赢格局。天安数码城公司针对后工业化时代及知识经济时代，中小民营科技产业经济呈现的互补协作性强、智力密集、转型快、贸工技一体化的特点，创新理念，相应地提供现代富有形象的科技产业大厦产品。科技产业大厦在功能上体现后工业化、科技化、信息化，既适合企业研发、试制，又体现总部经济概念、哑铃型经济、协作化经济特点。天安数码城配备了最先进的网络设施，首家接驳 IP 城域网，真正做到了集科研、开发、交易与良好的办公居住环境四位于一体。

经过十数年的发展，天安数码城已经发展成为创新科技产业、创意产业、金融业、高端专业服务机构典型聚集的民营科技园区，也是适宜创业发展、风险投资的极具发展活力的民营经济聚集体。

天安数码城已经吸引了超过 1000 家优质民营科技企业入驻，其中既有体现总部经济概念的知名集团化科技企业（及上市公司）总部，也有 500 强企业的分支机构或合作企业；既有贸工技的民营科技企业，也有留学生个人创业公司。目前，入驻企业经过国家、省、市认证的民营科技企业已超过 100 家，上市企业 8 家，深圳民营科技 50 强企业 2 家，银行多达 12 家。园区技工贸总值达 350 亿—400 亿元，税收逾 30 亿元。

天安数码城已经形成比较完善的创新科技服务支撑体系，引进了具有完备的金融服务、风险投资、智力与人才服务体系，研发教育环境，以及良好便利的基础设施。天安数码城与国家级科研机构、多个知名学府建立合作关系，并通过举办各种论坛促进业界与大学之间的管理和技术交流。其中天安数码城与清华大学合作成立清华力合国际技术移动公司，旨在为驻企提供产权转移和风险交易平台，与清华成立的清华信息技术有限公司专为园区提供最优网络环境和各种最新资讯应用。

天安数码城是深圳银行最集中的社区，已汇集招商、工商等 12 家银行，形成最佳金融气候，为入驻企业提供了完善的金融信贷服务。天安数码城还吸引了世界著名风险投资商的关注，新鸿基、深圳市创新投、清华合力国际技术转移公司等多家证券商积极为入驻企业提供风险资本、产权转移及上市融资服务。[1]

(二)深圳天安数码城的发展模式和管理体制

深圳天安数码城的发展模式和管理体制可以被认为是市场主导的发展模式和管理

---

[1]　天安数码城：http://www.Tianan-cyber.com。

体制。天安数码城的迅速发展正是得益于市场主导的力量以及政府提供的宽松的外部环境。

正如在上面介绍中提到的，深圳天安数码城是完全市场化运作的科技园区，由天安数码城公司自主规划、设计、招商、运营及管理。其管理体制正是市场主导下的公司（企业）管理制，以非营利性的公司作为科技园的开发者和管理者，负责区内的基础设施开发建设、经营区内的各项业务、管理区内的经济活动以及提供区内企业所需要的各种服务。这类公司多数是国有或其合营企业，一般由政府控制的董事会或理事会来领导。董事会由政府加大学、企业以及当地有关人士组成，负责科技园发展的重大决策，而不干预具体业务。园区的日常管理和经营由公司经理层负责，经理层必须执行董事会制定的大政方针。这种公司形式的管理机构，既能得到政府及有关方面的大力支持和资助，同时又受到他们的指导和监督。英国、澳大利亚、印度的科技园、美国的孵化器、德国几乎所有的技术创业者中心（孵化器）都采用了公司管理型。我国上海张江等部分科技园也属于此类。

三、深圳市留学生创业园

(一)深圳市留学生创业园介绍

深圳市留学生创业园是市政府为吸引海外留学人员来深创业，于 2000 年 10 月在市高新区设立的留学生创业基地，由市人事局、高新办、龙岗区政府和美国国际华人科技工商协会联合投资兴办，实行"政府引导，企业化运作，留学生管理"，这种模式在全国尚属首创。

创业园吸引了一大批从美国、英国、日本、德国等 20 多个国家留学回国人员创办的企业进驻，项目主要包括电子信息，生物、医药技术，新材料、新能源、环境保护，光机电一体化等高科技项目。2004 年，入园企业实现产值 12.1 亿元，出口 6300 万美元，上缴税金 9800 万元。入园企业（项目）共获得市政府及省和国家等各项资助 7000 万元。

留学生创业园遵循国际规范，实行企业化运作。主要发挥三个基本功能：一是孵化器功能，二是项目管理功能，三是资金管理功能。

留学生创业园拥有一批博士、硕士及具有海外工作经验的有知识、懂经营、善管理的高层次人才，聘请海内外著名专家学者，组成专家咨询委员会参与创业园的决策和管理，并为入园企业提供出国培训、外国专家聘请等咨询服务。

(二)深圳市留学生创业园的发展模式和管理体制

深圳市留学生创业园的发展模式和管理体制应该说是属于第三大类的，即政府主导市场运作模式与管理体制。它是由政府引导的，但是在具体的操作上又完全是市场化的管理模式和体制。同时它又有自己鲜明的特点。深圳市留学生创业园实行"一园多区，有园无界"。除了创业园外，深圳龙岗、宝安、蛇口都有园区，创业园在概念上没有界限。它实行的是"政府引导，企业化运作，留学生管理"。深圳市留学生创业园和管理机构不是隶属于政府的一个事业单位。整个创业园成立了一家专门的公司，由留学生自己组织、参与、管理，负责园内各公司成立前的工作，创业园与留学生公司是伙伴关系。

四、深圳市大工业区

(一)深圳市大工业区介绍

深圳市大工业区（简称大工业区）是深圳市政府为增强经济发展后劲，优化产业结构，提高城市综合竞争力而设立的大型经济技术开发区，区内设有国家级出口加工区和国家级生物产业基地。

大工业区、广东深圳出口加工区主要发展电子信息、生物医药、装备制造等产业。目前园区内的基础设施齐全，配套设施完善。

大工业区、出口加工区始终坚持高度重视、精心规划、整体开发、精选项目、优化服务的原则，重点引进世界 500 强企业、跨国公司和科技创新型高新技术企业，建设电子信息、生物医药、装备制造产业聚集地，大力发展循环经济，全力打造具有自主创新能力、配套完善、功能齐全、环境优美的世界一流生态工业园区和深圳东部产业新城。[1]

(二)深圳市大工业区的发展模式和管理体制

深圳市大工业区的发展模式和管理体制是政府主导市场运作模式与体制。深圳市

---

[1] 深圳市龙岗大工业区：http://www.szgiz.gov.cn。

政府除了对大工业区进行大力的政策支持外，还对其提供资金，进行大手笔的投资。但是其具体管理和操作却是由市场运作模式来完成的。

深圳市政府对大工业区的发展定位是"以高新技术产业和先进制造业为支柱，现代服务业配套完善、功能体系比较健全，市场化运作机制日趋成熟，生态环境优良的现代化工业区"。

在管理体制方面，准确地说，大工业区的管理体制应该是一种政府主导市场运作下的"政府—公司管理型"。"政府—公司管理型"是结合政府管理型和企业管理型的一种管理体制，这是我国产业园区目前采用最多的一种管理模式，具体而言，可分为政企合一型和政企分开型两类。

深圳市大工业区即属于政企合一型。大工业区、广东深圳出口加工区管理委员会作为深圳市政府的派出机构，行使市一级经济管理权限，实行"两块牌子、一套人马"的模式，对大工业区和出口加工区进行统一管理，负责园区的开发建设和行政事务管理，并为企业提供优质、高效的服务。深圳市政府通过委托大工业区管理委员会来对深圳市大工业区进行债权管理。深圳市大工业区管理委员会的主要职能是进行土地开发管理、招商引资、为入区企业提供服务等，社会事务管理将由龙岗区政府负责。

总的来说，无论深圳市高新技术产业园区、天安数码城、深圳留学生创业园和深圳市大工业区属于哪种发展模式和管理体制，它们都充分体现了产业园区背靠深圳这个充满活力的城市的巨大优势，体现了特区产业园区发展的特点。我们相信，政府的大力支持和产业园区自身的优势会使得深圳市产业园区的发展越来越好。

第三节　产业园区创新与管理体制的探讨

一、国内外园区发展模式与管理体制的借鉴

国外无论是高科技产业还是传统产业，都有非常成功的企业集群。如美国的硅谷、日本的东京大田区、意大利的第三意大利等。而国内的产业园区近年来的发展也是非常迅速，有很多成功的例子可以借鉴，比如北京的中关村高科技园区。了解和学习这些产业园区发展的成功经验，对于指导深圳企业集群发展，提高深圳产业园区的竞争力具有十分重要的意义。

(一)硅谷

硅谷聚集了 7000 多家技术公司，世界著名的高技术公司有十几家；其中约 60% 是以信息为主的集研发和生产销售为一体的实业公司；约 40% 是为研发、生产、销售提供各种配套服务的第三产业公司，包括金融、风险投资等公司。

硅谷发展模式的启示：

1. 始终把握高技术发展前沿，技术迅速转化为产品是硅谷成功的前提

从硅谷的发展历史上看，始终把握高科技发展方向是硅谷成功的重要前提。据统计，在 90 年代中期，硅谷科研工作者获得的技术专利数目每年约为 3500 项，比美国东部波士顿地区多 50%，是任何其他美国高科技中心获得专利数的 3 倍以上。

2. 创新是硅谷成功的关键，而人才是创新的主导力量

半导体、计算机、互联网等产业在硅谷的兴起不是偶然的，它们是硅谷人锐意创新、不断进取的结果。正是由于一个个新技术成果的研制成功，硅谷才会始终保持着发展动力，而人才无疑是创新的主导力量。硅谷的人才中一部分来自硅谷地区大学（斯坦福大学、加州大学伯克利分校等）以及美国东部和中部大学毕业生、研究生；除此以外，还有众多来自世界各地的人才，目前硅谷中有 23% 的人来自其他国家，能到达硅谷的技术人员都是世界第一流人才，正是由于有了他们，硅谷才会有源源不断的技术创新。

3. 政府对高科技投入及风险投资是硅谷成功的重要条件

在硅谷早期发展当中，美国政府虽然没有对园区企业进行直接资助，但其一直对诸如研究所、大学等高科技研究机构进行大量的资金投入，使高科技研究水平有了巨大的提高。随着硅谷的发展，硅谷企业倾向于把资金投入到那些见效快、与企业经营业务相关的应用技术类型，而对于开发周期长的基础性科研项目企业很少进入，因为这些项目前景不明，很可能会使企业损失，而美国政府填补了这项空缺，其对基础科学、边缘科学和超前技术等领域进行了长期大量投资，正是由于有了高科技前沿领域的带动，硅谷的各项应用技术才有了源源不断的动力。

(二)中关村科技园区

中关村科技园区的形成始于 1980 年 10 月。中国科学院研究员陈春先在中关村率先创办了第一个民办科技机构：北京等离子体学会先进发展技术服务部。其基本原则是：科技人员走出研究院所，遵循科技转化规律、市场经济规律；不要国家拨款，不

占国家编制，自筹资金，自负盈亏，自主经营，依法自主决策。

中关村科技园区发展模式可以从以下三个方面来认识：

1. 前期市场力量为主导，后期政府大力支持

追溯中关村这些年发展高科技园区的道路，我们很难把它简单地归入硅谷模式或筑波模式，从早期发展来看，中关村类似硅谷。它聚集了众多大专院校、科研机构以及高水平的专业技术人才，有了众多的技术成果积累；它荟萃了一大批勇于创新的企业家和教育家民营高科技企业。十几年来，在改革开放的大环境下，靠科技人才和企业家的创新精神和实践，逐步发展成为一个独特的高科技区域。从某些方面来说，它也类似于筑波，政府在其发展过程中，制订了详细的规划，给予了一定的优惠政策，这对中关村发展也起到了一定的推动作用。

2. 以科研院所和大学为母体，科技企业繁衍的技术区域

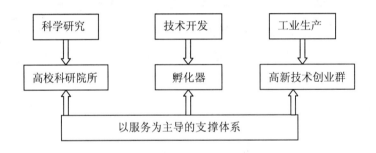

中关村作为科研院所密集区域为科技企业发展提供了良好的智力资源支持。新兴公司的创业者大多数是中科院和大学的科技人员，他们往往依托科研院所强大的技术科研支持开发新产品；另外，尽管 20 世纪 80 年代初中国的计算机技术在整体上落后于国外，但是，在个别领域，中国人建立了自己的技术优势和技术储备，只是由于体制的原因，这些技术还停留于实验室而无法商业化。如北大的王选教授自 20 世纪 70 年代就开始研究激光照排技术，这为以后北大方正的崛起提供了技术储备，而中科院计算所多年的研究积累，特别是倪光南的工作对联想以后的崛起也是非常重要的。迅速地将技术储备商业化以打开市场，构成了 20 世纪 80 年代新兴公司技术开发的一个重要动力。

3. "以贸养技"、"以贸养工"，技工贸一体化模式

与硅谷那些以技术创新和制造业为特征的新兴公司不同，20 世纪 80 年代初中关村的新兴公司从一开始就选择了以贸易为主的成长道路，之所以选择这一道路，是有其原因的，主要是：（1）市场进入壁垒。80 年代初期，以计算机为代表的世界新技术革命浪潮冲击了中国大地，国外许多新技术，新产品涌进了中关村。很多科技人员创办的科技企业预测国内对计算机的需求会迅速增长。当时我国自行发展起来的微电子产业并不能满足正在变化着的市场需求，相对于自己独立研制来说，引进的代价要低得多，这更适合于发展中国家，而引进技术需要巨额资金，这正是中关村新兴公司所不具备的。在上述环境下，新兴公司根本无力承担与大规模资本投入有关的研究开发和制造业活动的风险，只能进入资本规模要求较小的领域，主要是产品贸易、分销代理以及相关的服务行业。（2）市场机遇。20 世纪 80 年代以前，与电子和计算机相关的研究开发和生产活动主要隶属于国防科工委系统，主要用户也是国防和与国防有关的产业，因此，这一行业严格按中央计划经济的模式运行。即使这一行业的研究院所和企业聚集了中国最优秀的计算机科学家和工程师，拥有电国自主开发的技术，生产设备和产品，但受体制的制约而无法转向正在迅速崛起的民用市场。同时，在封闭环境下发展起来的中国电子和计算机工业与国外的技术水平也存在着较大差距，不仅技术落后，而且规模化、商品化程度低，很难同国外的新技术、新产品相抗衡。在上述情况下，引进国外的技术和产品变得十分迫切。但是，由于受传统体制以及专业人才和经验的束缚，老牌的电子企业以及传统的贸易公司难以在引进国外技术和产品方面有所作为，这为中关村新兴公司提供了机会，因为中关村既有大量的计算机专业人才，同时中科院也在探索自己的改革模式。其结果是，中关村大量的新兴公司进入贸易和代理服务领域，并依靠其经营的灵活性而很快繁荣起来。

中关村的第一批科技企业就是在这样的背景下诞生发展起来的。在电子一条街最初的 300 多家企业中，在搞电子、电脑贸易的同时，已经开始从事计算机及应用技术开发，特别是在办公自动化和计算机开发方面做出了成绩。经过多年的积累，新技术企业有了一定的财力，有了市场营销的知识和销售网络，中关村联想、方正、四通等公司经过周密思考后，纷纷进入计算机业。至此，中关村地区，以实行市场为导向，融研究、开发、生产、销售及服务于一体的"技工贸一体化"科技企业正式形成。

二、深圳产业园区模式与体制的创新和探索

深圳的产业园区经过多年发展，已经形成一定的规模，并且具有自己的特色。但

是在经济发展速度日益加快的今天，要使产业园区的发展进一步加快，需对深圳的产业园区发展模式与管理体制进行创新。

深圳的产业园区发展得到的市政府的大力支持，成绩斐然。下面以深圳市高新技术产业园区为例说明深圳市产业园区发展所取得的成功之处。

(一)发展迅速

深圳市产业园区的发展速度是相当快的。深圳市高新技术产业园区成立于1996年，到了2006年，高新区实现工业总产值1601.74亿元，同比增长17.09%，是1996年高新区建区之初的16倍；高新技术产品产值1551.65亿元，同比增长17.17%；工业增加值326.72亿元，同比增长25.14%；出口创汇74.5亿美元；累计实现税收330亿元。2006年，高新区在占全市0.6%的土地上实现每平方公里工业总产值139.28亿元。高新区被国家认定为"高新技术产品出口基地"、"亚太经合组织（APEC）科技工业园区"、"先进国家高新技术产业开发区"、"中国青年科技创新行动示范基地"和"国家火炬计划软件产业基地"等。其发展速度之快是内地城市产业园区所不能比的，是真正的"深圳速度"。

(二)管理体制的创新

以深圳市高新技术产业园区为例，该产业园区由市政府统一领导、统一政策、统一规划、统一管理，实行三级管理体制。三级管理体制是指：决策层贯彻执行市委市政府有关建设高新技术产业园区的方针、政策；管理层负责日常行政事务；服务层为企业和科研教育提供服务。在高新区建设中，政府的主导作用是：产业导向、制定政策、创造环境和提供服务。这种管理体制在国内其他城市的产业园区是不多见的。

(三)招商环境优越

深圳市的产业园区投资环境优越，吸引了大量国内外企业入驻。随着投资环境的日益完善，深圳市高新技术产业园区招商引资的磁场效应愈加明显，大批国内外企业竞相入驻，逐渐形成了电子信息产业群、生物工程产业群和新材料产业群。国内大企业有华为、中兴、联想、长城、TCL、创维、海王、东大阿尔派、创智等；跨国公司有IBM、菲利浦、康柏、奥林巴斯、爱普生、朗讯、哈里斯、汤姆逊等。2001年共安排入区项目 225 个，投资额 81 亿元人民币，主要项目有深超半导体集成电路、美国甲骨文和日本住友光纤光缆等。

(四)政府大力支持

前面提到，深圳市产业园区的发展是离不开各级政府的大力支持的。在广东省委省政府的领导下，深圳市委、市政府作出了规划建设高新技术产业带的战略决策：以深圳高新区为起点，建设深圳高新技术产业带，建成深圳高科技城。以市场为主导，集中发展优势产业，重点发展计算机、网络与通讯、集成电路、软件、光电子、生物工程、新材料和光机电一体化等主导产业，形成规模效应和配套产业群。2001 年 9 月，国家科技部正式批复，同意加快建设深圳国家高新技术产业带。产业带全长 100 公里，这将拓展高新技术产业发展空间，提升高新技术产业发展优势，推动卫星城镇建设和城市化进程，促进特区内外协调发展。高新技术产业带是深圳未来发展的潜力所在、后劲所在、希望所在。深圳高新区未来的目标就是要建成"国内一流，国际水平"的高新技术产业园区。

当然，在肯定深圳市产业园区成功发展的同时，我们还应该清醒地认识到，深圳市产业园区的发展还需要进一步的创新。在创新探索的道路上，为了实现深圳市产业园区的长足发展，我想提出以下几条建议：

（一）明确产业定位。深圳市的大多产业园区存在产业定位不清的问题。将产业园区化只解决了产业集中或集聚问题。许多园区盲目发展，缺乏功能分区，专业化分工不明确，许多工业园区主导产业种类太多，范围太广，缺乏突出的产业优势，总体产业定位不清，不利于资源的集中配置，所以主导产业的主导作用淡化，不能形成区域核心竞争力。

（二）产业园区在产业结构调整方面应突出五个转变。

1. 从政策驱动向环境推动转变，摒弃依靠地价、税收等政策优惠招商引资的做法，突出园区基础设施好、政务服务优、产业配套齐等环境优势，让环境吸引投资者。

2. 从规模扩张向集约发展转变，整合和优化配置各种要素资源，集约利用土地；加快入园企业开工建设，尽快投产达效；严把企业入园的门槛，提高单位面积的产出率。

3. 从培育龙头企业向培育产业集群转变，注重企业上下游的配套，拉长产业链条，形成产业聚集效应。

4. 从招商引资向招商选资转变，注重引进高科技型、高成长型项目，特别是围绕龙头企业和产业集群，实行产业链招商和以商招商，引进关联度大，资金、技术等实力强的相关企业。

5. 从发展产业园区向建设产业新城转变，以高科技产业为主导，大力发展与入园企业相配套的商贸、物流、金融、中介等生产性服务业，同时发展教育、体育、文化等社会事业，满足投资者的创业和生活需求。

（三）进一步加强产业园区的统一规划。高标准、高起点制订深圳市产业园区发展总体规划是实施园区带动战略的基础。产业园区建设必须实行先规划后开发，提高规划的科学性和可操作性。规划起点要高，基础设施要适当超前，配套设施要跟上。各产业园区的规划必须以总体规划为基础，按照产业布局的规律，突破行政区域的限制，将产业园区的发展和深圳市的总体发展挂上钩，形成相互促进共同发展的良好局面。

（四）实施人才战略。通过建立开放、流动、竞争的机制，在有针对性地加大海外顶尖人才、人才团队的引进力度的同时，努力吸引国内的优秀人才，为他们提供一切可能的优惠和保障条件及政策，吸引国内外的优秀人才到深圳市的产业园区创业，争取做到尖子人才的进出有序、进出平衡。全力打造一个有利于人才成长、留住人才、吸引人才的良好环境。积极引导和鼓励园区企业探索包括运用股权、期权在内的多种形式的激励机制，充分体现科技人员和经营管理人员的创新价值。

参考文献

1. 胡坚：《中关村高科技园区的发展模式与动因探讨》，《经济界》2001 年第 5 期。

2. 韩伯棠等著：《我国高新技术产业园区的现状及第二次创业研究》，北京理工大学出版社 2007 年版。

3. 冯雪冬：《中关村科技园区发展模式研究》（硕士毕业论文），2005 年。

4. 天安数码城：http://www.tianan-cyber.com。

5. 深圳市龙岗大工业区：http://www.szgiz.gov.cn。

6. 宫靖：《我国高科技产业园区发展过程中的政府作用研究》，《科学学与科学技术管理》2008 年第 2 期。

7. 赵禹骅、秦智、覃柳琴：《产业园区治理结构的研究》，《广西财经学院学报》2007 年第 4 期。

8. 马新、钟茂初：《借鉴国际经验发展我国高新技术产业园区》，《辽宁工程技术大学学报》2001 年第 1 期。

9. 吴神赋：《世界科技园管理体制比较与启示》，《中国科技论坛》2004 年第 3 期。

第十五章
产业政策创新与政府调控力的提升

第一节　产业政策创新的前提与依据

产业政策是指政府为实现某种经济和社会目标而制定的有特定产业指向的政策。它是政府调节产业经济活动的一系列政策总和，属经济政策的一部分。政府制定与实施产业政策主要是为弥补市场缺陷，促进资源配置优化和社会总供给与总需求大致平衡，从而使企业组织结构能获得规模经济效益和适应市场竞争机制。

当今世界，电子信息技术正在成为各国新一轮经济增长的强大动力源，电子信息产业对一国的经济发展可以起到催化剂的作用，可以极大地带动其他相关产业部门的发展，并延伸出许多新的经济增长点。进入信息化时代以来，世界各国都十分重视电子信息产业政策所具有的引领作用，并通过适时制定相应的产业政策，促进信息产业健康发展。

一、"市场失灵"与产业政策的应用

一般来说，市场能对资源进行有效的配置，但市场这只"看不见的手"也并不是万能的。在一定条件下，主要是在不完全竞争和非竞争环境下，市场不能有效地配置资源和引导供求平衡。这就是"市场失灵"，也叫"市场缺陷"。市场失灵主要表现在公共品困境、外部效应、分配不公、信息不对称、垄断等方面。由于市场失灵的存在，就需要政府发挥引导作用，来解决市场自己不能解决的问题。

产业政策作为一种重要的公共产品，是产业发展的制度基础。产业政策形成的逻

辑起点，即在于政府有责任弥补"市场失灵"的缺陷。历史经验表明：各国产业政策最普遍的作用就是弥补市场失灵的缺陷。譬如：通过推行产业组织政策和产业结构政策，政府可以限制垄断的蔓延，促进有效竞争的形成，加速产业基础设施的建设，治理环境污染与生态失衡，加快教育与科技的发展等等。

二、"产业升级"与产业政策推进

所谓产业升级，主要是指产业技术集约程度的提高。只有在产业技术集约程度提高的基础上，才能不断提高产业结构素质，从而为经济的快速增长、协调发展创造更好的条件。促进产业升级，关键是要大力推动企业的科技进步，以技术优势促进产业优势，进而实现深圳市经济的快速健康发展。

电子信息产业属于高新技术产业，其发展离不开不断革新的科学技术的推动。科学技术具有很强的外部性，光靠企业的自主研究很难跟上世界的潮流和趋势。政府作为公共物品的提供者，就需要发挥政府的宏观调控作用，通过实施相关电子信息产业方面的产业政策法规来鼓励科技进步，从而达到优化产业结构并促进产业升级的目的。

三、"赶超战略"与产业政策调整

赶超战略是指通过扭曲产品要素价格和计划机制替代市场机制的制度安排，提高国家动员资源的能力，突破资金稀缺的比较劣势对资金密集型产业发展的制约，使资金密集型产业能够在极低的起点上得到发展并在短期内实现飞跃，进而使产业结构达到先行发达国家水平的发展战略。这种发展战略不顾资源约束，以整个工业体系去赶超发达国家，实际上是超越发展阶段的战略设想。

由于电子信息产业的"外部性"较强，它们对整个国民经济的发展具有促进作用，而本身却投资巨大、营利性低、资本回收期长，仅仅依靠市场机制肯定无法在短期内达到经济"起飞"所要求的条件。我国政府乃至各地方政府（如深圳市）就仿效日本的做法，以调整产业政策为手段，集中政府的力量来推动电子信息产业的发展，以期能在短期内完成老工业国用了一两百年才走完的历程。

实践证明：产业政策是后发国家实现超常规发展、缩短赶超时间的重要工具。

四、"城市定位"与产业政策提升

深圳的城市发展，在定位上也经历了几大转变。早期的定位是"花园城市"，后来随着深圳进出口贸易的增加，深圳城市的定位也进而转变为"国际都市"。1992 年，邓小平南方视察，提出科学技术是第一生产力，后来广东省召开全省科技大会，决定办好深圳科技工业园，深圳遂被定位为"科技先锋城市"。这个定位也反映出了深圳市人民政府决心动用一切力量来发展深圳的电子信息产业等高新技术产业，走在全省乃至全国的前面，起示范带头作用。

深圳的城市规划、产业布局、产业结构等都伴随着深圳的城市定位的转变而转变。产业结构以及产业布局的转变是通过产业政策来不断传达的。在将深圳市定位为科技先锋城市之后，深圳市的产业政策也就随着这个城市的定位而不断创新。首先，在产业结构政策上，深圳市的产业政策重点强调以高新技术产业为支柱，把工业放在优先发展的地位上；其次，在产业布局政策上，深圳市人民政府划地建立龙岗科技园等高新技术园区；最后，在产业技术政策上，深圳市人民政府动用产业政策，用优惠政策鼓励企业和研究所的技术创新，鼓励技术人才的加盟及落户。

五、"国际竞争"与产业政策创新

电子信息产业的国际竞争力是建立在一个国家或者一个地区在该产业资源的国际比较优势、骨干企业的生产力水平、技术创新能力和国际市场的开拓能力的基础上的。由于经济全球化和世界经济一体化趋势的加快，国际经济关系和国际分工体系正在经历前所未有的变化，各国乃至各地区经济都在面临着新的机遇和挑战。在这种形势下，各国乃至各地方政府都迫切需要以产业政策为基本工具，审时度势，充分发挥政府的经济职能，增强本国或者本地区电子信息产业的竞争力。

产业政策的不断创新对增强电子信息产业的创新能力和帮助电子信息企业开拓国际市场等都具有重要的作用。例如：一方面，深圳市政府在响应国家和广东省委发展电子信息产业等高新技术产业的号召下，通过加强对研究开发活动的投资，以及根据外界不断变化的情况及时地颁布新的扶持电子信息产业的产业政策和多种配套措施来加快电子信息产业的研究开发和产业化进程，有效地促进了技术创新；另一方面，通过从"自由贸易政策"向"战略贸易政策"的转变，开辟了以外贸、外交等手段拓展海外市场的新路，等等。这都是利用产业政策提升电子信息业国际竞争力的手段。

第二节　深圳市电子信息业产业政策变动的历史回顾

深圳经济特区建立之初，电子信息产业几乎空白。1985年虽然已经建立起170多家电子信息企业，但各自独立，多头领导，分散经营，势单力薄，难以参与国际市场的竞争。因此，深圳市政府坚持创新产业政策的引导作用，且在不断更新的产业政策的引导下，组建了电子集团公司。与此同时，政府在电子信息产业产品结构的调整方面也作出了不可磨灭的贡献。例如：由政府引导组建的电子集团公司就响应政策的号召，以投资方向作引导，调整内部产业结构，使企业由过去的浅度加工逐渐转向深度加工，同时企业也在努力提高自己的开发能力、制造能力和配套能力。

为了分析上的方便，下面以时间为主线分四个阶段来梳理深圳市电子信息业相关产业政策。分析的时间起点是1985年，也正是自1985年起，深圳市政府紧跟世界潮流，大力鼓励电子信息产业发展，产业政策也就应运而生。当然，这也并不是否定自1979年至1984年深圳市电子信息业的发展，只是那段时期政府的产业政策重点并不在电子信息业上，而且很少有系统的正式的专门针对电子信息业或高新技术业的产业政策。

一、初创阶段的产业政策（1985—1992）

20世纪80年代末，以电子信息产业为代表的高新技术产业在全世界蓬勃兴起，国际产业转移与技术转移的趋势逐渐加快。深圳市同样面临着由改革开放初期的"三来一补"加工业、劳动密集型加工业向具有智力密集型、知识密集型、资本密集型特征的电子信息产业等高新技术产业进行转型升级的迫切要求。因此，深圳市委、市人民政府紧紧把握住时代的脉搏，积极推动电子信息产业的发展。

1985年7月，深圳市人民政府与中国科学院创办了以开发高新技术产品，发展高技术产业为宗旨的深圳科技工业园。深圳科技工业园在加速电子信息业科技成果的商品化和产业化以及孵化电子信息企业等方面进行了积极的探索。深圳科技工业园的启动也拉开了深圳市电子信息业产业政策的序幕。它是深圳市第一个鼓励电子信息业发展的产业布局政策。

1987 年，深圳市人民政府印发了《深圳市科学技术进步奖励暂行办法》（深府 [1987] 206 号），旨在奖励对推动电子信息产业发展和科学技术进步作出重要贡献的个人和集体组织，以期调动广大科技工作者和经营管理者的积极性和创造性，从而达到促进深圳科学技术进步和经济社会发展的目的。

1991 年，广东省委、省政府召开全省科技工作大会，提出把发展科学技术放在经济和社会发展的首要位置，切实把经济建设转移到依靠科技进步的轨道上来，发布了《关于依靠科技进步，推动经济发展的决定》（粤发 [1991]24 号），要求全省有重点、有步骤地推进电子信息技术产业等高新技术产业的发展，办好以深圳科技工业园为首的几个高新技术产业园区，有计划地逐步在珠江三角洲建立以电子信息产业为主体的高新技术产业开发带。深圳市政府响应省府的号召，为了更好地扶持深圳市国家级电子信息产业开发的建设，推动电子信息产业的发展，推动全市的技术结构、产业结构和产品结构向合理化、高级化发展，使科技进步成为深圳后 10 年创造"深圳效益"的主要动力，于 1991 年 5 月印发了《加快高新技术及其产业发展的暂行规定》（深府 [1991] 243 号）。该规定适用于深圳市所有按规定被认定的高新技术企业，当然也包括电子信息企业。只要是符合要求而被认定的电子信息企业可以在银行信贷、固定资产折旧、进出口政策、财政税收、用人用地以及进出口等方面都享受深圳市人民政府的优惠政策。

为了更好地促进电子信息业产业政策的实施，中共深圳市委、深圳市人民政府相继出台相关配套政策。1991 年 8 月，深圳市人民政府颁布《关于依靠科技进步推动经济发展的决定》（深发 [1991] 24 号）。《决定》坚持科学技术是第一生产力，把发展科学技术放在经济与社会发展的首要位置；鼓励电子信息企业建立以企业为主体、科研生产一体化的科技开发体系；大力促进和鼓励企业将科技成果商品化，加强内引外联以及引进技术的消化吸收；积极响应国家以及省委文件（粤发 [1991] 24 号）的指示精神，办好以电子信息产业为主体的深圳科技工业园，给予适度的产业政策倾斜以及更加优惠的配套政策，促使其尽快形成产业规模。

1992 年，为了增强电子信息产业的活力和竞争能力，深圳市工业系统决定对电子信息业产业结构继续进行调整，发布了相关产业组织政策。首先，以名牌产品为龙头，同类企业合并，走规模经济发展的道路。1992 年，个别集团公司也在政府产业结构政策的指引下，结合自身企业的实际情况，抓住主题骨干企业，抓住龙头产品，以主角带配角，以龙头带龙尾的办法，用联合、兼并或配套发展形式，形成自己的拳头产品和骨干企业，参与市场竞争。调整之后产生了效益，增强了后劲。其次，对现有规模小、产品老化、效益差又无发展后劲的企业加以合并，使之扭亏为盈。

这一阶段产业政策的出台，实现了全市电子信息产业的全面启动。主要是建设了国家级和省级高新技术产业开发区，形成了高新技术产业带，吸引了一批电子信息产业项目入区实现产业化，推动了全市电子信息产业的规模化起步发展。

二、特区第二次创业初期的产业政策（1993—1996）

这一阶段从 1993 年到 1996 年，共 4 年时间。在这 4 年内，先是落实邓小平 1992 年南方视察深圳的关于科学技术是第一生产力的讲话；然后是在 1994 年，江泽民视察深圳，深圳进入第二次创业阶段。在这段颇具历史意义的时期，深圳市政府注意到了制约电子信息产业发展的技术与资金方面的瓶颈，所以这一阶段的产业政策以外资政策为主，也可以为下一阶段的高速发展打下一个良好的基础。

1992 年，邓小平视察深圳，提出科学技术是第一生产力，经济要想发展得快一点，必须依靠科技和教育。邓小平南方重要讲话既是对深圳过去改革和科技发展的肯定，也是对深圳的进一步要求。深圳必须加快电子信息产业等高新技术产业的发展速度，增创效益，要通过抓好一批有规模的大型电子信息等高新技术项目，来带动深圳市整个工业甚至整个深圳经济的腾飞。因此，1993 年 6 月，为加快深圳市电子信息产业发展，加快电子信息产业的高新技术的商品化、产业化和国际化以期带动全市国民经济走上新台阶。广东省委、省政府在深圳市召开了"珠江三角洲地区发展高新技术产业座谈会"，集中研究珠江三角洲地区如何抓住机遇，发挥优势，加速发展电子信息产业等高新技术产业。标志着深圳市电子信息产业的发展进入了一个新的速度和效益并举的阶段。大力发展电子信息产业已经在政府部门达成了共识，在电子信息企业中形成了共振。

1994 年，江泽民视察深圳，面对新的形势他高屋建瓴地指示：特区要增创新优势、更上一层楼。深圳历史上的轰轰烈烈的"二次创业"即将拉开序幕。同时，深圳市政府坚持以电子信息产业为基础的发展方针以及促进新技术产品的开发，也取得了显著的成绩。在第二次创业即将拉开序幕的时期，深圳市政府积极做好电子信息产业的产、学、研联合工程工作；管好用好新产品新技术开发推广基金，保证资金的专款专用等。这些措施的实行也加快了电子信息产业的发展。

1995 年，进入第二次创业阶段，深圳市政府提出"以高新技术产业为先导，先进工业为基础，第三产业为支柱"的发展战略，加速推进产业优化升级，积极促进科技成果商品化、产业化，大力发展电子信息产业等高新技术产业，从而使科技进步在经济发展中发挥越来越重要的作用，以便更好地实现电子信息产业发展的速度和效益的统一。在这一年涉及电子信息业的有关产业政策如下：

第一，把发展拳头产品和优势产品当作调整整个电子信息产业结构的突破口。对已经是或者将被列为拳头产品和优势产品扩建和技改项目或者重点生产企业的扩建、技改项目，应从投资、税收、贷款、建设用地等方面向其倾斜。

第二，除继续实行以税收为基本手段的特区外资电子信息企业导向政策外，对技术先进型、产品出口型的电子信息企业也给予进一步的税收优惠和市场优惠相结合的方式，加大外资政策对电子信息企业技术的导向力度。

第三，采用优惠政策鼓励企业间的兼并或专业化分工、协作，形成以电子信息产业为核心，企业协作配套、协调发展的组织机构。

第四，对现有的产业布局作适当调整，逐步向腹地或周边地区疏散一部分耗水耗电量大、技术落后、污染严重的电子信息企业。

这阶段的政策出台，使全市上下形成了以电子信息产业为第一经济增长点的统一思想，推动了全市电子信息产业的全面发展。这一段时期也是特区外向型经济发展的扩张阶段，但是深圳特区技术不足、外汇短缺等现象的存在严重制约了电子信息产业的发展这一客观条件也就决定了这一时期的产业政策以鼓励技术吸收、外资引进的外资政策为主，其他政策为辅。

三、电子信息业蓬勃发展阶段的产业政策（1997—2000）

这一阶段历时 4 年，从"九五"规划的第二年开始到新千年结束。"九五"继续遵循"以高新技术产业为先导，先进工业为基础，第三产业为支柱"的产业发展战略，加快产业优化升级进程。继续加快发展高新技术产业，加大技术改造力度，形成一批主导和支柱产业、一批企业集团和一批名优拳头产品。加大技术改造投入力度，以高新技术改造传统工业企业，提高吸收、消化、创新能力。"九五"期间，技术改造投资占全社会固定资产投资的比重达到 8%。缩短科研成果转化为商品的周期，重点要抓好大中型企业改造，使现有企业技术装备水平达到国际 90 年代初的先进水平，促进工业由劳动密集型向技术密集型转变。努力建设南山高新技术产业开发生产基地，对"三来一补"企业采取在稳定中发展、在发展中提高的方针，实行分类指导，有步骤地对现有低档次产业存量进行调整、重组。重视内涵扩大再生产，提高工业规模经济效益，形成深圳工业发展的特色。塑造一批面向 21 世纪的大型工业企业集团；制定专项集融资政策，保证投入。逐步放宽政策限制，使符合国家产业政策、技术先进的外商投资电子信息企业产品内销。鼓励生产与资本的集中，扶持培育出销售额超过 100 亿元的大型企业集团，抓好电子信息产业的 25 个拳头产品和 70 个重点工业项目，形成规模经济效益；制定优惠产业政策，积极发展电子信息产业，加快电子信息工业村、电子信息园区的建设步伐；重视现有电子信息企业的技术改造。为了完成"九五"规划的目标，深圳市政府加大电子信息产业的政策力度，在原有两个阶段的初步发展和技术引进吸收的基础上，促成了本阶段电子信息产业的高速发展。

1997 年初，为了认真贯彻国务院 [1991] 12 号文件精神，落实有关国家高新区的各项优惠政策，加强对本市电子信息业等高新技术产业园区的管理，促进其持续、快速、健康发展，深圳市人民政府转发《国家科委关于深圳市高新技术产业园区实施一区多园管理体制的复函通知》（深府 [1997] 27 号），决定将科技工业园和已在科技工业园范围内的京山科技工业村、中国科技开发院、深圳市高新技术工业村、国家电子工试中心以及深圳大学、第五工业区等实行统一规划、统一政策、统一管理，实现资源的合理配置、产业的合理布局和高新区的整体协调发展。而且在该年的 6 月份，经深圳市政府二届第 58 次常务会议讨论通过《深圳市高新技术产业园区发展规划纲要》（深府 [1997] 154 号）。纲要第一部分规定了深圳市高新区发展的战略目标和功能定位。战略目标是将高新区建成国内一流、国际上有影响力的高新技术产业园区，使之成为我市高新技术发展的主要基地。其功能定位是大规模、高效益的高新技术产业区、企业运行机制的实验区、科技成果的转化区、国内国际经济技术的合作区。在高新区内，重点发展电子信息、生物工程、新材料、光机电一体化这四大产业，把电子信息产业作为高新区的重点支柱产业。在高新区的技术开发体系方面，以在高新区建立一个以自主开发为主导，自主开发与引进相结合的技术开发体系，使之成为推动高新区和全市电子信息产业等高新技术产业发展的一支生力军。首先，建立以企业为主体的技术开发中心。以电子信息企业的主导产品和经济实力为依托，对企业进行新产品、新项目的研究开发，是电子信息企业创立名牌，形成自主知识产权的保证，而且也鼓励境外大型电子信息企业的研究开发机构进驻高新区。其次，建立以政府为主导的行业开发机构。由市政府牵头，稳妥地、逐步地组织实施微电子设计中心、软件开发中心这两个中心的建设。再者，建立"官、产、学、研"相结合的产业化开发机制；建立网络式、开发式的合作与交流体系。在产业扶持政策方面，对于高新区的电子信息企业和项目在土地使用、海关、住房等方面给予统一的优惠政策，对属于税收扶持的电子信息企业和项目按特区现行税收优惠政策执行。在高新区的布局上，将高新技术园区南区作为未来重点发展电子信息产业的区域，包括深圳大学、南区北片及后海路以南的南区南片三部分。

为了全面落实市委、市政府提出的形成以电子信息产业为支柱的高新技术产业，发展一批大型电子信息企业集团，创造一批电子信息产业名牌产品的战略，深圳市科技局于1997年3月份制定《关于在我市科技工作中落实"三个一批"发展战略若干意见》（深府办[1997]20号），其具体的产业政策思路是：运用科技立法、科研计划、成果推广、技术交易、科技信息、专利代理、知识产权保护、国际合作等方面的手段，为"三个一批"提供全方位的服务；用电子信息产业的高新技术武装第三产业中的"三个一批"；并力争形成有利于实施"三个一批"战略的配套政策环境，如《深圳经济特区科技投入条例》和《深圳经济特区技术入股管理办法》等条款。

1998年，深圳市人民政府为了响应广东省第八次党代会提出的"科教兴粤"战略，加大对电子信息技术等高新技术产业的扶持力度，实现把深圳建成高新技术产业基地的战略目标，市政府二届第90次常务会议审议通过《关于进一步扶持高新技术产业发展的若干规定》（深府[1998]29号）。该规定继续增强对财政科技的投入，扩大科技三项经费的规模；强化市电子信息产业投资服务公司的作用，增强其为电子信息产业发展提供担保和股权投资的功能；对新认定的电子信息企业实行税收上的优惠；鼓励电子信息企业引进技术消化并且对引进技术消化项目投产后所获得的利润给予3年免征所得税的优惠；对电子信息企业在用人用地、金融融资、技术开发等各项税收政策上均有不同程度的优惠和政策倾斜。

1998年4月，深圳市科学技术局、深圳市财政局等局级单位为贯彻落实上述扶持高新技术企业发展22条规定，促进本市高新技术产业的持续、健康发展，制定了《关于贯彻〈关于进一步扶持高新技术产业发展若干规定〉的实施方法》（深科 [1998] 13 号）。在实施方法中，主要针对税收优惠政策的操作方式、高新技术企业和高新技术项目以及高新技术成果的认定标准和认定部门。并且对上述 22 条中可能产生误解的指标也作了具体的解释。

根据深圳市人民政府令第 16 号（1993）的有关规定，深圳市科学技术局在广泛征求意见的基础上，对过去颁布的深圳市高新技术企业（项目）认定和考核办法、认定标准及高新技术产品目录重新进行修订，于 1998 年 4 月 15 日颁布了《关于修订深圳高新技术企业（项目）认定和考核办法的通知》（深科 [1998] 32 号）。《修订通知》是科学技术局为了实现深圳市电子信息产业"九五"发展规划，根据有关政策法规，参照国家科委和广东省科委有关高新技术企业（项目）的认定和管理办法，结合深圳的电子信息产业的实际发展情况所作出的政策上的决定。

相关配套政策还有：（1）1998 年 8 月 26 日，深圳市人民政府二届第 110 次常务会议审议通过的《深圳经济特区高新技术产业园区管理规定》；（2）1998 年 9 月，市政府二届第 97 次常务会议审议通过的《深圳经济特区技术成果入股管理办法》。

可以认为，1998 年电子信息产业政策的实施和政府相关配套政策的出台给 1998 年电子信息产业的发展提供了前所未有的良好的发展环境。在这样的大环境下，电子信息产业快速发展。但是在发展过程中，同样也遇到困难与曲折。1999 年，市政府二届第 147 次常务会议审议通过《进一步扶持高新技术产业发展的若干规定（修改）》（深府 [1999] 171 号）。修改后的规定被称为新 22 条，较 1998 年的旧 22 条也有多处改动。

在"九五"规划的最后一年，也就是新世纪的 2000 年，为了更好地实施新 22 条，更好地扶持电子信息产业的发展，深圳市出台新 22 条的实施办法（深发 [2000]6 号），对 1999 年的新 22 条政策里的出国留学人员、风险投资机构的经营期限、电子信息企业所需高级人才的配偶以及子女在调配工作等方面都作了补充性的解释。同年 10 月，市政府三届第 12 次常务会议审议通过《深圳市创业资本投资高新技术产业暂行规定》（深圳市人民政府令第 96 号）。该规定要求市各级人民政府应当采取积极措施，拓宽市场准入渠道，积极鼓励创业资本进入电子信息产业。

在这一阶段，深圳市电子信息产业持续、快速发展，已成为深圳市产业结构优化升级和经济增长的重要推动力。"九五"以来，深圳市电子信息产业产值年平均增长 30% 左右，大大高于同期工业增长速度。在电子信息产业领域，形成了一批骨干企业和名牌产品，特别是形成了全国领先的电子信息产业规模和产业配套能力，2000 年全市电子信息产业产值占全国的 15%。

四、增强创新与落实科学发展观阶段的产业政策（2001 年至今）

2001 年，深圳市委书记张高丽在中共深圳市委三届三次全体（扩大）会议上发表《以建设高新技术产业带为新的起点，努力把深圳建成高科技城市》的重要讲话。讲话提出，要根据新的形势和要求，今后一个时期我市电子信息产业发展的指导思想是：坚持以邓小平理论和江泽民同志"三个代表"重要思想为指导，以高新技术产业带为主要载体，突出体制创新、技术创新和管理创新，重点发展电子信息产业。2003 年，深圳市政府响应党的号召，在电子信息产业的未来发展中坚决贯彻科学发展观。坚持科学发展观就是要求电子信息产业的发展要转变发展观念，创新发展模式，提高发展质量。换言之，落实科学发展观也即要求在电子信息产业发展中坚持体制、技术和管理等方面的创新，完善电子信息产业的创新体系。因此，这一阶段的产业政策也侧重于鼓励电子信息产业增强创新以及在发展过程中落实科学发展观。

2001 年 7 月，中共深圳市委作出关于加快发展高新技术产业的决定（深发 [2001] 16 号），该决定作为扶持电子信息产业的产业政策主要体现在：（1）建设深圳高新技术产业带，扩大产业规模优势，制定统一的产业带优惠政策；（2）突出高新技术产业发展重点，推动产业结构优化升级；（3）完善区域技术创新体系，提高自主技术创新能力；（4）加强人才队伍建设，夯实电子信息产业发展基础；（5）发展创业资本市场，健全创业投资机制。

为了完善区域创新体系，提高电子信息产业等高新技术产业的核心竞争力，推动深圳电子信息产业等高新技术产业的持续快速发展，深圳市委发布了《关于完善区域创新体系推动高新技术产业持续快速发展的决定》（深发 [2004] 1 号）。该决定坚持把创新和科学发展观摆在电子信息产业发展的首要位置，高度重视人才在创新中的核心作用，努力强化企业在创新中的主体地位，大力培育电子信息产业科技孵化体系，积极完善电子信息技术产业链以及加快公共技术平台的建设，加大政府对电子信息产业体制创新的投入。

这一段时期的产业政策以提高自主创新能力，落实科技发展观为主要基点，这是深圳电子信息产业增创新优势、实现新发展的必然、现实和唯一的选择。2005 年深圳市电子信息产业产值达到 3000 亿元，成为全国乃至亚洲重要的电子信息产业基地。

可以看出，深圳市电子信息产业发展史就是一部产业政策指导史。在"邓小平理论"和江泽民"三个代表"基本思想的伟大旗帜的带领下，在深圳市不断变化与创新的电子信息业产业政策的指引下，深圳市电子信息产业取得了空前的发展。目前深圳已成为全国重要的电子信息产业基地，产业规模在亚洲同样也是首屈一指。随着经济体制改革的进一步推进，科学发展观与发展循环经济的进一步落实，信息性的、引导性的、具有市场补充功能的产业政策将成为促进电子信息业进一步发展的主要政策；同时伴随着深圳经济对外开发程度的进一步提高，以外资政策为主的产业政策将占据主导地位。可以预料，产业政策将在电子信息发展的宏观经济政策中起到更加突出的作用，对电子信息业的发展起到更加重要的导向作用。

第三节　产业政策创新与政府调控力的提升

一、产业政策与政府调控力的关系

(一)政府宏观调控

政府宏观调控是指政府从整个地区经济运行的全局出发，按预定的目标通过各种宏观经济政策、经济法规及客观经济规律的要求对市场经济的运行从总量上和结构上进行调节、控制，以正确处理各方面的利益关系的活动。调控的主体是政府，调控的客体和对象是市场经济运行的过程和结果。

1.政府宏观调控的目标

在社会主义市场经济体制下，宏观经济调控的主要目标包括以下几个方面：第一，保持社会总供给与总需求的基本平衡；第二，保持国民经济的适度增长率；第三，合理调整产业结构；第四，保持物价总水平的基本稳定；第五，实现劳动力的充分就业；第六，公平的收入分配；第七，国际收支平衡。

2.政府宏观调控的原则

在社会主义市场经济体制下，宏观经济调控应遵循以下基本原则：第一，宏观间接调控原则；第二，计划指导原则；第三，集中性和重点性原则；第四，以经济手段为主的综合配套调控原则。

3. 政府宏观调控的经济政策

(1) 财政政策

财政政策是指国家通过财政收入和财政支出调节社会总需求和总供给，以实现社会经济目标的具体措施。

(2) 货币政策

货币政策是指国家通过金融系统调节货币的供应量，实现宏观经济目标的一种经济政策。具体包括稳定物价、充分就业、经济增长和平衡国际收支四个方面。

(3) 产业政策

产业政策是政府为优化产业结构所采取的手段和措施的总和，主要包括产业结构政策、产业组织政策和产业布局政策。合理的产业政策有利于根据需求结构有效配置资源，调整产业结构，使之趋于合理化和现代化，实现社会总供给与总需求的总量平衡和结构协调；有利于国民经济保持较快的发展速度；有利于保证和促进技术进步；有利于提高本国产品在国际市场上的竞争力；有利于实现各种资源的有效配置，提高社会经济效益。

(二)产业政策与政府调控力的关系

1. 产业政策体现政府调控力

地方政府的宏观经济调控，就其内容来说，包括需求管理和供给管理两个方面。需求管理属于总量管理，承担着短期调节的任务；而供给管理则是侧重于结构管理，因而承担着长期调节的任务。如果说货币政策和财政政策是进行需求管理的重要的宏观经济政策的话，那么产业政策则是进行供给管理（结构管理）的重要宏观经济政策。

因此，可以认为产业政策属于政府为实现宏观调控的一种经济政策手段，是为政府调控服务的。换言之，产业政策在其实施的过程中，通过对经济客体的影响，体现出政府对经济客体的调控力。总之，产业政策的实施过程即政府调控力的体现过程。

2. 政府调控促进产业政策形成

一般来说，地区政府的宏观经济调控就是地区政府在经济体制模式下制定长期经济发展战略的过程。体制模式是政府进行宏观调控的基本出发点，经济发展战略是政府调控的基本框架。政府的宏观调控必须建立在国家的经济体制模式基础上和经济发展战略这个大框架下。不然，政府的调控则只能是空中楼阁或者纸上谈兵，毫无约束力，不能取得预期的调控效果。

（1）经济体制模式

产业政策作为一种调节与促进产业发展的政策，是通过一定的政策机制来实现的。这种政策实现机制与经济体制模式有密切的关系，并且是由一定的经济体制模式决定的。换言之，产业政策的实施机制必然存在于一定的经济体制模式之中，有什么样的经济体制模式，就有什么样的产业政策实施机制。

首先，产业政策的设计建立在收集和整理大量信息的基础上。而在不同的经济体制模式中，信息的类别、信息的来源、信息渠道、信息失真度等，都会有所不同。

其次，产业政策目标的选择除了受经济发展战略支配外，还是各社会集团利益冲突和力量抗衡的结果。然而，这种社会集团之间的利益冲突和力量抗衡总是在一定经济体制模式下进行的。显然，在不同经济体制模式下发生的社会集团利益冲突和力量抗衡会有不同的方式和结果，这些无疑会对产业政策目标选择产生影响。

再者，产业政策的实施总是要通过一定的途径来进行的，这种政策实施途径也存在于经济体制模式之中，不同的经济管理体制与经济运行机制决定了产业政策的实施途径也不相同。这主要涉及政策制定者与政策执行者之间存在什么性质的关系。如果两者之间是行政隶属关系，产业政策的实施很可能是强制性的；如果两者之间不是隶属关系，很可能采取协商的方法。

（2）经济发展战略

一个地区的经济发展战略是指该地区政府对其经济发展所作的带有全局性和方向性的长期规划和行动纲领。它是根据一定发展阶段的具体情况、经济环境和前期战略的执行情况来制定的，是由战略目标、战略重点、战略措施和战略步骤所构成的。

一个地区经济发展战略的选择对产业政策有着决定性的影响，它在很大程度上规定了某一时期产业政策的指导思想、基本内容、政策重点和政策方式。

首先，经济发展战略是一个时间跨度相当长的经济发展规划，产业政策的创新要以其为依据。虽然产业政策的作用时间较长，但与体现政府调控力的经济发展战略相比，还是相对较短。因此，产业政策必须体现经济发展战略思想。

其次，经济发展战略是一个具有方向性的行动纲领。相比之下，产业政策仅仅是作为实现这一发展战略的措施提出来的，因而产业政策在很大程度上受经济发展战略的支配和规定，是为经济发展战略服务的。

再者，经济发展战略是一种具有广泛内容的经济发展总方针，而产业政策主要涉及产业发展问题。因此，从一定意义上来说，产业政策是在某一方面对经济发展战略和政府调控力的具体化。

政府宏观调控经济的两个基本因素对产业政策的形成具有决定性的作用，因此可以认为政府宏观调控影响产业政策的形成。

这样来看，产业政策与政府调控是相辅相成的关系。一方面，政府宏观调控影响产业政策的形成；另一方面，产业政策的实施体现政府的调控力。

二、产业政策创新与政府调控力的提升

在本节的第一部分，我们已经谈到了产业政策与政府调控力的关系。一方面，深圳市电子信息产业产业政策在其实施过程中体现政府对这一产业的调控力；另一方面，政府也是通过调控的基本体制和框架来影响产业政策的指导思想、基本内容、政策重点，从而达到控制产业政策实施过程，以借助产业政策的实施来体现政府的调控力。

在本章的第二节，笔者详细地展示了深圳市电子信息产业自起步至今的全部产业政策。一般来说，产业政策的变化总是伴随着产业环境的变化、世界格局的变化等而发生的。产业政策是政府制定的，产业政策的创新和变化反映政府在该产业上的调控的改变。因而我们可以认为：产业政策创新体现政府调控力的提升。其机制如下：

首先，一种产业政策在实施之后，往往会对该种产业政策进行评估。产业政策评估通常以政府邀请的资深专家和中立研究机构为主体，由决策者、实施者和产业政策对象共同完成的。如果产业政策并没有取得预期的效果，也就是说政府在这方面通过该产业政策所进行的宏观经济调控并没有取得效果，政府调控力较弱。

其次，通过产业政策评估，可以及时纠正偏差、合理调整产业政策目标和手段。进行合理调整之后的产业政策符合政府的长期经济发展战略，而且实施的机制是以政府现阶段的经济体制模式为基础，尤为重要的是已经吸取了前面错误产业政策失效的经验。这样，这种新的产业政策就是政府调控经济的一只看得见的手，和市场那只看不见的手两相配合，从而政府能轻易控制产业的发展方向和发展速度。因此，可以认为较之之前产业政策实施时期的政府对该产业的调控，政府的调控力有增无减。

参考文献

1. 苏东水：《产业经济学》，高等教育出版社 2004 年版。

2. 罗清和：《经济发展与产业成长》，上海三联书店 2007 年版。

3. 曾牧野：《迈向九十年特区》，海天出版社 1991 年版。

4. 刘国光：《深圳经济特区 90 年代经济发展战略》，经济管理出版社 1992 年版。

5. 《深圳特区报》：1983—2008 年。

6. 姚海放：《论宏观调控与政府经济行为的契合》，《法学家》2008 年第 3 期。

7. 何先刚、敖永春：《国外信息产业政策的比较及其对我国的启示》，《重庆工商大学学报》，2008 年 6 月。

8. 《特区经济》：1987—1992 年。

9. 《深圳科技经济信息》：1986—1996 年。

第十六章
创业环境创新与中小企业成长

随着我国改革开放的不断深入，深圳经济特区的科技工作依靠全国的支持，联合国内外科技信息，开拓技术商品市场，积极开展科研和开发新产品。同时，特区政府坚持"经济建设必须依靠科学技术，科学技术必须面向经济建设"的方针政策，不断深化科技体制改革，取得了丰硕的科技成果。因此，深圳电子信息业的发展环境不断优化，促进了特区信息产业的迅速发展。

第一节　创业环境创新的概念与内涵

一、创业环境的概念与内涵

(一)创业环境的概念

创业环境，是指围绕高新技术企业存在和发展变化，并足以影响或制约高新技术企业发展的一切外部条件的总称。它包括政治、法律、经济、科技、社会等诸方面的因素，是这些因素相互交织、相互作用、相互制约而成的有机整体。

科技创业环境是高新技术企业产生和发展的基本条件。就整个国民经济而言，电子信息企业创业环境是区域系统的一种表现，因而有什么样的区域系统就有什么样的创业环境。区域的性质、结构和发展水平，决定了创业环境的面貌及其变化趋势，对高新技术企业产生强烈影响，决定其空间运动的规律。

(二)创业环境的内涵

创业是一个复杂的创造性过程，就企业与环境的相互作用而言，企业所处外界环境的复杂性使得企业创业总是处于不可控制、难于把握、不断变动的环境之中，创业可以归结为企业与环境间交互作用的结果。这种结果主要体现在企业与其外部环境在资源的需求与供给的有效匹配上。企业面临的创业环境包括科技环境、融资环境、人才环境、市场环境、政策法规环境、文化环境。

1. 科技环境

科技环境主要是指大专院校、科研院所和企业构成的技术供给环境和作为技术转移和扩散主体的技术市场。

2. 融资环境

资本对企业创业的作用是其他任何要素资源都无法替代的，资本的持续进入总是表现为企业基本的和基础性的支撑力量，资金短缺总是对企业创业构成瓶颈约束。

3. 人才环境

对企业来说，人才资源是人力资源中文化层次较高、拥有知识资本较多的精华部分，是以其创造性劳动为企业成长和发展作出较大贡献的优秀群体，是全体员工中的核心部分，也是企业拥有的最为宝贵的财富和为企业创造财富的最为重要的资源。人才环境对企业创业人才需求的供给主要体现在大专院校、科研院所和企业为主的人才储备和人才市场两个方面。

4. 市场环境

市场环境对企业创业的影响主要体现在市场容量、市场进入障碍、竞争机制三个方面。企业的创业与市场环境有着极为密切的联系。一方面市场需求变化刺激并引导着企业创立并不断进行技术创新，开发生产出市场所喜欢的产品；另一方面，企业所开发的新产品往往创造一个新市场，并不为消费者熟知和认可，往往需要改变消费者的消费偏好和生活方式，引导消费者进行消费。

5. 政策法规环境

政策创新和法规完善是中国科技型中小创业企业的最具现实意义和深远影响的动力所在。从企业创业资源需求角度看，主要体现在与技术相关的政策法规，与人才相关的政策法规和与融资相关的政策法规三个方面。

6. 文化环境

营造深入人心，因势利导的文化环境可极大地促进人们对科技型创业企业的激情。对于企业创业来说，文化环境主要指创业文化，即指社会对创业行为和价值所持的认同和倡导的态度以及由此形成的鼓励、推崇创业的氛围。

二、创业环境的理论概述

(一)城市创业环境理论

Gnyawali 认为创业环境是指创业者在进行创业活动和实现其创业理想的过程中必须面对和能够利用的各种因素的总和，一般包括创业文化、创业服务环境、政策环境、融资环境等环境要素。[1]Bloogood 和 Sapienza 的概念则更注重于微观，他们指出影响创业者行为的潜在环境因素应包括家庭和支持系统、财务资源、员工、顾客、供应商、地方社区、政府机构和文化、政治及经济环境等。[2]池仁勇提出创业环境应该是包括创业者培育系统、企业孵化系统、企业培育系统、风险管理系统、成功报酬系统和创业网络系统六个子系统的社会经济技术大系统。张玉利则从创业所需的核心要素的角度将创业环境归为政府政策与工作程序、社会经济条件、创业与管理技能，以及金融与非金融支持四大类。

郭元源从城市角度来说，创业环境是一个大系统，它由在城市范围内的许多子系统组成。这些子系统根据其对于创业功能的不同可以分为五个子系统，即经济基础、服务支撑系统、科教支撑系统、文化支撑系统和环境支撑系统。这五个系统又由更小的子系统构成。当然，这些系统之间是相互影响、交叉作用的。用关系式表示为：城市创业环境 = [经济基础（EB），服务支撑系统（SSS），科教支撑系统（SESS），文化支撑系统（CSS），环境支撑系统（ESS）]。

(二)基于资源依附的创业环境理论

对于企业资源依附理论的研究较早期的学者包括扎尔德、汤普森等。普费弗与萨兰奇克的《组织的外部控制》一书是资源依附理论的主要代表作。该理论的基本前提是组织是一个开放系统，在开放系统中，组织具有以下特性：（1）无法孤立运转；（2）内部无法产生所需的所有资源；（3）为了生存必须从环境中其他组织获取必要的资源。由此，资源的缺乏带来了组织对其他组织的需求，如何解决这个资源矛盾，最好的方法就

---

[1] ALDR ICH H E，PEFFER J. *Environment of organizations* [J]. *Annual Review of Sociology*，1976 （11）：76－105.

[2] CH ILD J. *Organizational structure，environment and performance*：*the role of strategic choice* [J]. Sociology，1972 （6）：1－22.

是通过组织在边际效益的基础上利用资源互补来实现组织与组织之间的交易。资源依附理论的主要观点包括两个方面，一是组织间的资源依赖产生了其他组织对特定组织的外部控制，并影响了组织内部的权力安排；二是外部限制和内部的权力构造构成了组织行为的条件，并产生了组织为了摆脱外部依赖，维持组织自治度的行为。[1]

一些学者把资源依附理论作为研究创业环境的重要理论基础。Romanelli E. 通过研究得出结论：在拥有充足可利用资源的条件下，企业会得以顺利创建。环境中资源的可利用性影响企业的生存和发展，同时也影响新创企业融入环境的能力。[2]Hammers S. P. 提出了一个关于环境宽松性、传导能力（Carrying abilities）和企业形成率之间关系的模型。她认为环境宽松性和传导能力呈正向关系，伴随着环境宽松性和传导能力的提升，企业形成率会不断提高。另外，基于菲弗尔和萨兰奇克对环境六大结构特征的界定，Bruno A.V. & Tyebjee T.T. 研究了环境对企业创建的影响。他认为环境的宽松性、联结性及不确定性对企业创建产生正影响，而环境的影响性对企业创建产生负影响。[3]

资源依附理论强调组织与环境的关系，认为组织需从环境中获取必要的资源，组织的生存有赖于其获得资源的能力并且与关键资源的提供者保持良好的关系，是组织存在的关键。对于创业企业而言，我们可以把它看作一个组织，创业企业需从外部环境中获取其所需要的创业资源。

第二节　创业环境的历史变迁

一、80年代艰苦创业的环境与变迁

(一)金融支持：新的筹款方式出现

中国农业银行深圳分行 1989 年 12 月向社会发行的大额可转让定期存单，以其利

---

[1] HENR I. G. *Entrepreneurial intentions and the entrepreneurial environment* [D]. Helsinki: Helsinki University of Technology，2004.

[2] GARTNER W. B. *A conceptual framework for describing the phenomenon of new venture creation* [J]. The Acade2 my of Management Review，1985，10（4）：696－709.

[3] BRUNO A.V.，TYEBJEE T. T. *The environment for entrepreneurship* [M] / / INKENT C，SEXTON D，VESPER K. *The Encyclopedia of Entrepreneurship*. Englewood Cliffs，NJ: Prentice2Hall，1982: 288－307.

息高、变现容易等优点，受到企业关注，仅一个月便售出了 3000 余万元。它是金融界筹措资金，搞活资金市场的一种新的信用工具，这种筹资方式，在深圳还是首次，这也为深圳的电子信息企业提供了新的金融支持。同年，中国投资银行深圳分行则通过认真选择项目，获总行和世界银行批准 7 个项目。该行贷款 244 万美元、148 万人民币支持的深圳赛格运兴电子有限公司生产的 3.5 寸软磁盘在 80 年代处于世界先进水平。该行第一个获世界银行贷款项目——深圳天马微电子公司 LCD 生产线正在引进日本当代最先进的生产液晶显示器设备。这个项目的投产将使特区电子行业的发展跃上新台阶。

(二)商业和专业基础设施："信息窗口"破土动工

1981 年 1 月 20 日，深圳市第一栋高层建筑电子大厦破土动工。1989 年，深圳国际展览中心开业。这是当时我国华南地区最大的国际水准的展览场馆，由深圳科技工业园总公司、中国保险投资公司、德国格拉赫国际集团有限公司、新加坡庆新集团四方合作。建筑面积 4.2 万平方米，耗资 3200 万美元。该中心自 5 月开业以来，业务兴旺，展览排期已至 1990 年年底，成为介绍中外最先进技术设备和科学文化信息的窗口。

1988 年 6 月 9 日，深圳市率先成立的深圳电子配套市场已显活力，在短短 2 个月内，已接待外商上万人次，成交额达 750 万元，前来配套市场采购元器件的大部分是深圳市的企业，国内高等院校和科研单位，也有一些客商通过配套市场，了解到国内企业的加工能力，主动提出了元器件的来料加工业务。各个电子厂商从这个配套市场了解企业的需要，直接与生产厂家见面，有目的地组织元器件和配件来这里经销。他们在这里可以获得市场信息，经营更加有的放矢。

(三)有形基础设施：基建初现雏形

至 1990 年特区成立 10 年来，深圳市政府在国家的支持下，不断优化投资环境，按国际惯例和现代化城市的发展需要，超前、综合发展交通建设，初步建成交通四通八达的现代化城市，广深铁路成为沟通内地和香港的铁路大动脉。广深铁路双线工程现已完工，除石龙站两端大桥保留单线外，都已经建成双线。特区港口建设也得到了迅速发展。过去这里只有几个简陋的内河码头，现已经相继建成了蛇口、赤湾、内河码头等港口，计 45 个泊位，其中万吨级以上的深水泊位 5 个。

1984 年 11 月 2 日深圳市最长的公路——北环路工程开工。1985 年 3 月 8 日深圳—

北京航线通航。同年，3 月 22 日广深珠高速公路深圳段动工。4 月 13 日当时我国最大的集装箱港口深圳妈湾港动工兴建，总投资 13 亿元。7 月 30 日深圳科技工业园奠基。1986 年我国目前最长、最现代化的公路隧道——梧桐山隧道于 11 月 9 日 22 时打通。1987 年，横贯深圳市区中心地段的公路干线——深南大道 1 月 27 日凌晨一时全线贯通，至此，深南大道连成一线。1 月 22 日深圳市铁路高架桥西线工程竣工。12 月 24 日重点工程盐田深水港码头动工兴建。

截至 1988 年，深圳已经新建 200 多公里城市道路，基本上形成了主、次、支路相结合的城市道路网，南通香港的口岸已经有罗湖、文锦渡、沙角头三个，新建的皇岗口岸也已经动工。向北的城市出口路已有西连广州、中达惠州、东接汕头的三条主要通道。由于港口、公路、铁路和城市内部交通的配套进一步齐全，使得特区投资环境得到了改善，既吸引了大批客商来深圳投资设厂，又大大提高了整个特区的效率和效益。到了 1989 年，我市又有一批重要的市政道路配套建成和全面贯通。这批配套建设项目有：近几年遗留下来的 28 条"断头路"全面接通；新开发的深南路—皇岗路立交桥、嘉宾桥、人民桥、晒布路（汽车站）天桥、上部路人行天桥、皇岗大道、滨河西路、滨河东路、深南路（福田）拓宽段、东江路口段等 16 个项目。处在市区繁华地段的（汽车站）晒布路人行天桥，有两个快车道口，8 个供行人及自行车上下的梯道口。横跨在布吉河上的人民桥是解放路的咽喉，原来桥面狭窄，路面破烂，重建后的新桥长 48 米、宽 30 米，分别由快车道、慢车道和人行道组成。

同时，深圳市基建利用外资约达 16 亿元，这使特区在国内银根紧缩的情况下，基础建设和经济建设仍保持后劲。利用这批外资，深圳市确保妈湾港 4 号和 5 号万吨泊位，蛇口、赤湾港万吨级的泊位的续建和皇岗口岸的顺利兴建，还兴办了一批外向型骨干企业，为改善特区投资环境、发展电子信息产业增强了实力。

二、90年代创业环境的改造与提升

(一)金融支持：各大银行新业务不断推出

1990 年 1 月 8 日，在全市 30 多个网点中向市民、企事业单位推出"电脑联机代收"的服务。这在国内处于领先地位，企业只要在深圳中行的一个分支机构开户存款，就可以在覆盖全市的支票电脑联机服务网络中任何一个支行办理代收业务，对改革结算方式、加速资金周转、提高竞争能力有重要意义。在宝安、沙头角、蛇口、上步农业银行各发售点，由于大额可转让定期存单利率要比一般定期存款高10%，它与特区发售的股票一样具有一定吸引力，交易活跃。区政府知悉农业银行发行存单，为此所属区域的企业和职工购买，政府部门出面动员买存单，这也给电子信息企业的发展带来契机。中国深圳中行还积极发挥海外联行多、代理行分布广的优势，为深圳的外贸提供多元化服务，支持出口创汇。为了使企业避免对业务不熟或对国际惯例不了解而在单据上吃亏，中行结算还特别为客户开辟了代客审单的业务。这一业务的实施，鼓励了深圳电子信息企业积极出口海外市场。

1990年1月15日，深圳农行推出一些新的业务：大客户、小客户、穷客户同等对待；农、工、商等各业齐并支持，赢得信誉；为企业全面开办国际业务。该行在全国农行系统引进第一条路透社穿视系统，在所属的十个支行开办外汇存、放、汇业务。在大部分支行开办信用证业务和打包放款自营外汇买卖等新业务。这间接地为电子信息企业提供了便利。

1990年以来，市工商银行通过办理咨询和投资验证业务，为国内外促成了联营合作项目19个。市工商银行由于掌握各工商企业的第一手资料，通过咨询调查，能帮助企业分清真假。该行曾为海诚贸易公司咨询服务，促成其与东北及宝安4家公司的62870台、货值1.74亿元的彩电成交，其中6万台出口苏联，不仅回笼了资金，而且也促进了国产彩电的出口创汇。

1990年2月，深圳金融界采取一些新政策、新措施，促进特区经济持续、稳定、协调发展。人民银行深圳特区分行从1990年起，连续3年每年拿出3000万人民币，建立科技发展基金贷款，用于支持科研成果迅速转化为生产力。根据国家调整产业政策的需要，部分贷款实行差别利率的上限管理，适当降低一些贷款的加罚息幅度，合理确定贷款期限，减少企业利率负担。

(二)政府政策：各项市场规范措施纷纷出台

市政府鼓励民办科技企业的暂行规定颁布以来，深圳市民办科技企业发展迅速，这其中也包括一部分电子信息企业。截至1990年1月1日，我市已有民间科技企业152家，在这些企业中，约有半数企业在发展外向型经济和高新技术上取得了可喜的成绩。

1990年1月17日在《关于进一步治理整顿和深化改革的决定》的第29条决定中指出：提高经济效益必须依靠科技进步——在治理整顿期间，要选择一批投入少、效益高的科技成果，集中技术力量和科研经费，进行大面积推广，普遍提高企业的生产技术水平；根据实施国家产业政策的要求，选择一批对经济发展有重大影响的传统产业技术改造项目，引进技术消化吸收项目，高新技术产品、出口产品及进口替代产品项目，组织大中型企业和科研机构进行技术攻关，改造传统产业，加快引进设备的国产化，发展高技术产业；技术改造资金必须真正用于技术改造，提高产品质量，节约物质消耗，促进产品更新换代，绝不得以各种名目用于在低水平上扩大生产能力。这为深圳市的电子信息产业的发展营造了良好的政策环境。

1990 年 1 月 20 日，在全市外贸工作会议中，市政府分析了经贸形势，要求确保当年的出口计划，立足特区，联合内地，发展资金、原材料、市场、企业多头在外业务，推行国际转口和易货转口贸易方式；继续调整出口产品结构，大力发展对外适销，对内牵动较小的产业，着重发展非配额和许可证管理的出口商品生产基地，重视自产产品出口，增强出口后劲和创汇水平；认真做好调查研究，积极稳步地在海外建立贸易网点，发展事业，使其逐步成为推销特区和内地产品的"输送带"，改变外贸出口过多依赖香港转口的局面；开展远洋贸易和苏联东欧贸易。电子信息企业可以充分利用这一政策来逐步发展自己。

1995 年市委市政府颁布《关于推动科学技术进步的决定》，在科技投入、企业科技进步、高新技术产业发展、科技立法、科技奖励、科技人员培养等方面做了详尽的决定。同年 1 月 4 日《深圳市"九五"及 2010 年工业主导产业发展规划纲要》通过，确定了计算机及其软件、通信等七个重点产业为主导产业。

(三)教育和培训：高素质人才队伍不断壮大

1990 年 1 月，教学科研已设置了 72 门课程，拥有 13 个实验室，办学 3 年共为特区培养 160 名本科和 247 名专科毕业生。一方面，他们通过开展科研工作为学生提供运用知识和训练技能的机会，另一方面，也为教师创造实践条件，以提高教学质量。同年，深圳市委、市政府坚持重视发展教育的方针，作出了"教育经费占财政支出的比例不低于国家规定的比例"的规定。深圳高度重视教育、重视人才的培养，早在 1982 年就曾作出"教育与经济同步发展"的重要决定。这为电子信息产业的发展所需要的高素质人才提供了保障。

此时，在民间也出现了一些以教育和培训为业务的企业。如深圳市工业对外咨询公司。它是一个专门向特区企业，国内外客户提供工业咨询、信息投资环境调查、介绍合作伙伴、推广国外新技术等服务的专业公司。该公司为国内外客户提供了各方面的咨询意见报告，同时积极向海外开拓。该公司不但向国内介绍先进技术，组织各类讲座，而且多次受到国外政府机构之邀，作有关中国市场的专题报告，为发展特区外向型经济做了许多有益工作。我市的电子信息企业可以充分借助这一平台，积极引进国外先进技术。

1998 年，清华大学和深圳已经合作建立了"深圳清华大学研究生院"，合作内容主要是将高科技成果转化和发展，以及人才培养。科技研究合作项目在 1997 年时就有 11 项，这些合作将进一步扩大到信息产业以及机电一体化等。

(四)基础设施：建设规模逐步扩大

1990 年 1 月 15 日，投资达 2 亿港元建成深圳市当时最大的工业厂房之一的深圳亿利达工业大厦。据厂商介绍这是世界上最大的电话录音机及电话机生产厂家之一，全部产品外销，其中高速激光打印机、精密金属塑料磨具及步进电机、商业机器等已进入世界高科技先进产品行列。电子信息企业可以利用这一现代化厂房，努力壮大自身。

据市计划部门提供的资料，至 1990 年深圳特区已利用外资折合人民币近 40 亿元投入交通、能源、通讯等基础设施技工贸企业的建设。当时深圳仅有 100 多个床位的旅店，4 公里长的柏油路，这么多投资者一下涌到深圳，除吃饭之外，根本无法拿出钱来进行大规模的基础建设；向上伸手，国家也有困难。于是，深圳解放思想，大胆创新，积极吸收外资，来建设特区，蛇口工业区首先开创了我国利用外资搞基础设施建设的先例。他们利用外资开辟了贯通与广深公路相连的道路，随后，在罗湖、上步也以来料加工、补偿贸易、合资合作办企业等形式吸引外商。我市利用外资兴建了赤湾、蛇口港、东角头码头、蛇口油库及市话工程等一批基础设施，兴办了光明电子厂、华加日铝材厂、沙角头 B 电厂等一大批工业骨干企业，并兴建了坐落在罗湖小区的一批高层楼宇。

1989 年以来，电力供需矛盾突出，直接影响外资的引进和现有企业的生产。1990 年我市抓紧兴建 6 个燃油发电厂；同时，市政府还筹办新的大型发电厂。供水、交通、电讯等基础设施的建设，已列入市政府优先投资发展项目，国际机场、盐田深水码头、高速公路等正在建设之中。1991 年 8 月 8 日皇岗口岸正式开通。深圳皇岗口岸是国家批准的对外开放口岸，是广深高速公路入出境的咽喉。1992 年 5 月 16 日深圳蛇口港开辟我国第一条不经香港中转的环球集装箱远洋航线。10 月 20 日市第一条高速公路——梅林—观澜高速公路动工兴建。1993 年 3 月 28 日新中国第一条合资修建经营的深圳平南铁路建成通车。平南铁路东起广深铁路的平湖火车站，西至深圳市南山区的南头，然后进入蛇口、赤湾、妈湾三大港口，全长 50.2 公里。6 月 27 日深南大道全线开通。12 月 30 日深圳盐田港疏港公路——惠盐高速公路全线贯通。1994 年 2 月 5 日，北环快速干道主车道全线通车，全长 20.84 公里，标准路宽 132 米，为当时深圳第一大道。6 月 24 日，深圳东部供水系统工程全部竣工。12 月 22 日，我国第一条时速 160 公里的准高速铁路——广深准高速铁路建成通车。1995 年 5 月 6 日深圳机场至荷坳高速公路开工。5 月 30 日总面积达 123 万平方米的深圳市高新技术工业村破土动工。11 月 30 日深圳市基础设施建设中的"重中之重"项目——深圳东部供水水源工程正式开工。1998 年 12 月 20 日，盐田港集装箱年吞吐量破百万。12 月 25 日，深圳黄田国际机场航站楼落成。

三、世纪之初创业环境的优化与发展

(一)金融支持：资金扶持力度加大

2004 年，深圳市对支持信息产业的资金进行了调整，注重发挥资金的杠杆作用和放大作用，资金投向更加集中。市政府通过科技研发资金、产业进步资金、高新技术示范项目、中小企业发展资金等多种专项资金扶持信息产业的发展。

2006 年全社会研发投入稳步增长，政府科技投入继续增加，接近 30 亿元，其中市研发资金投入 6.5 亿元，共安排项目近 900 个。因此，电子信息产业特别是通讯制造业继续保持较快发展。在科技研发资金和奖励制度改革方面，也出台了新举措。2006 年，市政府发布了《深圳市科技计划项目和资金管理操作规程》。这次改革的主要创新点在于根据基础研究、应用研究、技术开发和产业化等创新链的不同节点，设计了 13 类科技计划。这次改革的特点是：创新奖项名称、取消奖励等级、奖项覆盖了创新链主要环节，同时鼓励民间设奖。

(二)政府政策：优惠政策积极出台

2000 年 4 月 6 日市政府常务会议原则通过了《关于鼓励出国留学人员来深创业的若干规定》，推出一系列优惠政策。

2006 年市委市政府以"1 号文件"颁布了《关于实施自主创新战略建设国家创新

型城市的决定》，受到全国各地的瞩目。"1号文件"颁布后，牵头市直20个部门参与，完成了20个配套政策的制定，形成了推动自主创新的"1+20"政策框架，在全国形成了较大反响，其中公检法部门的加盟令人耳目一新。"1+20"政策框架是科技政策向高度、广度和深度的延续，是继1998年"22条"、2004年"1号文件"之后，深圳的政策创新又一次在全国起示范作用。电子信息技术骨干企业充分利用这一政策，继续引领技术创新。华为、中兴通讯、比亚迪、迈瑞等20家企业国内专利申请量达12531件，占全市专利申请的42.2%，其中发明专利10181件，占全市发明专利的69.8%。全市拥有核心专利技术的企业稳步增加，华为、中兴、赛百诺、朗科、比亚迪、淼浩、格林美、创益、大族激光等企业已拥有了一批核心专利技术，并将它们与行业标准结合，大大提升了企业的竞争力。

在科技规划工作方面，我市共完成了12个规划的编制，形成了科学和技术规划、高新技术产业规划、科技基础设施规划三大类别组成的规划体系。规划之细也是前所未有的，不仅有宏观的规划，还有软件产业、IC设计产业、半导体照明产业、公共技术平台、科技企业孵化器等具有较强针对性和操作性的规划。

(三)政府项目：科研成果产业化能力加强

市政府积极推进深圳市与中国科学院、香港中文大学共建先进技术研究院，在研究院群建设取得新突破。2000年2月25日市政府与哈尔滨工业大学联合创办"深圳国际技术创新研究院"，该院将引入哈尔滨工业大学和俄罗斯、乌克兰等8所著名院校科研成果来深实现产业化。2006年，市政府与中科院签订了《共建中国科学院深圳先进技术研究院协议书》，并用半年多时间，组建了7个技术开发中心，4个重点实验室。深圳先进技术研究院是目前国内首家以集成技术为学科方向的科研机构，将为深圳的电子信息产业自主创新带来源头活水、注入强大发展动力。先进技术研究院的成立，标志着深圳结束了没有国家级科研机构的历史。2000年4月经国务院外经贸部批准，深圳市2个电子信息企业获准在境外开展加工贸易项目：康佳集团在印度的彩电生产线项目，中兴通讯公司在巴基斯坦的程控交换机项目。2001年10月13日深圳超大规模集成电路项目在深圳市高新技术产业园区动工。该项目填补了深圳集成电路芯片生产的空白，投资计划6亿美元。2004年，国家重点工程"909"项目布点的集成电路设计公司有4家在深圳落户；国家集成电路设计深圳产业化基地是科技部批准的7个基地之一。

(四)教育和培训：专业技术人员数量增加

2000 年 4 月 5 日，清华大学继与深圳市政府联合组建深圳清华大学研究院后，下一步在深圳筹办了当时唯一异地办学的直属学院——深圳学院。2001 年 9 月 4 日香港理工大学深圳研究院成立。至此，包括香港大学、香港科技大学、浸会大学在内的香港几所主要大学已在深圳设立了研发中心或培训机构。2004 年，深圳有 4 所大专以上院校设置了信息技术相关专业 38 个，每年为深圳培养信息技术类本科、大专毕业生 2000 多人；深圳每年接收国内信息技术相关专业人才 2500 人左右；多家国内名牌大学在深圳市开设了研究生培训基地，为深圳市培训信息技术高级人才；深圳人才大市场每年交流的信息类人才约 9 万名。深圳市教育部门、劳动部门管理的开展信息技术类培训的机构约 120 家，每年进行信息技术类非学历教育培训的人员达 20 万人。还有一些知名的培训中心和大企业培训机构进行 IT 培训教育，专门对培训人员在 IT 某一领域或某一产品从业资格，以及对某种信息技术技能等级进行认定。

(五)商业和专业基础设施：区域聚集效应加大

2000 年 4 月 3 日高新企业"孵化器"项目——"深圳数码港"正式启动。数码港投资近 10 亿元，建成后大力扶持软件和网络高新技术企业的发展，全力"孵化"网络企业。同年，深圳市还斥资 19.6 亿元启动"深圳清华信息港"项目。6 月，"深圳数码港"正式揭牌，50 多个 IT（信息技术）企业首批进港，国家高新科技成果转化基地亦同时在数码港挂牌。10 月，全国首个中外合资经营、按国际商业化规范运作的高新技术企业"孵化器"——深圳创新科技园启动仪式在深圳高新区举行，首期投资 8000 万元，占地面积 5000 平方米。12 月，深圳市高协高技术产业化促进中心成立，这是深圳市首个科技类非企业民营社会机构。

2001 年 8 月 13 日世界第二大继电器生产厂家——日本欧姆龙公司在深圳市投资的欧姆龙工业园在坪山镇奠基。10 月，留学生创业大厦在深圳高新技术产业园区动工兴建。深圳国家科技成果推广示范基地矽感光电产业园举行授牌仪式。深圳清华信息港在高新技术产业园北区正式奠基。标志着清华大学在北京以外建立的最大的产业化基地进入实质性建设阶段。

2004 年，全市已建成以高新区软件园为中心软件园，福田软件园、南山软件园、罗湖软件园、蛇口软件园为分园的格局。同年，深圳市政府拨款 5000 万元，用于对市、区旧厂房改造，通过政府和社会的力量拓展软件产业的发展空间。深圳信息产业集聚效应更加明显，一批重大信息技术项目相继落户深圳，为产业链形成和产业配套能力提升提供了条件。

2006年，市政府稳步推进高新技术产业基地建设，牵头各相关部门进行基地入驻企业的资格审查，先后通过了2批共7家企业的用地资格审查。集成电路设计产业化基地呈现良好发展势头，基地新大楼投入使用后，孵化器建设、产业发展支持环境建设得到了加强，形成了以基地为核心的物理聚集效应及区域性的产业聚合效应，增强了对华南地区的辐射带动作用。

(六)有形基础设施：现代化立体综合运输体系成型

2000年3月15日，深圳地铁一期工程设计方案最终确定。由1号线（罗湖口岸至黄田国际机场）和4号线（皇岗口岸至观澜）的一部分组成，沿线设车站18座，全长19.47公里。地铁土建工程已相继动工，并与香港九广铁路及西部铁路接轨。5月7日，据市运输局统计，深圳交通提前实现"九五"目标，路网密度达63公里／百平方公里，居全国前列。深圳已形成了以铁路、公路、机场、盐田港、蛇口港等重要客货枢纽为骨干，由铁路干线、高速公路、国内外航线、城市干道等运输方式组成的现代化立体综合运输体系，年客运量超过8000万人，货运量超过4500万吨。2001年4月16日，盐坝高速公路A段通车，深圳东部第一条高速公路正式开通。该高速公路在省交通厅主持的验收中，以91.5的得分超过机荷高速公路，成为广东省目前质量最好的高速公路。10月24日，纵贯深圳东部大鹏湾海岸线的重要通道——盐坝高速公路B段开工。

第三节　环境创新和中小企业蓬勃成长

一、中小企业的数量不断增加

深圳1979年以前仅有1家电子工厂，到了1985年已发展到160多家，此时电子工业成为深圳最大的行业。到1997年，电子信息产业产品产值达到432.13亿元，占全市高新技术产业产品总值的91.1%，占全市工业总值的31.07%。电子信息产业又以计算机和通讯为重点。在计算机方面，从外围设备、硬盘驱动器、主机板到磁头、整机、打印机就集中了数十家企业，包括希捷、才众、开发科技、长城等厂家，这些企业又与 1500 家中小企业形成配套关系，构成计算机生产的产业链。

1997 年 4 月 28 日，电子工业部依据上年实际完成销售总额排出电子百强企业名单，深圳的康佳、华强、长城、赛格、华为、开发科技、创维、桑达、京华、振华、华发等 11 家企业名列其中。

深圳市已形成一批具有自主知识产权的骨干企业，如华为、中兴通讯、长城计算机、天马微电子公司。其中，康佳、华为、中兴通讯开发技术公司还在美国硅谷设立了研发机构，追踪当今世界最先进的技术。

二、中小企业的规模不断扩大

深圳爱华公司创建于 1979 年。它是以生产信息技术及通讯类、家用电器产品为主的综合性电子企业。该公司从 1985 年初开始进行来料加工业务，初时规模较小，1987 年日元持续升值。他们抓住这一难得机遇，发展来料加工，不仅设备增加了，工人也增加了。1987 年共组装各种旅行钟 220 万个，计算器 80 万部，年产值达到 2800 万港元，加工费收入 183 万港元，比 1985 年翻一番多。计算机企业是技术密集、耗费大，产品更新换代快的投资类企业，较之其他企业，其外向难度相对要大得多。根据中央关于参加国际交换和沿海地区经济发展战略的要求，爱华公司大力开展了"三来一补"业务，一是相对提高使用外汇的承受能力和偿还能力，二是借此作为企业继续吸收外资的基础。另一方面，依靠优惠政策和良好的信誉，积极引进外资。先后与新加坡、中国香港地区、美国合资生产经营电视、电子表、计算机、打印机等产品。坚持平等互利的原则，尽可能利用客商的技术、销售渠道为最终参加国际交换创造条件。

三、中小企业的经营管理趋向科学

赛格集团在 1993 年前是粗放型经营的典型企业。在公司诞生后七八年时间里，赛格集团的经营方式就是一个"松散型集团"——企业不少，效益低下，形象不佳。

特区成立初期由于多种原因造成了赛格集团"粗放"经营，这也为深圳电子工业打下了一定的基础。当特区政府即将进入"第二次创业"阶段之前，这种粗放型经营已经不能适应现代市场经济竞争的需要。赛格集团1992年所陷入的困境，显然是未能及时进行由粗放型经营方式向现代化市场经济所要求的更高经营方式——集约化经营方式转变。

集约化经营的特征之一就是要求企业有合理的结构，要创造良好的边际效益。企业应当以最小的资本投入推动最大的资产规模，并获取最佳的资产效益。1993年以来，赛格集团就是围绕这一中心，以产品结构调整为主线，实施产业结构、资产结构和组织结构的调整，向结构调整要效益，形成了有效的资本发展机制。

在集团的大项目中，赛格日立彩管和中康玻壳两家公司占用集团总投资一半以上，由于刚步入投产阶段及其他原因，几年前一直处于亏损状态。赛格集团以这两个项目为突破口，抓重点，抓难点，通过强化管理，深入改革，提高质量，降低消耗，使这两家企业一举成为深圳有名的良好效益大户。

粗放式经营管理使集团胎生出大量"营养不良"的企业。集约化经营管理方式，虽然使得50家企业"寿终正寝"，企业净资产却大幅度增加。国有资产损失流失得到遏制，集团在企业结构调整中回收的近2亿元资金又重新投入到控股层和参股层企业，使集团资产负债率大幅度下降，从而改变了以往资本联结纽带脆弱的局面。

突出重点，走专业化生产之路是发展集约型经营管理的重要方式。赛格集团有自己的优势，那就是拥有良好的电子高新科技企业基础。

建立适应集约化经营的管理体制是企业提高效益的关键。当集团母公司资产达到一定规模时，建立资产经营性公司，按照专业化生产的要求，进一步完善集团作为混合控股公司的组织管理模式，真正形成以资本为纽带，资产、经营一体化的企业集团成为当前工作重点。

集团公司不仅从事以电子为主的生产经营活动，而且更为重要的是从事资产的经营和管理，确立集团公司在企业集团的核心地位，即投资决策和资产经营中心。这是企业有效地实现集约化经营的具体措施。

四、中小企业的扩张能力增强

深圳市电子总公司发挥特区的优势，依靠内地的技术力量，1984年推出25种新产品，增加的产值达 1.6 亿元，利润 1300 万元。1984 年，市电子总公司把开发新产品当作一项主要的任务，生产样式更新、质量更高、性能更优的产品，以适应不断变化的国际市场。为了完成这一任务，该公司一方面发挥深圳毗邻香港，信息比较灵通，材料采购比较方便的优势；另一方面，又注意依靠内地比较雄厚的技术力量，取得了较好的成果。电子总公司利用杭州大学的一项科研成果，并与其合作生产一种平板显示器，质量和性能已经达到国际先进水平。市无线电厂利用北京师范大学的科研成果，联合生产出一种自动编程机，源源供应上海、北京、苏州等地，并在生产中发挥了重要作用。宝华电子公司和香港一家贸易公司于 1984 年联合生产了一种外形美观、音色优美的 BH-898 收录机，在欧洲市场上引起注意。产品一直供不应求的康乐电子公司也孜孜不倦地开发新产品。1984 年试制出 8282 型的第 3 代收录机 8282K。深圳华发电子公司 1984 年生产出一种彩电遥控装置，对没有遥控设备的彩电装上这种装置后就能实现遥控。此外，电子总公司 1984 年生产的电脑电话、汽车节油器、微型变压器等多种新产品也源源进入国际和四川。电子总公司由于不断开发新产品，不仅使深圳的电子产品门类更加齐全，而且大大增加了在国际市场的竞争力。

参考文献

1.《深圳特区报》：1983—2008 年。

2.《特区经济》：1987—1992 年。

3.《深圳科技经济信息》：1986—1996 年。

4. 深圳市科技和信息局 2006 年度工作总结。

5. ALDRICH H E，PFEFFERJ. "Environment of organizations" [J]. *Annual Review of Sociology*，1976 (11)：76—105.

6. CHILDJ. "Organizational structure，environment and performance：the role of strategic choice" [J]. *Sociology*，1972 (6)：1—22.

7. HENR I. G. "Entrepreneurial intentions and the entrepreneurial environment" [D]. Helsinki：*Helsinki University of Technology*，2004.

8. GARTNER W. B. "A conceptual framework for describing the phenomenon of new venture

creation" [J].*The Academy of Management Review*, 1985, 10 (4): 696－709.

9. BRUNO A. V., TYEBJEE T.T. "The environment for entrepreneurship" [M]//INKENT C, SEXTON D., VESPER K. "The Encyclopedia of Entrepreneurship". Englewood Cliffs, NJ: *Prentice Hall*, 1982: 288－307.

第十七章
虚拟市场创新与电子商务的应用

不断革新的信息技术，尤其是网络技术的发展，推动了经济全球化的快速变革，各国的市场快速融合成一个统一的全球大市场。不仅强大的跨国公司在全球范围内配置资金和资源，中小企业亦可借助发达的商业网络和功能强大的互联网将产品销往全球市场，这使我们的企业既面临无限的机会，又面临严峻的挑战。本章主要从深圳的电子信息产业入手，介绍虚拟市场发展的现状及未来的发展方向。

第一节 虚拟市场概述

21世纪是网络的世纪，网络已经成为经济发展的基础和重要的推动力。研究和探讨网络经济的市场运作规律以及对企业的影响是一个非常紧迫的问题。互联网作为一种全球的交互式沟通渠道，它以虚拟的比特交换代替了传统物质世界的原子交换。这种以信息技术为基础的交换方式的改变，带来了市场交易方式的改变，带来了企业组织结构与管理流程的改变。

一、虚拟市场的概念与特点

(一)虚拟市场概念

市场是供需的有效集结，是供需的融合和发生化学反应的场所。虚拟市场一般是由一些传统中间商在网上建立的商业网站，这样的网站相当于一个商业虚拟社区：

将卖方提供的产品集中在一起，为经过严格审查的交易者提供一个交易场所。这个交易场所受明确的规则、行业统一价格及公开市场信息的限制。价格一般是预先制定好的，也可由买卖双方协商定价，买方都是这个特定商业社区的注册成员。

(二)虚拟市场的优势

虚拟市场相对于有形市场，具有极其独特的优势，即：（1）虚拟市场可以提供比真实市场多百倍的商品。（2）不会造成货品积压。（3）不会造成资金占用。（4）节省人力物力。（5）适用于灵活的选货和订货。（6）不需要花费大量的创业成本。（7）为顾客提供方便灵活的购物方式。（8）通过互联网扩大顾客范围。

(三)虚拟市场的发展潜力

随着电子商务和网络营销的迅速发展，虚拟市场凭借其自身的优势，不断侵蚀着有形市场。当更多的商家看到虚拟市场的发展空间非常广阔后，都努力改进企业流程，以适应信息时代的高速商业活动。

利用虚拟市场获得很大收益的产业已经扩展到人们的衣食住行各个方面。在我国，一些政府部门批准或主持建立的网站，以及一些传统的商品市场或由实力强的企业与机构建立的电子商务网站正在成为这种新的中间商。如被形象的称为"永不落幕的交易会"的"中国商品市场"、中国商品交易中心、中国粮食贸易公司推出的"中国粮食贸易网"等等，这些网站除发布国家有关政策法规、经济动态、国内外有关行业的市场及行情信息供访问者浏览查询外，还可向注册会员提供信息发布、交易洽谈、撮合、支付和清算以及货物交割与配送等，从而实现贸易运作的全过程。

另外，虚拟市场对无网络技术支持的中小企业具有强大的吸附效应。因为，即便是网络时代也不可能让所有的中小企业都拥有自己的网站。因此，网上虚拟市场这样的网站将针对这一部分企业以网上出租摊位的形式向人们提供信息。

二、虚拟市场的运营模式

(一)企业—企业应用系统（B2B）

企业与企业之间的电子商务是电子商务业务的主体，约占电子商务总交易量90%。就目前来看，电子商务在供货、库存、运输、信息流通等方面大大提高企业的效率，电子商务最热心的推动者也是商家。企业和企业之间的交易是通过引入电子商务能够产生大量效益的地方。对于一个处于流通领域的商贸企业来说，由于它没有生产环节，电子商务活动几乎覆盖了整个企业的经营管理活动，是利用电子商务最多的企业。通过电子商务，商贸企业可以更及时、准确地获取消费者信息，从而准确订货、减少库存，并通过网络促进销售，以提高效率、降低成本，获取更大的利益。例如：阿里巴巴、中国制造网、环球资源等，他们都是向中小型企业提供交易平台的电子商务网站。[1]

企业间电子商务通用交易过程可以分为以下四个阶段：一是交易前的准备。这一阶段主要是指买卖双方和参加交易各方在签约前的准备活动。二是交易谈判和签订合同。这一阶段主要是指买卖双方对所有交易细节进行谈判，将双方磋商的结果以文件的形式确定下来，即以书面文件形式和电子文件形式签订贸易合同。三是办理交易进行前的手续。这一阶段主要是指买卖双方签订合同后到合同开始履行之前办理各种手续的过程。四是交易合同的履行和索赔。

(二)企业—消费者的应用系统（B2C）

从长远来看，企业对消费者的电子商务将最终在电子商务领域占据重要地位。但是由于各种因素的制约，目前以及比较长的一段时间内，这个层次的业务还只能占比较小的比重。它是以互联网为主要服务提供手段，实现公众消费和提供服务，并保证与其相关的付款方式的电子化。它是随着互联网的出现而迅速发展的，可以将其看作是一种电子化的零售。目前，在互联网上遍布各种类型的商业中心，提供从鲜花、书籍到计算机、汽车等各种消费商品和服务。目前在互联网上有很多这一类型电子商务应用的例子，如全球最大的亚马逊书店、顾客可以自己管理和跟踪货物的联邦快递、网上预订外卖食品的比萨屋。国内的也有卓越、京东商城、当当网等。

这种购物过程彻底改变了传统的面对面交易和一手交钱一手交货及面谈等购物方式，这是一种新的，很有效的电子购物方式。当然，要想十分安全地进行电子购物活动，还需要非常有效的电子商务保密系统以及电子支付系统。

---

[1] 深圳电子商会编：《深圳元器件产业发展报告》，2005 年。

(三)企业—政府的应用系统（B2G）

包括政府采购、税收、商检、管理规则发布等在内的、政府与企业之间的各项事务都可以涵盖在其中。例如，政府的采购清单可以通过互联网发布，公司以电子的方式回应。随着电子商务的发展，这类应用将会迅速增长。政府在这里有双重角色：既是电子商务的使用者，进行购买活动，属商业行为人、又是电子商务的宏观管理者，对电子商务起着扶持和规范的作用。在发达国家，发展电子商务往往主要依靠私营企业的参与和投资，政府只起引导作用。与发达国家相比，发展中国家企业规模偏小，信息技术落后，债务偿还能力低，政府的参与有助于引进技术、扩大企业规模和提高企业偿还债务的能力。

(四)消费者—消费者的应用系统（C2C）

在中国，随着淘宝、易趣的发展，以及后起之秀拍拍的出现，使得 C2C 模式成为消费者最为熟悉的一种电子商务模式。

三、虚拟市场的变化与创新

(一)产品虚拟化策略

虚拟化大量成功的运用，将使以往的"皮包公司"成为颇具现实意义的企业组织形式，真正实现"无烟工厂"的实体化，成为企业快速进入市场营造规模效应的经营目的。[1] 这里的"皮包"不是"倒卖倒空"，而是装有资金、商标、品牌、专利技术等实体，企业一包在手，便可走遍天下，实现跨地区、跨部门、跨国经营。一是"借鸡生蛋"。投资再建一个工厂，虽然耗费资金巨大，而且市场风险也大，但如发挥利用虚拟资源作用，输出"皮包"部分的资金，利用租赁形式或委托加工形式，他人的生产线、厂房设备、生产工人、仓库等实体资源便成为自己的概念资源、虚拟资源，生产出可口美味的"金蛋蛋"。二是"借脑发明"。在先进企业界里，新产品开发费用一般占企业销售总额的 1%—3%，比例虽小绝对数额却大，因此如巧用外力，借脑发明，把企业自己对新产品、新技术的意念和设想通过虚拟过程的方式交由他方去研究开发实践，从而避免机构添设、人员重置、资金拨加等企业耗费；而且能相对保证科

---

[1] 《虚拟化经营市场营销革命性创新》，中国农业网：http://www.agronet.com.cn，2001-10-24。

研成果的先进性和成功率。三是"借牌生产"。品牌是项典型综合性的无形资产，品牌塑造过程实际也是虚拟化经营过程，它能更多赋以虚拟化的价值。一个名牌企业可以凭其良好商誉，输出自己的品牌，在各地选择符合其生产条件、标准的工厂作生产基地，通过贴签（牌）方式把自己产品输送到世界各地。

(二)促销虚拟化策略

促销是市场营销 4P 策略中的重要一环，对于企业而言，促销是最为艰苦的攻坚战，一次次降价、打折、返利奖励等"输血"过程，往往一场促销过去，企业便会"虚脱"一阵，元气大损。因此如何采用新的方式，实现促销方式的改造创新，以引发整个企业生存环境的革命，获取良好生存资源，是企业一个重大而迫切的课题。而促销方式的虚拟化运作正是完成这一课题的重要选择。比如在促销过程所发生种种关系，如企业与社会公共关系、企业间业务关系、消费者关系就是虚拟资源，通过有目的有意识的活动与这些关系构建良好的沟通、互动、共享的生存发展空间，便可节省大量广告费用，达到"我为人人，人人为我"的宣传促销目的。尤其重要的是，科技的进步，经济的发展，网络经济成为最时兴最热门的产业，电子商务仿如一夜春风遍及世界各地涉及各行各业，这使得传统的促销环境发生革命性变化，促销本身也更大范围走进了虚拟的空间。网上广告、网上定制、网上促销、网上调查、网上对话日益取代传统实体式耗费巨大的促销方式，它使很久以来企业孜孜以求的"一本万利"的经营思想也有更大限度的实现可能。而所有这些新思想新方式必须要及早进入设计阶段、实践阶段，才能使企业虚拟经营过程尽可能体现实用性、可操作性、先进性，适应市场营销的新形势，符合虚拟化管理的新要求，抓住难得的历史机遇，抢占市场，抓住商机，获取更大生存资源。

(三)通路虚拟策略

通路也称渠道、分销，它是产品由生产者流向消费者的管道。但由于传统流通格局繁琐冗长且单一的特点，大大影响产品周转速度，增加了企业的流通成本。因此避重就虚，轻装上阵，简化优化产品流通渠道，最大限度使通路过程也能由其他单位组织完成，构建包括其他成员在内的整体化、虚拟化的通路网络，实现通路分销过程的创新革命，使通路网络资源可合成共享，彼此虚拟化地拥有对方的资源，对于企业来说意义重大而深远。如今每个企业都有其多层次主体式的销售渠道，如果双方或多方企业把各自的渠道捆绑合成在一起，就能起到乘法效应，构造成一个四通八达影响深远的销售网络，企业就更有可能把自己的产品推向以前无法企及的区域。

第二节　深圳虚拟市场与电子商务的发展

一、虚拟市场与电子商务的历史

我国计算机应用已有 40 多年历史，但电子商务的发展仅有 10 多年。1987 年 9 月 20 日，中国的第一封电子邮件越过长城，通向了世界，揭开了中国使用互联网的序幕。1998 年 4 月，深圳网民完成了中国网上支付历史性的第一笔交易，也开启了中国网上支付的先河。

经过近十几年的发展，深圳互联网用户数已达 215 万，网民数量突破 500 万人，在网络投资环境、IT 产业环境等多项指标的评选中都荣登全国最佳。深圳电子商务发展过程可分为三阶段。[1]

(一)开展EDI的电子商务应用阶段（1990—1993）

我国开展 EDI 的电子商务应用，自 1990 年开始，国家计委、科委将 EDI 列入"八五"国家科技攻关项目，如外经贸部国家外贸许可证 EDI 系统、中国对外贸易运输总公司中国外运海运／空运管理 EDI 系统、中国化工进出口公司"中化财务、石油、橡胶贸易 EDI 系统"及山东抽纱公司"EDI 在出口贸易中的应用"等。1991 年 9 月由国务院电子信息系统推广应用办公室牵头会同国家计委、科委、外经贸部、国内贸易部、交通部、邮电部、电子部、国家技术监督局、商检局、外汇管理局、海关总署、中国银行、人民银行、中国人民保险公司、税务局、贸促会等部委局发起成立"中国促进 EDI 应用协调小组"，同年 10 月成立"中国 EDIFACT 委员会"并参加亚洲 EDIFACT 理事会，目前已有 18 个国家部门成员和 10 个地方委员会。EDI 在国内外贸易、交通、银行等部门都有着广泛的应用。

---

[1]　邵康：《电子商务概论》，华东理工大学出版社 2005 年版。

(二)政府领导组织开展"三金工程"阶段（1993—1997）

1993 年成立国务院副总理为主席的国民经济信息化联席会议及其办公室，相继组织了金关、金卡、金税等"三金工程"，取得了重大进展。1994 年 5 月中国人民银行、电子部、全球信息基础设施委员会（GIIC）共同组织"北京电子商务国际论坛"，来自美、英、法、德、日本、澳大利亚、埃及、加拿大等国和地区 700 人参加。1994 年 10 月"亚太地区电子商务研讨会"在京召开，使电子商务概念开始在我国传播。1995 年，中国互联网开始商业化。互联网公司（ISP.COM 公司）开始兴起。

1996 年 1 月成立国务院国家信息化工作领导小组，由副总理任组长，20 多个部委参加，统一领导组织我国信息化建设。1996 年，全桥网与因特网正式开通。

1997 年，信息办组织有关部门起草编制我国信息化规划，1997 年 4 月在深圳召开全国信息化工作会议，各省市地区相继成立信息化领导小组及其办公室，各省开始制订本省包含电子商务在内的信息化建设规划。1997 年，广告主开始使用网络广告。1997 年 4 月以来，中国商品订货系统（CGOS）开始运行。

(三)开始进入互联网电子商务发展阶段（1998年至今）

1998 年 3 月，我国第一笔互联网网上交易成功。1998 年 7 月，中国商品交易市场正式宣告成立，被称为"永不闭幕的广交会"。中国商品现货交易市场是我国第一家现货电子交易市场，1999 年现货市场电子交易额当年达到 2000 亿人民币。中国银行与电信数据信局合作在湖南进行中国银行电子商务试点，推出我国第一套基于 SET 的电子商务系统。1998 年 10 月，国家经贸委与信息产业部联合宣布启动以电子贸易为主要内容的"金贸工程"，它是一项推广网络化应用、开发电子商务在经贸流通领域的大型应用试点工程。1998 年北京、上海等城市启动电子商务工程，开展电子商场、电子商厦及电子商城的试点，开展网上购物与网上交易，建立金融与非金融论证中心，制定有关标准、法规，为今后开展电子商务打下基础。

1999 年 3 月 8848 等 B2C 网站正式开通，网上购物进入实际应用阶段。1999 年兴起政府上网、企业上网，电子政务（政府上网工程）、网上纳税、网上教育（湖南大学、浙江大学网上大学）、远程诊断（北京、上海的大医院）等广义电子商务开始启动，并进入实际试用阶段。

2000 年，我国电子商务进入了务实发展阶段。电子商务逐渐以传统产业 B2B 为主体。电子商务服务商（.com 公司）正在从风险资本市场转向现实市场需求的变化，与有商务传统企业结合，同时开始出现一些较为成功、开始盈利的电子商务应用。由于基础设施等外部环境的进一步完善，电子商务应用方式的进一步完善，现实市场对电子商务的需求逐步成熟，电子商务软件和解决方案的"本土化"趋势加快，国内企业开发或着眼于国内应用的电子商务软件和解决方案逐渐在市场上占据主导。我国电子商务全面启动并已初见成效，基于网络的电子商务的优势将进一步发挥出来。

二、电子商务市场的现状与发展

据统计，目前全国已有 4 万家商业网站，其中网上商店 700 余家。电子商务项目大量推出，几乎每天都有各类电子商务咨询网站、网上商店、网上商城、网上专卖店、网上拍卖等诞生。电子商务应用与发展地域也由北京、上海、深圳等极少数城市，开始向各大中城市发展。

可以说，中国电子商务已经由表及里，从虚到实，从宣传、启蒙和推广阶段进入到了务实的发展实施阶段。[1]

(一)政府逐步推进，环境逐步改善

我国政府正全面、积极、稳妥地推进中国电子商务的发展。1998 年以来，政府对电子商务的支持与协调力度明显增加。我国电子商务发展的总体框架（包括整体战略、发展规划、发展措施、技术体制标准以及相关法律法规）的推出，使电子商务有了更加规范有序的应用与发展环境。不少地方政府也都对电子商务给予了前所未有的关注与支持，开始将电子商务作为重要的产业发展方向。

政府应该做的工作是，制定政策鼓励电子商务的应用与发展，鼓励探索，鼓励创新，同时立即着手解决电子商务法律中的紧迫问题，如电子签名和电子合同的法律效力等。

(二)制约电子商务发展的瓶颈开始逐步突破

网上支付、实物配送和信用等作为电子商务系统工程中的重要环节，被视为制约中国电子商务应用与发展的"瓶颈"。1999 年以来，网上支付"瓶颈"正在迅速得到

---

[1] 黄敏学：《虚拟市场与电子商务》，武汉大学出版社 2004 年版。

解决。在这方面较为成功的，有"8848"网上超市提供的包括网上支付在内的多元化支付方式，有淘宝网的支付宝以及腾讯网的财付通等。

实物配送在电子商务应用与发展中的重要性，已经得到电子商务业界人士的广泛认同和重视，并尝试以各种不同的方式予以解决。在这方面，出现了一些堪称突破的可喜进展，拥有我国最大传递网络的中国邮政加盟电子商务领域，一些专门为电子商务项目服务的专业配送企业也相继出现。例如在深圳土生土长的全国最大的民营快递公司顺丰速运，以及其他的快递公司都如雨后春笋般在深圳生根发芽，逐步壮大。

(三)电子商务的应用模式日趋多元化

在 B2C 模式中，网上书店和网上商场在增加网上支付功能、完善各项服务后以更大的势头发展；网上拍卖、网上商城、网上邮购等面向消费者的电子商务网站大量推出。不少电子商务企业和工商企业开始酝酿企业间电子商务。证券电子商务也有所发展，"网上炒股"对于有些股民已经成为现实。[1]

网络是一片独特的天空，中国国情又有其特殊性。怎样将 Internet 和中国国情结合起来，充分发挥电子商务的优越性，实现极富意义的电子商务技术和商务模式的创新，是摆在中国电子商务业界人士面前的一大课题。

(四)内外资电子商务企业的融合渐成大势

具有外资背景的电子商务企业和项目日益增加。其表现形式是双向的：既有海外风险投资直接进入国内的电子商务企业，也有国内企业通过海外上市吸收海外资金。在不少电子商务企业内，外籍或具有外资企业背景的高级管理人员显著增加。与此同时，海外电子商务企业开始直接进入中国市场。随着中国加入世界贸易组织过渡期的结束，基于超越国界的 Internet 的电子商务不可逆转地走上了世界经济一体化的道路。

(五)电子商务的发展还存在一些不容忽视的问题

"商务为本"观念依然薄弱。中国电子商务是由主导信息技术的 IT 业界推动的，使得中国电子商务在发展之初就带有浓厚的技术倾向，"重技术、轻商务"的现象比比皆是。事实上，电子商务中的"电子"与"商务"的关系是"皮"与"毛"的关

---

[1] 《中国电子信息百强历史回顾》，电子信息网，2005 年。

系，电子是"毛"，商务是"皮"，"皮之不存、毛将焉附？"电子商务企业有必要树立"商务为本"的观念，将目光转向工商企业和消费者的实际需求，以此来确立电子商务服务方式和电子商务解决方案。

企业和消费者电子商务意识有待加强。企业和消费者的电子商务意识不强严重制约着中国电子商务的发展。目前大多数国企还只习惯于传统的订货会、展销会等面对面洽谈的方式，对于上网查询展示企业和产品感到很遥远。

效益观念过于片面。存在着一种片面强调网络经济和电子商务的特殊性和神奇的力量，严重忽视现实或预期经济效益的倾向。不少电子商务企业或电子商务项目以风险投资收益为唯一目标，片面追求访问量，片面追求上市。此种一厢情愿的思路使很多电子商务企业在经营与发展上进退维谷、举步维艰，面临极大的经营风险。

物流与信息化基础依然滞后。中国电子商务的顺利发展离不开诸如物流和信息化基础的进步和完善，这一点对主要由于技术推动而形成的中国电子商务应用与发展显得尤其重要。整个社会的物流现代化水平和信息化水平（如通信网络、带宽、企业信息化等）需要大大提高，否则会继续阻碍中国电子商务的发展。

(六)电子商务发展应予充分重视的几个方面

1. 电子商务人才

中国目前从事网络行业的人数超过百万。中国电子商务的急剧发展，使得电子商务人才严重短缺。中国电子商务教育要尽快以各种形式大规模起步，为中国电子商务的发展培养出足够的合格人才，要特别重视培养兼备网络技术和商务知识的复合型电子商务人才。

2. 企业电子商务

迄今为止，企业间（B2B）电子商务还没有大的进展。网络的普及使得企业间电子商务成为未来企业评估竞争力及生产力的依据，从企业间的供应链管理、直销、客户服务等，B2C电子商务只是其中一环。没有良好的企业间电子商务体系，B2C电子商务的发展也会受到制约，从而影响中国电子商务整体应用与发展。

3. 证券电子商务

与其他所有行业相比，中国的金融、证券行业没有所谓的"瓶颈"问题，相反却有着那么多的资金、市场和人才等有利条件，是最适宜"电子商务化"的。目前国内已有闽发、国泰君安、海通、华泰等证券公司开展网上交易。移动上网正在成为证券电子商务的又一契机，同样应予以重视。[1]

4. 电子商务软件和解决方案

据美国特尔斐集团最新报告，今后几年内全球电子商务软件的销售将有很大增长，市场销售额可望从目前的 400 亿美元增加到 2010 年的 1200 亿美元。目前，在中国电子商务应用与发展中占支配地位的软件与解决方案，基本来自 IBM 等国外企业。无论是为了发展适合中国国情的电子商务软件与解决方案，还是抓住巨大的市场机遇发展中国的民族软件产业，中国电子商务软件和解决方案的本地化、产业化都刻不容缓。

第三节 虚拟市场创新与电子信息产业的发展

一、腾讯智慧填补无效营销"黑洞"[2]

"我知道我的广告费有一半被浪费掉了，但我不知道是哪一半。"美国第一个现代意义上的广告商人约翰·沃纳梅克的这句话作为影响整个 20 世纪的营销格言，道破了营销管理中最令人头疼的提高有效性问题。在新媒体高唱凯旋的网络经济时代，许多传统难题因为新技术和新应用的出现得到化解。而对于那 50% 的传统营销"黑洞"，新时代的到来是否会有所改变？

"腾讯智慧并不能包治百病，但我们希望它的出现能开启新思维。"显然，腾讯公司网络营销服务与企业品牌执行副总裁刘胜义对这个问题的回答是肯定的。他不断向人们介绍"腾讯智慧"（Tencent MIND）——该公司提出的全新在线品牌营销方案。他认为，"腾讯智慧"能很好地指导人们解决营销中的有效性问题，因为"企业可以利用腾讯网全方位的接触点来掌握用户与媒体互动的情况和相关的一些数据信息，从而进行更好的营销活动"。

2008 年 4 月 15 日，整合营销之父——唐·舒尔茨教授在"腾讯智慧·2008 高效在线营销峰会"上与中国的营销人士分享了整合营销在互联网时代的应用与前景。他

---

[1]《深圳电子工业发展的回顾》，电子信息网，2007 年。
[2]《腾讯智慧的创新策略》，《经济观察报》2008 年第 32 期。

指出，随着网络营销时代的到来，"这对传统的营销提出挑战，却让广告主有可能花同样的钱获得更大价值，甚至花更少的钱获得更大的价值"。

以网民为中心的信息传递和分发体系已经形成，人们的生活方式、行为习惯、消费模式，甚至思维模式，都随着网络的渗透而改变。在中国，这一变化更为显著。2008 年 3 月，美国市场调研公司 BDA 发布的数据表明：中国已经拥有了 2.21 亿互联网用户，首次超过美国成为全球最大的互联网市场。在如此广阔的市场前景下，新的营销挑战也随之而来。唐·舒尔茨谈到："过去我们通过购买时间、空间来进行促销。我们认为那就是市场所需要的，是市场应该有的样子。而到了现在，我们需要的是改变。"

摩根士丹利曾预测，2008 年中国互联网广告市场的总产值会比上一年增长约 45%。而对此，刘胜义具体地将它指向"企业应根据消费者生活方式和信息沟通方式的改变转变策略；一旦我们能够做到这一点，那么减少营销中的浪费，实现更有效、准确的营销就有了希望。这正是'腾讯智慧'的任务"。

"腾讯智慧"将企业实现高效在线营销解构为"可衡量效果"、"互动式体验"、"精确化导航"以及"差异化定位"四个方面。它代表了一种新型的准确而高效的在线营销理念。它的提出，使腾讯成为网络时代营销革命的倡导者。唐·舒尔茨对"腾讯智慧"给予了颇高评价，认为其"强调在企业品牌和细分的目标受众之间建立起深入互动性的在线营销理论，打破常规，将引领未来传播模式的发展方向，帮助广告主找到更加高效的在线营销方式"。

通过精准定向技术和各具特色的社区化互动平台，"腾讯智慧"帮助过可口可乐、大众汽车、诺基亚、英特尔、蒙牛等众多品牌获得过成功的营销体验，其锁定目标消费人群的有效传播使营销投资回报率得到大幅提升。

探寻"腾讯智慧"产生成效的根本，离不开腾讯平台的强大互动力——这是一个拥有 7 亿注册用户、3 亿活跃在线用户、覆盖超过 90% 中国上网人群的网络王国。通过门户网站、即时通信工具、视频、邮箱、博客、在线游戏等系列互联网服务，腾讯将用户紧紧粘着在这个平台上，并保持整体活跃性。这种粘着与互动能力，无疑为广告主与消费者的互动沟通提供了广阔的可能。

"用可衡量的数据来体现在线互动式体验营销的有效性，是网络营销的最大优势之一。"刘胜义认为，"我们拥有最庞大的用户群，能够根据他们的人口特征和使用习惯准确定向，针对性地组织互动，并提供贯穿全过程的衡量工具。这就是为什么'腾讯智慧'能实现真正的高效和减少浪费。"因此，刘胜义认为"腾讯智慧"预示着在线营销在未来的发展方向和主体价值，并终将成为广告主最理想的选择。

二、互联网和传统产业走向融合

吴先生在位于华强北的华强电子世界租了一个小柜台，用来销售笔记本电池，在他的柜台上时刻放着一台笔记本，"这才是我最主要的柜台，通过网络我可以根据客户的个性化要求，量身订制电池，如果要求特别高的电池，我可以让别的厂家帮忙做。我的货大部分都是通过淘宝网发往全国各地，平时亲自过来的只是少数的深圳本地的客户"。

而深圳本土最大的电子产品卖场深圳赛格，也发现越来越多的店主因租金高昂的缘故把手上的产品都放到淘宝上卖，这些店主不仅省去租金和雇员的成本，而且销售额是原来的十几倍。

赛格高技术投资有限公司副总裁汪小平认为互联网和电子商务逐步开始拥有自己的优势，将走向和传统产业融合，提升现有的传统行业。深圳市互联网技术应用协会秘书长赵金城表示，深圳的思路应是将互联网技术、信息化技术运用到具体行业中去，互联网产业已经高度细分、深度拓展成为一个和各行各业高度结合的大产业。产业上下游企业之间已经形成了一个非常庞大、根植地方和行业市场的商业合作网络。

事实上，对于深圳而言，这样的思路已经有了坚实的互联网应用基础。据深圳电信增值业务部总经理杨柳介绍，目前深圳互联网渗透力已经达到 79%，基本上达到了世界一流水平，深圳的企业基本都使用互联网，深圳的家庭大概 75% 以上都使用互联网，而且深圳的互联网不仅是有线互联网的发展，无线互联网的发展也非常迅猛。

一些嗅觉灵敏的互联网企业已经看到了这一发展趋势，并积极投身其中。"深圳中小企业众多，企业界的人士也乐于接受新生事物，因此深圳这块市场非常肥沃。"新网互联副总裁郭波在接受记者采访时表示，公司在为企业建设传统互联网站的同时，开发了为企业建设手机 wap 网站的业务，"这种双模的模式已经在深圳率先试验"。

三、互联网或成产业升级引擎

"互联网对中国经济的作用才刚刚开始，将来的 10 年是它大发展的时期。互联网会对中国整个社会、整个经济的变革发生更深层次的影响。"曾以署名"老榕"发表热帖《大连金州不相信眼泪》的资深业内人士王峻涛在2004年的一个研讨会上表示。[1]

这一发展趋势也已开始引起了广东省官方的注意。关注很大程度上源于互联网发展对于珠三角制造业的提升作用。近年来，各类经营成本上升使得广东制造企业正艰难地面临产业结构升级，珠三角企业外迁的话题也成为政府关注的焦点。

"哪一个省份如果能够把互联网技术全面渗透到社会的政治经济文化教育商务各个方面，谁就占领了21世纪的制高点。"在视察腾讯时，汪洋的谈话将互联网产业提高到了战略性的高度。而且，"在普及的过程中，它又会对互联网技术提出更高的要求。"在汪洋看来，互联网不但促进传统产业发展，同时也推动互联网产业自身的发展，阿里巴巴这样的企业不但资源和能源消耗少，而且市值巨大，是创新和创意产业的代表。"希望深圳有更多像腾讯这样的企业产生，能够让这些企业在这里扎堆儿，比搞贴牌生产的扎堆可能有价值多了。深圳将来要能和香港、新加坡叫板，实际上也是靠发展建立这样的企业，这样白领也多了，人才素质也高了。"

深圳市科信局副局长周露明在多个场合也表达了类似的意见。他认为，新的形势下，深圳需要厘清高科技产业的含义，在保持深圳现有的高科技制造业的基础上，深圳同样需要基于知识和技术创新的高新技术企业，这其中高科技的互联网企业应有一席之地。"如腾讯、迅雷等企业是这种模式的代表，他们依赖源头创新所形成的动力推动新的商业模式形成，并拉动起新的市场，体现出低消耗、高增值的特点，是未来城市创新追求的境界。"周露明说。

四、旗手企业的培育离不开政府引导

"目前深圳达到高新技术企业标准的互联网企业还不多。"深圳市互联网技术应用协会秘书长赵金城坦承，目前深圳业内关注得更多的还是互联网的渠道作用，电子商务肯定将是深圳重点突破的领域。

深圳需要培育自己的阿里巴巴，"但深圳互联网企业大多数属中小企业，在政府的视野中影响不够，政府与互联网界的沟通还比较少"。深圳电信增值业务部总经理杨柳表示。

---

[1]《深圳电子工业发展历史回顾》，深圳市电子行业协会，2005年。

这或许正是互联网商业模式再次深刻变革的前兆。业内认为，10 年内电子商务领域将不会再出现类似阿里巴巴的大型国际电子商务网站，不过，各省市将会出现地方电子商务领域的网站，因其地理的优势，结盟后，其占有市场总份额或许不会比阿里巴巴逊色。

"深圳的互联网渠道商整合成集团军，和行业网站结盟，建设基于 SNS（社会性网络软件）的 B2B 网站，那时超越马云将不是梦。"在深圳市互联网技术应用协会内部举行的一个关于"渠道商发展新思路"的论坛上，深圳众多业内人士对网络渠道发展充满信心。

而这离不开政府的引导。"深圳互联网的发展离不开政府的支持，只有发挥政府作用，特别是引导大资金进入该行业，培育出一两个互联网行业内的阿里巴巴式的旗手型企业，才能吸引更多的资金扎堆进来，带动整个行业的发展。"深圳互联网的一位人士这样表示。

参考文献

1. 黄敏学：《虚拟市场与电子商务》，武汉大学出版社 2004 年版。

2. 《深圳元器件产业发展报告》，深圳电子商会，2005 年。

3. 《深圳电子工业发展的回顾》，电子信息网，2007 年。

4. 《中国电子信息百强历史回顾》，电子信息网，2005 年。

5. 《深圳电子工业发展历史回顾》，深圳市电子行业协会，2005 年。

6. 《腾讯智慧的创新策略》，原载《经济观察报》2008 年第 32 期。

第十八章

企业孵化创新与新兴产业的崛起

21世纪是知识经济时代，创新型的中小企业不断产生新的经济增长点，拉动经济持续增长，形成新的高科技产业，并在传播先进技术和科技成果产业化中扮演着重要的角色。企业孵化器对新兴产业的有效扶持作用以及对中小企业在科技创新和市场创新方面的有效扶持作用，毫无疑问将对知识经济作出巨大贡献。

第一节　企业孵化器概述

一、企业孵化器含义与功能

企业孵化器是当前一个比较热门的概念，但企业孵化器还是一个比较年轻的事物，20世纪末才在美国诞生。企业孵化器又称企业创新中心，企业孵化器本身也是一种企业，只不过经营的不是具体的产品或服务，而是提供一些共享的空间场所、设施、服务从而扶植新兴的小企业，它与租户小企业之间的关系靠签订合同来确定。

企业孵化器的功能主要有以下六个方面：（1）场地功能：为入驻企业提供免费的或廉价的活动场所；（2）物业功能：为入驻企业提供物业管理服务；（3）商务功能：为入驻企业提供商务服务，如工商登记、财务管理、办公自动化等；（4）信息咨询服务：为入驻企业提供信息咨询服务，如财务顾问、法律顾问、市场信息分析与预测、技术信息与成果评估；（5）培训功能：为入驻企业提供培训服务，尤其是为入驻企业培训经营与管理人才；（6）融资机构：为入驻企业提供金融服务，如提供信用资金担保，或注入创新孵化资金，或引入风险资金，综观六大功能，最主要的是服务功能。经过 20 年的发展，我国科技企业孵化器不仅在服务能力的建设和养成方面取得了丰硕的成果，在服务内容的拓展方面也已经取得了长足的进步，而且，一些孵化器已经在积极探索服务的输出和延伸问题。

二、科技企业孵化器的构成要素

《中国科技企业孵化器"十五"期间发展纲要》中指出："中国科技企业孵化器是一个以制度性框架和中介性体系为根本特征的智能服务产业，承担着培养科技创业企业和加速科技成果转化的重任，科技孵化器为创业企业提供公共设施和服务。"作为科技企业孵化器尤其是电子信息类企业孵化器应具备以下要素：

(一)具有共享的设施

孵化器必须容纳多个企业或机构，这些机构或企业共享一些基础设施和生产经营设施，但并不一定以同一建筑甚至同一区域为条件，因为，现代信息技术的发展使信息流动在很大程度上打破了地域的概念，而信息的共享和流动是科技企业孵化器最重要的共享资源。

(二)能够提供增值服务

企业孵化器在提供基本物业服务的同时，必须能够提供诸如资金、市场信息及开拓、财务管理、人员培训等增值服务，这是它与物业管理公司的最大不同。尤其是科技企业孵化器必须具有较强的投资功能。

(三)有一定的孵化期限和成功标准

所谓孵化应有一定的孵化期限，在孵化成功或达到孵化期限后，应离开孵化器。孵化器类似一个保温箱，提供适宜的温度和营养，一旦孵化成功应离开孵化器。长期孵化无结果应予以放弃，以避免资源的浪费。同时，孵化器还应有明确的、公开的孵化成功标准。

在我国，孵化器的孵化期限一般为 3 年，并且在年销售额不少于 300 万元人民币、自有资金不少于 100 万元人民币、就业人数不少于 30 人的条件下，即被认为达到毕业标准。达不到毕业标准，但期限已到，也应该离开孵化器，不再享受政策优惠。

(四)孵化对象是具有完全的、自主科技产权的科技成果

从本质上讲，科技企业孵化器的运营目的是促进科技的自主创新，实现科技成果的转化。因此，其孵化对象的选择标准是科技成果的预期价值，并不是具有某种组织形态的企业。企业只不过是科技成果转化最适宜的载体，以及为了便于管理而选择企业作为科技成果转化的主体，而该主体的组织形式完全可以在科技成果进入孵化器之后组建。当然，孵化的最终结果是在实现科技成果转化的同时培育了一个科技企业，并使科技成果的所有者有可能实现科技创业，成为科技企业家。在我国，具备以上要素的一些科技园、生产力促进中心、留学人员创业园等实际上都是孵化器。

三、企业孵化器的理论回顾

(一)潘罗斯的企业成长理论

潘罗斯（1959）对马歇尔的企业内专业化进行了持续、深入的研究，集中于描述单个企业的成长过程。潘罗斯认为，企业不仅是一个管理单位，而且是在一个管理框架组织下的生产性资源的集合。每个企业都是不同的，其独特性源自每个企业所拥有的资源及其资源所能产生的服务之间的差异。企业的产品／服务取决于企业所持有的经验、团队工作和目的，这是一个知识和经验创造的过程。因此特别要重视企业固有的、能够逐渐拓展其生产机会的知识积累倾向。

(二)企业生命周期理论

美国的伊查克·麦迪思根据人的成长和老化提出了企业生命周期理论。学者大多将企业生命周期分为幼稚期、成长期、成熟期和衰退期。通过对企业生命周期理论的探讨可以发现科技企业孵化器有其产生和发展的必要性。

科技成果向现实生产力转化，不仅需要规范的企业管理而且需要成熟的市场营销。初创中小型科技企业处于企业生命周期理论的幼稚期，这一阶段企业往往有很好的技术创新成果，但由于企业刚刚建立，企业管理混乱，难以打开销售市场，因此实现不了技术创新的潜在价值，企业的成功率很低。若通过建立科技企业孵化器，为新创中小型科技企业提供资金、管理、市场、人才等方面支持，企业的办公设施和孵化

服务适宜企业生存发展，企业的成活率会成倍增加。如果企业在幼稚期能够生存下来，会很快转入成长期，这样，从生命周期理论的视角出发，科技企业孵化器的存在是社会发展的必然。

(三)产业集群理论

早在 1890 年，英国的阿尔弗雷德·马歇尔就给予了产业集群以相当的关注。继马歇尔之后，区域经济学家佩鲁的增长极理论也对产业的集聚现象作出过较深入的研究。佩鲁认为区域的经济增长源于区域的增长极。区域增长极是位于某些区域或地区的一组扩张中的、诱导其区域经济活动进一步发展的一组产业，并通过产业的集聚效应促进区域经济的增长。当代的主流经济学家保罗·克鲁格曼设计了一个模型，假设工业生产具有规模报酬递增的特点，而农业生产规模报酬不变，在一个区域内，工业生产活动的空间格局演化的最终结果将会是集聚。

由于产业集群中的企业既竞争又合作，使得企业具有很强的发展活力。由于企业孵化器本身就是产业集群的一种（即有组织有管理的科技型中小企业集群），这样入孵企业就身居企业孵化器本身和孵化器所在的经济技术开发区两个企业集群之中，企业之间也有既竞争又合作的关系，利用好这一关系，整合两个集群的资源优势，就能促进入孵企业尽快发展壮大，顺利毕业，大大提高企业孵化器的孵化成功率。

第二节　深圳企业孵化器的发展历程

深圳企业孵化器的兴起，是在深圳市委、市政府对深圳市产业结构定位并出台一系列扶持高新技术产业的政策的背景下应运而生的，也是全市高新技术产业规模日益增长、资本市场发育日益成熟下的自然之物，更是顺应了中小企业强劲的创新原动力需求和高科技成果产业化的迫切要求。深圳市科技企业孵化器建设发展大致分为三个阶段：第一阶段以 1989 年深圳市科技创业服务中心成立为标志，拉开了深圳市孵化器建设的序幕，此阶段指导方针是建设"无围墙"式的孵化器，即把整个深圳市作为一个大的孵化基地；第二阶段是 1998 年以各区创业服务中心创建孵化器实体为标志，开始了深圳市"有围墙"孵化器的建设，此阶段以政府引导示范为指导方针；第三阶段从 1999 年开始至今，以孵化器投资主体多元化快速发展为标志，民间资本积极参与，各种机构建设孵化器为特征，出现了深圳市孵化器建设的高潮。到目前为止，深圳市企业孵化器发展势头良好，尤其大学背景的孵化器建设取得较大成效。

一、"无围墙式"企业孵化的摸索时期

在深圳孵化器的发展历程中，建立"无围墙式孵化器"曾是非常盛行的一种观点，当时深圳市有的官员在谈及孵化器的建设发展时认为，整个深圳就是一个大的孵化器，没必要再建一个孵化器实体了，与此相类似的一种观点还有：孵化器就是把促进发展的因素强化在一个区域，从而保证企业的生存和发展，认为当整个社会的发展因素已经成熟时，孵化器就失去了意义。由于深圳当时特殊的历史地位，整个深圳确实整个就是一片热土，一块热火朝天的施工场地，高楼拔地而起，企业如雨后春笋般在南方这块神奇的土地上诞生，深圳被外界誉为"一夜城"。以上种种现象确实反映了这个时期深圳市民的开拓精神，当时深圳成为全国最利于创业的城市，所以当时一些官员就对武汉、北京、西安80年代率先成立孵化器不以为然，认为凭借深圳的特殊地位，深圳本身就是一个大的孵化器，根本不需要兴建一些实体孵化器。

在当时"无围墙式"孵化观点的影响下，深圳并不积极兴建孵化器，80年代成立的如深圳市创业服务中心（民科办）等并无实体孵化基地，这样的"空中楼阁"自然也就难以形成现实的孵化能力。深圳在80年代末创立的两个孵化器在摸索中相继夭折，在此后近10年的时间，深圳的孵化器建设一度陷入停顿。直到1999年前后，深圳市的孵化器建设才开始了"春天的故事"。

二、"有围墙式"企业孵化的建设时期

1998年2月，深圳扶持高新技术产业的政策"22条"出台，1999年10月首届高交会的召开，一大批科技成果和民间资本的结合，加上优惠政策的"催生"，一大批科技型中小企业诞生，像奔涌的潮水，汇入了深圳高新技术的产业大潮之中。正是在这一历史契机下，罗湖、南山、福田等一批政府创办的孵化器应运而生，相继成立了区创业服务中心，形成了"有围墙式"孵化格局，各区孵化器均产生了良好的社会和经济效益，激发了更大的投入并吸引了社会力量参与创办企业孵化器。比如罗湖区创业服务中心、联合上市公司"深深房"建设、"深圳数码港"、南山区创业服务中心

与民营企业合作成立第二、第三、第四基地，均是企业孵化器整合社会资源的经典案例，这些孵化器扛起了顺应高新技术革命潮流的创新大旗。

三、"多元化"企业孵化器的发展时期

1999 年后，深圳的孵化器进入了积极发展的时期，呈现出多元化的发展态势。

(一)孵化器投资主体的地区来源多元化

孵化器建设之初，一般都是由深圳各区筹建，让政府买单，政府直接管理，随着孵化器建设的深入，深圳市孵化器投资主体开始来自全国各地，并有海外投资者开始涉足该领域。在现有的 32 家孵化器中，内地投资者参与 4 家，海外和香港投资者参与 5 家。涉足深圳孵化器的境外机构有：美国 Sun Microsystem 公司、香港网通科汇公司、新加坡淡马锡资本公司、加拿大 CCH 高科技企业有限公司、香港的中国高科技基金公司、香港科技大学、莫斯科鲍曼国立技术大学、乌克兰基辅工业大学等。

(二)孵化器建设转向综合型与专业型相结合

深圳市早期成立的几家企业孵化器基本上是综合型的，随着深圳市高科技产业的迅猛发展和市政府对深圳市高科技产业的清晰定位，以及一批具有本市特色产业和优势产业的先行崛起，这些都对企业孵化器的孵化领域产生了导向作用。各企业孵化器投资主体及时适应市场需求，相继成立了如数码港、威圣生物技术创业中心等一批专业孵化器。

(三)由只建立单纯的孵化机构向创建科技创新孵育体系过渡

单纯的企业孵化器服务内容和层次有很多局限，难以满足高科技企业高速成长的需要。超常规速度的发展，需要良好发展环境的配套。以清华大学深圳研究院为例，尝试了三项经营创新探索，一是在国内首创"官产学研资一体化"模式运作企业孵化器，官——由政府无偿提供土地和部分建设资金，产——企业孵化器经营企业，如清华研究院（企业化运作的事业单位）、清华信息港等，学研——建立了 5 个实验室和 3 个研究中心，企业协作中心和企业服务协作网，资——成立清华创投和珠海清华创投；二是按"政府政策支持＋良好的社会经济发展环境＋科技园区＋研究型大学（研究院）＋风险投资机构"五要素模式建设企业孵化器；三是在人力资源开发、融资渠

道拓展、技术合作开发、有效信息集散等方面创新经营企业孵化器。创新的模式产生丰硕成果，近年来，清华研究院共孵化企业 81 家，在孵化企业 61 家，其中，2000 年孵化企业销售额超过 5000 万元、利润 500 万元的有 8 家，2001 年销售额 1 亿元、利润达到 1000 万元的有 5 家。根据对进入研究院大楼的 48 家企业统计，发展速度是社会上同类公司的 6 倍。

第三节　深圳市电子企业孵化器案例分析

在工信部、深圳市委市政府的正确领导下，深圳电子信息产业走出了一条从无到有、从小到大、从弱到强的跨越式发展道路，构建了完善的产业体系，成为全国乃至全球重要的通信设备、计算机及外部设备、电子元器件、家用视听和软件研发生产出口基地。深圳市电子信息产业的做大做强的过程中，孵化器起了积极的推动作用，分析深圳市不同的孵化器的孵化模式，有助于我们更好的发展特色产业，形成产业集聚效应，从而更好地推动深圳市电子信息产业的发展壮大。

一、深圳高新区的企业孵化模式

深圳全市的科技企业孵化器群中，以高新区聚集的孵化器和入驻园区的企业最多。纵观高新区孵化器的建设历程与运营模式，其特点主要包括以下几方面。

(一)营造良好的创业环境

深圳市积极出台优惠政策、加大对信息产业孵化的扶持力度，着力营造创业环境。

第一是转变政府职能，减少审批事项，强化服务功能。如由政府审批的事项由原来的 723 项减少到 305 项。有的单位，如经济发展局几乎完全放弃了审批权。

第二是健全法规。先后出台了《无形资产评估管理办法》、《技术成果入股管理办法》、《企业技术秘密保护条例》等，并建立了"知识产权法庭"。

第三是改善硬环境。1996 年以来政府对高新区累计投入超过 20 亿，主要用于改善基础设施。

第四是为企业排忧解难，特别是解决资金困难问题。如成立高新技术产业投资服务公司（政府投资 4 亿元）、创新科技投资公司（政府出资 5 亿元，企业及社会融资 11 亿元共 16 亿元），经济发展局也成立小企业担保中心。高新区逐渐建立和健全以政府资金为引导、风险投资为主导、银行资金为后盾、企业自筹为补充的多渠道、多层次的融资体系。

第五是积极引进智力资源。31 个深圳研究院、中国工程和中国科学院院士活动基地在高新区的成立，使高新区形成了高层次人才（包括孵化器管理人）的培养平台。虚拟大学园的"企业行"、"院士行"、"周末专家论坛"、大学成果推介及孵化等形成了深圳科技成果转化的源泉。深圳虚拟大学在引进全国名校教学资源、人才资源的同时也引入了名校的科研资源，直接到高校的科研项目进行孵化。

(二)积极发展孵化器群落，组建大孵化器联盟

2007 年 6 月，高新区各孵化器及入驻企业代表聚集一堂，宣告成立孵化器联盟，该联盟致力于加强信息交流、共享资源、优势互补，提升深圳高新区孵化器的整体服务能力，推动高新区孵化器事业向更高层次发展。孵化器联盟的成立进一步整合了各孵化器的资源和创新科技平台，从而为园区企业提供更好的服务、支持，推动园区广大中小科技企业尽快做大做强，并加快推进深圳科技创新和高新区建设世界一流园的步伐。

二、深圳创新投的企业孵化探索

风险投资是指风险基金公司用他们筹集到的资金投入到他们认为可以赚钱的行业和产业的投资行为。作为中国第一个风险投资试点城市，深圳是全国创业投资最活跃的地区之一，经过十多年的积极探索，已初步形成了由项目、资金、股权交易市场和中介机构组成的创业投资市场体系，风险投资已成为推动深圳高新技术产业迅速发展的重要力量。

深圳市创新投资集团有限公司拥有 16 亿元人民币注册资本和高达 80 亿元人民币的可投资能力，是中国资本规模最大、投资能力最强的本土创业投资机构。从 1999 年到 2009 年 10 月，创新投在 IT 技术／芯片、光机电／先进制造、生物医药、新材料／化工、互联网／新媒体等领域投资了 202 个项目，累计投资总额逾 42 亿元人民币，

平均年投资回报率达 36%。在 2009 年第一季度，创新投投资的项目就有北京神州掌讯信息技术有限公司、北京瑞科滚石信息技术有限公司等 9 个之多。作为中国最成功的"官办"创投机构，在过去的 10 年，创新投经历了各种历史和市场考验，探索出一条具有中国特色的创业投资之路。

(一)《创业投资企业管理暂行办法》颁发之前的探索

1. 积极突破资本来源瓶颈

由于创业投资的概念在中国刚刚引入，如何吸引商业资本、民间资本以及境外资本进入创业投资领域，存在着巨大的困难。创新投采用"基金 + 管理公司模式"，先后吸引了国内政府资本、社会资本以及境外资本的积极加盟。

2. 创新科学的投资决策

与美国、以色列、中国台湾等创投活跃国家和地区相比，中国的创业投资环境有着自身显著的特殊性。因此，深圳创新投并没有照搬国外现成的投资决策模式。而是摸索出一套行之有效的模式，初步建立起自身的科学投资运营决策体制：

（1）设置健全的投资决策机构（董事会、投资决策委员会、风险控制委员会等）。

（2）建立严格的投资决策程序（投资经理初选—集体立项—尽职调查—项目听证—风险评估—投委会决策）。

（3）实施可行的投资战略（以投资晚期和早期的成长型企业为主，合理搭配投资组合，力争风险最小化和收益最大化）。

（4）打造强大的研究平台（依托国内创业投资领域唯一的博士后工作站，致力于投资战略、行业、方向等前瞻性与应用性研究）。

（5）引入 AB 角制度（投资阶段以投资经理为主，项目管理阶段以项目管理经理为主）。

（6）确立投资经理跟投制度。

3. 多渠道高效地退出

在国内退出渠道十分不畅的背景下，如何选择适当的退出渠道成为决定创业投资持续发展的头等大事。创新投积极通过以下途径去争取风险最小化与效益最大化的结合：

（1）寻求与境外创业投资机构的合作，实现被投企业海外上市。例如创新投投资的三诺数码就于 2007 年在韩国 KOSDAQ 挂牌上市。

（2）股权转让。如创新投在 2004 年 5 月以股权转让的方式退出对上海微创的全部投资。

（3）管理层回购。如朗科科技、西安皓天、北京神雾。

（4）战略重组。如奥维迅、交大捷普、泰德激光与滨湖机电。

4. 吸引、留住一流的专业人才

创业投资是高度智力密集型行业。如何吸引、留住一流的专业人才，是创业投资企业能否成功发展的关键所在。对此创新投的经验是：

（1）实施积极的激励机制。在市国资委和全体股东的大力支持下，创新投建立了具有一定吸引力与竞争力的薪酬制度。

（2）建立严格的约束机制。公司管理层由市国资委进行考核，管理层以下员工实行全员聘任制，并建立了量化的考核指标体系。并直接与员工的奖金相挂钩。

（3）专业的投资团队。投资经理均为硕士以上学历；其中 50% 博士和双硕士；30% 具有海外（美国、欧洲、日本、澳洲、新加坡）留学与工作的经历。

(二)《创业投资企业管理暂行办法》颁发之后的探索

《暂行办法》颁发之后，创新投致力于相关配套政策落实的探索，主要做了以下工作。

1. 与各地政府有关部门合作，积极推进政府引导基金的设立。创新投率先在国内探索符合中国国情的创业投资基金管理模式，创新性地打造出具有中国特色的创业投资政府引导基金模式。初步构建起一张覆盖中国 23 个省市自治区的创业投资网络，完成了投资网络从东部沿海经济发达地区向中西部腹地延伸的战略转进。到目前创新投管理的各类创投基金数量达到 51 家，协议管理的资金规模超过 50 亿元人民币，加上公司自有资金，公司的投资能力超过了 100 亿元人民币。

2. 组建中外合资基金，投资对象主要为那些在中国境内注册的，以国内上市为目标的创业企业。

3. 与国际证券交易所建立战略合作关系，为被投企业开辟新的上市地。例如：创新投分别与德国证券交易所集团、韩国证券交易所建立战略合作关系。

4. 与国内券商建立战略合作伙伴关系，为被投企业提供资本运营增值服务。

5. 积极参与国内各地产权交易市场，参与的交易市场包括：北京、上海、深圳等地。

三、留学生创业园的企业孵化方式

近年来，深圳以良好的投资发展环境、舒适的人文生活环境、有效的扶持政策以及鼓励成功、宽容失败的创业氛围，吸引了众多的留学人员来深创业投资和工作。

深圳市留学生创业园是市政府为吸引海外留学人员来深创业，于 2000 年 10 月在市高新区设立的留学生创业基地，深圳市留学生园实行"政府引导，企业化运作，留学生管理"的模式，这种模式在当时全国尚属首创。此后深圳又先后在罗湖、福田、南山、火炬、盐田、宝安、龙岗等共建立了八大留学人员创业园，孵化面积发展到 27 万多平方米，形成了"一园多区、有园无界，辐射全市"的大创业园体系，为吸引海外留学人员、培育留学人员企业、转化科技成果、促进高新技术产业进步作出了突出贡献。归纳起来，主要有以下几种孵化方式：

(一)风险投资突破型

如迅雷公司，在 2003 年世界互联网的"冬天"，以其巨大的发展空间获得了 IDG 的第一笔风险投资，2005 年又获得了香港晨光科技 1000 万美元投入。国际风险资金的青睐，极快地加速了迅雷的市场扩张。

(二)政府资助推动型

如益心达公司，近些年先后获得了数百万元的科技三项费用、留学生创业前期补贴等政府资助，渡过了多次资金难关。益心达的董事长王涛幽默地说自己的成功"政府的功劳占 51％"。

(三)技术领先拉动型

如赛百诺公司，由于其在基因治疗领域的技术领先，率先使产品走向市场。据介绍，现在有许多国外的癌症患者，专程住在深圳的指定医院等待"今又生"的治疗。

(四)产业链条契入型

如源源新材料公司，它选择深圳的一个重要理由，是因为深圳是全球最重要的锂电池研发与制造基地之一，产业链条完整。在这种优势的产业生态下，源源公司发展迅速，成为龙岗留学人员创业园首批孵化成功出园的企业，其锂电池正极新材料，为

2008 年北京奥运会的 1000 辆环保电动巴士提供动力。

在留学生园孵化的电子信息企业中，朗科公司是个成功的典范。朗科是一家由留学归国人员创办的高新科技企业，于 1999 年 5 月成立，总部现设在深圳市高新区。2005 年春天，深圳留学人员创业园的龙头企业、世界闪存盘的发明者朗科公司，经过美国专利局四年零两个月的严格审查，突破全球 19 项相关技术专利文件限制，在美国成功获得闪存盘基础发明专利，填补了中国在计算机存储及 MP3 播放器领域 20 年来发明专利的空白。朗科公司的成功，是创立不足 8 年的深圳留学人员创业园发展的一个缩影。

四、天安数码城的"天安模式"

深圳天安数码城有限公司成立于 1990 年，由香港天安中国投资有限公司和深业泰然（集团）股份有限公司合资成立，是国内知名的综合创新园区城市运营商，以综合开发和运营国家科技部认定的首批国家级民营科技园"深圳天安数码城"而著称。在促进民营企业产业升级、自主创新上成果显著，形成了国内广受关注的"天安数码城模式"，成为产业园区运营和连锁发展模式的创新代表企业。

天安数码城位于作为深圳中心城区的福田区，在改革开放的历程中福田率先感受到了土地等资源的硬约束，以及生产型工业企业外迁等不可逆转因素的倒逼。福田认识到不能再走拼土地、拼资源、拼投资的外延型发展老路了，主动自造"发动机"，坚持高标准、瞄准高端化、抢占制高点，通过发展高端产业来提升城市价值，走拼效益、讲质量的科学发展道路。在福田区政府支持下，天安数码城，历经了传统工业区到工贸区再到科技产业园区的"蜕变"。总结天安数码城的孵化模式，发现其主要在以下几方面强化其孵化能力。

(一)瞄准高端升级，构建创新集群

发展高端产业，转变发展模式，福田区破题之招是：将总部经济列为龙头，高新技术产业、现代服务业、文化产业列为支柱。天安数码城，正是上述高端产业的集成中心；率先从生产制造向研发创新升级，实现经济发展方式的转型；率先构建面向自主研发的产业技术服务体系，实现创新资源的快速集聚。

天安数码城首先以控制产业链高端为手段，走出通过培育自主创新能力和总部经

济推动经济发展转型的道路。园区既有杜邦、大冷王、爱施德、研祥这样的纳税百强企业，也有三洋电机、崇发康明斯、凯曼顿、佳杰这样的跨国公司，还有像精量、云海、海川、得润、万利达、宇龙通信、宏天智这样的行业巨人。

其次以培育技术引领型企业为目标，走出"以点带线，聚线成面"的产业发展道路。园区经认定的深圳市高新技术企业81家，占福田区的15.3%，占全市的4.3%。全市首批民营领军骨干企业（106家）和2007年度重点软件企业（62家），天安各占8家。

(二)强化专业服务，提升集聚磁力

实现科学发展，构建现代产业体系，离不开完善的生活配套，天安数码城不仅仅硬件过硬，软件和管理模式也"硬"。天安数码城的精髓就是为总部企业和创新型企业提供完善的生产性服务体系，从而增强产业集聚的"磁力"。

天安数码城作为民营科技园区的专业运营商，主要提供两方面的服务：第一提供基础开发，硬件等物业环境；第二给适应于他们的目标客户，中小民营科技企业，提供适合他们发展的营商环境，这个属于软件环境，包括金融服务、技术支持、提供专业管理咨询等等，比如在公司成立之初的1997年，互联网刚刚兴起，那个时候深圳市靠电话线上网，天安数码城就前瞻性地和电信签订了战略合作框架协议，成为深圳首家接入IP城域网的社区。当中国电信推出的一些基于企业服务产品的东西，只要企业有需要，天安数码城就可以提供一个转接平台。天安数码城也是最早成立风投公司的园区，天安与清华合作成立了一个风投公司，天安本身的股东新鸿基在香港也是比较出名的财务和风投的运营商，1997年和1998年风投在国内刚刚开始，新鸿基和深圳的创新投有一个协议，它如果给园区投多少钱，天安新鸿基也会给园区投多少钱。这样就为园区的很多待孵企业解决了资金上的燃眉之急。

为帮助园区民营科技企业成长，天安数码城加大对入驻企业在风险投资和资本运作上的服务，引入新鸿基、深圳市创新投、清华合力国际技术转移公司等。2007年，东方富海投资管理公司和亚洲联合财务又落户园区，前者是中国最大的本土有限合伙制创投机构，后者是香港第一家进入内地个人信贷领域的金融机构。

服务园区、运营园区、精塑园区，是天安数码城坚持的理念。2008年，天安数码城公司牵头，启动了园区"企业发展战略联盟"，为签约企业提供商务考察、公共会议室优先优惠使用、园区媒体重点推介、物业优先优惠租购等系列服务，加速企业发展壮大。

(三)形成"天安模式"，成功输出复制

具有科学发展理念的"天安模式"，得到了全国各地的认同，至 2009 年，公司业务以珠三角、长三角城市经济圈为重点，并积极拓展其他经济较为发达的大中型城市。先后建设深圳天安数码城、广州番禺节能科技园、深圳龙岗天安数码新城、佛山南海天安数码城、东莞天安数码城、江苏南京天安数码城、江苏常州天安数码城、重庆天安数码城等一系列综合产业园区，并相继成为当地产业发展和城市价值提升的重要动力之一，这些证明了"天安模式"的成功输出复制。

"天安模式"备受青睐与天安数码城发挥的作用与效益不无关系，其具有四个特征：第一，园区定位于发展中小民营科技企业，为它们提供适合的物业空间和服务；第二，园区在运作机制上是民投民建民营民管，不断满足企业客户的需求；第三，园区的作用在于形成了聚集效应，包括"三高"产业的集聚、高端人才的集聚、金融商务的集聚以及信息服务的集聚；第四，园区倡导和谐共赢的园区文化。此外天安数码城实际上也把园区开发和城市综合功能发展结合在了一起，已成为创新科技工业中心，形成设计、研究、营销中心在天安，生产加工基地放在外面的格局，同时文化、金融、商业、居住也有生存空间的发展模式。"天安模式"将传统的土地招商变为以产业链和文化引商，以物业聚商、安商和助商，既避免城市产业空心化、促进城市产业升级，又积极引导了企业和投资者有意识地把旧工业区改造建设成为有竞争力的、高增值的高端产业基地，以提高土地资源总体的投入产出能力，增强城市发展后劲。

在未来发展中，天安数码城的目标是致力于专业技术人才、信息、金融、管理等高端智力要素的凝聚整合，在全球产业链分工中专注高端环节，努力成为产业和企业成长发展的"大脑"和创新极。总之天安数码城的目标是打造成为国际国内一流的民营科技园区，真正成为城市创新集群、价值高地。

参考文献

1. 高隆昌编著：《系统学原理》，北京科学出版社 2005 年版。

2. 欧庭高：《创业的家园：中国高科技企业孵化器》，北京邮电大学出版社 2006 年版。

3. 王占海：《产业集群理论对企业孵化器发展的借鉴意义》，《高科技与产业化》2006 年第 1、2 期。

4. 深圳市外国专家局：《金窝窝孵出金凤凰》，《国际人才交流》2006 年第 3 期。

5. 深圳高新技术产业园区：《独具六大特色的深圳高新区》，《中国科技产业》2005 年 3 月版。

6. 王守英：《科技企业孵化器理论与实践研究》，《江苏科技信息》2008 年 10 月刊。

7. 深圳高新区：http://www.ship.gov.cn。

8. 天安数码城：http://www.tianan-cyber.com。

9.《深圳特区报》：1987—2008 年。

10. 王柏轩等著：《企业孵化器的运营与发展》，中国地质大学出版社 2006 年版。

第十九章
区域合作创新与总部经济的作用

第一节　区域合作创新的理论概述

由于地理的、历史的渊源关系，各国、省、区、市之间往往有着相似的自然环境和资源特点，相近的民族文化、生活习俗和传统的社会经济联系，形成了对一些产品的相似性需求，形成了贸易互补的内在要求，或多或少地形成了一些资源开发和产品加工及运输的相邻区域分工合作关系，这形成了区域合作的基础。

一、古典分工理论

区域经济合作理论源于区域分工理论，早期的分工理论是针对国际分工与贸易而提出的，最具有代表性的是斯密的绝对优势理论和李嘉图的比较优势理论。绝对优势理论将不同国家同种产品的成本直接比较，具有绝对优势的产品发展专业化生产，通过交易获得收益。绝对优势理论不能说明没有任何绝对优势的区域是如何参与分工，并从中获得收益的。李嘉图提出的比较优势理论认为，只要成本比率在各国之间存在差异，各国就能够生产各自比较优势的产品，通过交易获得收益。[1] 比较优势理论为区域贸易提供了广泛的基础，无论一个地区处于哪一个经济发展阶段，都有参与区际贸易的可能。

---

[1]　刘力：《东盟、中日韩寻求东亚经济合作的新亮点》，《瞭望周刊》2001 年第 11 期。

二、新区域分工理论

20 世纪 30 年代后，特别是从 50 年代区域经济学独立成为一门新学科后，区域分工理论得到了进一步完善和发展。这一阶段理论的发展主要循着两条轨迹：一是放宽古典区域分工理论的假设；二是更广泛地考虑除资本与劳动力以外其他影响区域分工的因素。[1] 具有代表性的有要素替代理论、技术差距理论与产品生命周期理论等。

要素替代理论采用经济学的替代原则，对区位理论进行综合，从而发展形成的一种区位决策理论。该理论认为在分析区域生产优势时，不能简单地按统一的成本项目进行比较，必须按各区域最佳投入组合方式计算出的成本进行比较。[2] 该理论特别适用于研究发展水平和收入水平相近、结构类似的区域间的分工合作问题。

技术差距理论认为能产生大量创新并生产新产品的区域，会获得在这些产品生产方面的优势。[3] 这种优势不是恒久的，但在其他区域能生产这些产品前存在着一个仿造滞后期。一旦仿造开始，创新区域就会逐渐丧失优势与该产品输出的主导地位。虽然在区域层次上，创新的传播并非完全受到区域经济开放程度或专利法等诸多因素的限制，但是继续创新并创造新产品以替代以前的优势产品是区域可持续发展的有效途径。

产品生产周期理论认为任何产品都有一个生命周期，这一周期可分为创新初期（技术创新阶段）、发展期（技术扩散阶段），成熟期（技术停滞阶段）三个阶段，处于不同阶段的产品，生产的优势区域也不同。[4] 该理论是产业在区域间梯度转移理论的基础。

三、区域发展空间结构理论

陆大道（1984，1995）根据"区位论"和"空间结构理论"的基本原理，提出了点轴开发论。所谓点轴开发，是在地区范围内，确定若干等级的具有有利发展条件的

---

[1] 张敦富：《区域经济学原理》，轻工业出版社 1999 年版，第 167—181 页。
[2] 吴殿延等：《区域经济学》，科学出版社 2003 年版，第 268—273 页。
[3] 孙久文、叶裕民：《区域经济学教程》，中国人民大学出版社 2003 年版，第 163—184 页。
[4] 陆大道等：《中国区域发展的理论与实践》，科学出版社 2003 年版。

线状基础设施轴线，对轴线地带的若干个点——中心城市给予重点发展。[1]

魏后凯（1995）提出的网络开发理论认为区域经济发展是一个动态的过程，在发展中呈现出增长极点开发、点轴开发和网络开发三个不同阶段。任何一个区域经济的发展，总是最先从一些点开始，然后沿着一定的轴线在空间上延伸。[2]

迈克·波特（1990）提出了产业集群理论，认为具有竞争与合作关系，且在地理上集中，有交互关联性的企业、专业化供应商、服务供应商、金融机构、相关产业的厂商及其他相关机构等组成的群体构成产业集群。不同产业集群的纵深程度和复杂性相异。产业集群代表着介于市场和等级制之间的一种新的空间经济组织形式。

第二节　电子信息行业区域合作的发展历程

深圳电子信息行业的整个发展过程正是邓小平对外开放理论的成功实践过程。1985年，邓小平对特区经济的发展提出新的要求，指出特区经济要从内向型转到外向型。根据这一指示精神，中央召开了特区工作会议，深圳确定了"抓生产、上水平、求效益"和"苦练内功"、"发挥内力"的方针，决定调整产业结构，把整个工业转向外向型的发展轨道。1992年邓小平视察南方，对深圳外向型经济发展所取得的成就给了充分肯定的同时，又提出"改革开放胆子要大一些"。主要体现在：利用外资进一步多元化并扩大规模经济；促进产业结构和产品结构的升级；技术结构明显提高并趋合理化；不断开拓国际市场等等。1994年6月江泽民总书记考察深圳，对特区又提出新的目标，即要积极参与高水平的国际经济合作与竞争，把深圳建成高新技术产业基地和区域性金融中心、信息中心、商贸中心、运输中心。深圳经济特区的开放是对内与对外的双向开放。内联与外引的互相促进，创造出深圳外向型经济的坚实基础。深圳的内联经济由低层次向高层次发展，由单向联合向双方联合、多边联合发展，由内向型向外向型转变。以1986年为分界，前一阶段的内联以深圳企业与内地企业的双边联合为主，1986年之后内联出现了内地—深圳—境外的新型联合形式，深圳成为联结国内外经济的纽带。

---

[1]　陆大道：《区域发展及其空间结构》，北京科学出版社1995年版，第52—60页。

[2]　魏后凯：《当前优化区域竞争中的几个理论误区》，《中州学刊》2005年第3期。

一、外引内联——奠定产业发展的基础

所谓"外引内联",即对外引进,对内联合,这是深圳特区建立之初的主要发展政策。对外引进是指深圳与外国及香港等地区的经济技术合作关系,是引进资金、技术、设备、人才和科学管理方法的总称;对内联合是指深圳与内地的经济技术协作关系,是深圳与内地联人才、联技术、联资金、联资源的总称,也是促使深圳经济迅速发展的重要方面。

(一)深港合作拉开建设特区电子产业帷幕

在比较利益的引导下,以香港劳动密集型制造业北移深圳的方式,把香港的资本、市场和管理优势与深圳的政策和成本优势结合起来,建立分工协作关系,从而形成优势互补的区域型经济合作。

1979年1月31日,国务院正式批准交通部党组《关于充分利用香港招商局问题的请示》,同意利用香港招商局自己的资金和管理经验,在深圳开发工业区直接参加祖国的"四化"建设。同年8月,蛇口工业区破土动工,第二年4月建成,叶剑英题词"香港招商局蛇口工业区",拉开了深圳利用外资建设特区的帷幕。[1]

1980年5月,中共中央、国务院批准的《广东、福建两省会议纪要》明确指出,广东要集中力量把深圳特区建设好,特区的管理采取和内地不同的体制和政策,主要是实行市场调节,为了吸引侨商、外商投资,特区机场、铁路、通信等企业,可以引进外资实行中外合资,自负盈亏,所得税、土地使用费、工资可略低于港澳。同时,邓小平明确指出:"现在搞建设,门路要多一点,可以利用外国的资金和技术,华侨、华裔也可以回来办工厂。吸引外资可以采取补偿贸易的方法。"[2] 根据这一精神及当时深圳的具体情况,深圳市确定了"大力发展对外加工业,实行'以进养出'"的工作方针,提出在一段时间内,全市的对外引进工作主要以引进"三来一补"为主。

在这一时期,是全市电子工业从无到有的起始阶段,在厂房、设备简陋,技术人员和资金缺乏的条件下,通过"三来一补"方式,截至1981年底,全市办起了8家

---

[1] 刘中国:《纪事深圳经济特区25年》,海天出版社2006年版,第4页。

[2] 《邓小平文选》第3卷,第156页。

电子企业，引进 10 条生产线，实现利税约 2000 万元，为后来的发展积累了资金。同时培养了一批技术熟练的工人，积累了一些对外经济贸易的经验，初步学会了一套新的企业管理方法。为了使特区能够持续健康地发展，1982 年后，市政府进一步修订、调整和完善了"三来一补"企业政策，采取"稳定、发展、提高"的方针，使其在稳定中求发展，在发展中求提高，并引导、鼓励其向"三资"企业转变，如康佳、华强三洋就是由原来的"三来一补"转型到"三资"企业的。

(二)内联为特区电子产业开拓了广阔市场

1984 年 11 月 16 日，中央领导到深圳视察，对特区电子工业的发展作出重要指示：电子工业要通过特区这条纽带，搞好技术开发，为内地服务，从国外引进先进技术，由内地企业加工零部件，深圳负责装配并外销出去，使技术通过特区进来，国内产品通过特区出去，带动内地企业的发展。同年 12 月，深圳召开特区工作会议，研究和部署了加快发展特区电子工业的规划，把建立外向型企业作为重要目标，使深圳电子工业开始进入外引内联、扩大出口、努力发展外向型经济的新阶段。

1983—1985 年，深圳特区采取"短、平、快"的原则和"轻、小、精、新"的方针，使外引内联项目剧增，建设项目大大加快，顺利地实现了由创建时期向发展时期的过渡。1987 年以前的内联以自发的、零散的联合为主，大多集中在基建领域。1987 年是一个转折，内联工作开始向有计划、有步骤、有选择的方向发展，着重发展技术先进型和出口创汇型工业项目。据 1987 年不完全统计，深圳的电子企业中，有全民企业 109 家，集体企业 34 家，特区与内地联合企业 142 家，中外合资企业 118 家，外商独资企业 9 家。中外合资与外商独资企业在深圳占有相当比例。他们之中，业信技术（深圳）有限公司、三洋电机（蛇口）有限公司、光明华侨电子工业公司、华发电子有限公司、华强三洋电子有限公司、华利电子有限公司等都具有较大的规模。内地在深圳的投资中，仅中央有关部门和各省市就有原电子工业部、航空部、总参通信部、兵器部、核工业部和广东、上海、吉林等省市。

1992 年之后，深圳与内地的经济联合呈现出"以科技联合为重点、第三产业联合合作、双向投资全面发展"的新局面。在特区政策的引导下，全国许多省市和国务院有关部委纷纷到深圳建立"窗口"企业。到 1996 年，深圳已有内联企业 6600 家，投入资本金近百亿元。这些"窗口"企业有很多已经发展成为集团公司，为国家和本地区创造了可观的经济效益，对深圳的发展也起了重要作用。

为了探索建立外向型社会主义商品经济发展的模式，改变深圳电子工业分散发展、多头对外的状况，从小生产逐步向专业化、规模化、效益型的大生产转变，形成合理的产业结构，经过电子工业部、广东省和深圳市共同协商，1985 年 9 月决定，在横向联合的基础上，组建深圳电子集团公司（1988 年更名为深圳赛格集团公司），并以电子工业部、广东省在深圳的电子企业、深圳市属电子企业为主，吸收各省、市和国家有关部委在深圳的电子企业参加，并果断采用负债经营的办法，先后向银行贷款数千万元，投入老厂改造和新产品开发。至 1987 年，集团在国内 28 省、市建立了 35 个销售网点，在海外已建立和准备建立若干分支机构或代销点，其中香港 8 处，东京、新加坡、加拿大、美国、德国、比利时、肯尼亚等各一处。总之，多渠道、多方式、多层次、多侧面地展开横向经济联合，实现现代化大生产，达到开拓国内外市场，创造最佳效益的目的。

特区建设的经验表明，对外和对内两个扇面辐射通过特区这个枢纽，形成互为前提和互为促进的辩证关系。一方面，特区通过外引，大力吸引海外资金、技术设备、原材料和初级产品、经济和科技信息、科学管理理论与方法等，经济应用、加工、消化、再对外和对内辐射；另一方面，特区通过内联、吸收内地的资金、技术、设备、原材料和初级产品等，经过应用、深加工、精加工增值出口，再向外和向内辐射。可以说，外引内联的应用，为深圳特区产业的发展奠定了坚实的基础。

二、国内合作——强化产业的辐射功能

由于起步晚、发展时间短，深圳的科技基础薄弱、科技人才储备不足、资金缺乏是不争的事实，为了发挥在我国华南对外、对内两把"扇面"的中枢作用，深圳必须同内地保持紧密的联系和强大的辐射力。所谓辐射，就是要通过发挥特区的优势，把国内先进技术和科学管理经验引进来，经过消化、改革、创新和推广，移植到内地去，并把国际上各种经济技术信息和市场信息及时传递到内地去；把内地的原材料、半成品引到特区，用先进技术进行精加工、深加工，然后再利用特区的优势打到国际市场上去。如康佳集团公司收购牡丹江电视机厂和陕西省广播设备厂取得了很好的经济效益和社会效益。牡丹江电视机厂原是黑龙江的亏损大户，1993 年与康佳集团联营后，引进了康佳管理机制，生产康佳名牌彩电，一跃成为营利大户，当年即实现利润 2500 万元，相当于该厂前 20 年的总和，1994 年利税翻番，超过 5000 万元，被江

泽民称为"牡康"模式。

深圳与国内的合作主要集中在珠三角、大珠三角及泛珠三角区域。随着粤港澳经济的快速发展，对市场、资源的需求不断扩大，而周边省区由于工业化的推动，也希望获得足够的外部资源以获得更多的资金、技术、管理和通往国际市场的通道。于是2004年启动了包括广东、福建、江西、广西、海南、湖南、四川、云南、贵州9个省（区）加上香港、澳门在内的泛珠三角洲经济圈。这个经济圈经济发展水平极不平衡，东部广东、福建经济发展较快，基础设施较完备，中部正在崛起中，越往西经济水平越落后，但云南、贵州等地区水利、矿产资源极其丰富，从而使这一经济圈呈现出极强的互补性。

建立泛珠三角洲，进行资源整合，是实现产业梯度转移的客观要求。当一个区域发展到一定的阶段后，如其成熟产业不适时扩散出去，会产生衰退产业与创新产业各方面的冲突，进而导致产业拥挤。因此，产业的适时转移，是梯度发达地区产业结构调整的需要，是我国实现可持续发展的必然选择。对于在电子信息行业具有世界水准的深圳来说，泛珠三角洲经济圈的建立也为其带来了新的发展机遇。

三、国际合作——培育产业的国际竞争力

我国不仅具有广阔的消费市场和较低的劳动力成本，还具有较强的柔性生产能力、较完善的工业配套设施、积极的政府政策支持等优势。在这些良好因素吸引下，新一轮的国际产业大循环中，世界制造业加速向中国转移，使中国成为制造业大国。同时，经济全球化促使制造业在全球范围的扩张形式发生根本性变化，专业化分工呈现出在优势区域集聚发展的态势，跨国公司以惊人的规模和速度向中国转移，全球最主要的电脑、电子产品、电信设备等制造商们将其生产网络扩展至中国，这对于中国企业来说是非常好的发展时机。如1992年2月，世界最大的信息产品企业IBM与中国最大的微机生产企业中国长城计算机集团合资，组成长城国际信息产品有限公司，标志着它向跨国领域迈进。长城集团成立以来，它生产的产品一直处在国内领先地位。我国第一台国产286微机、第一台国产386微机和第一台国产486微机全部都由该公司开发制造。

深圳具有区域性商贸集聚和辐射功能，是进出口和跨国采购的重要通道，海内外专业买家云集，这为深圳电子信息企业的发展提供了良好的条件。例如，全国最大的彩电

企业康佳集团、全国最大的音响企业京华公司、全国最大的彩色显示管企业赛格日立、全国最大的液晶企业天马公司、全国最大的光纤光缆厂家光通公司等，都在深圳扎根开花。他们生产的计算机主机板、软磁盘占全球总量的10%。打印机、液晶显示器、微型计算机、程控交换机、电话单机等在数量与质量上都在全国占有举足轻重的位置。天极光电技术公司开发生产出可录可抹光盘驱动器，使我国成为世界上第 4 个能生产同类产品的国家；华达公司生产的厚膜混合集成电路，填补了一项空白；南坡集团和美国 ABM 公司合作生产的叠式片式电感，使我国有了第一家能生产该类产品的企业。远望城公司在国内率先推出 CD 回放卡等 10 多种媒体产品，一直保持国内技术与产量的领先地位，而科健公司推出的核磁共振治疗仪，其技术属世界领先地位。深圳市浦诺菲电讯有限公司，是一家集研发、制造、营销为一体的专业移动通信配件生产企业，其在香港成功注册香港浦诺菲贸易有限公司，负责浦诺菲产品海外市场推广，力求资源全球化，同时，与 JABRA、Plantronics、ITECH 等多家国际知名公司建立长期品牌战略合作伙伴关系。浦诺菲产品多数由国际知名厂家合作研发生产，技术国际领先。

国内的良好发展势头，也促使一些实力较雄厚的企业开始拓展海外市场。2005 年，华为公司的国际化战略得到进一步的巩固，获得了越来越多国际运营商的认可，在发展中国家市场稳步发展的同时，也在发达国家市场获得了实质性的突破，国外销售首次超过国内。并且，世界电信运营商前 50 强中，华为已经进入第 28 名，除中国运营商以外还进入了英国电信（BT）、沃达丰（Vodafone）、西班牙电信（Telefonica）、荷兰 KPN、新加坡电信、泰国 AIS、南部非洲 MTN、巴西 TELEMAR 等世界著名的运营商；欧美发达国家，华为已经进入了 14 个，包括德国、法国、英国、西班牙、葡萄牙、美国、加拿大等。

从 1997 年起，华为开始系统地引入世界级管理咨询公司，建立与国际接轨的基于 IT 的管理体系。在集成产品开发（IPD）、集成供应链（ISC）、人力资源管理、财务管理、质量控制等诸多方面，华为与 Hay Group、PWC、FhG 等公司展开了深入合作。经过管理改进与变革，以及以客户需求驱动的开发流程和供应链流程的实施，华为具备了符合客户利益的差异化竞争优势，进一步巩固了在业界的核心竞争力。此外，华为每年将不少于销售额的 10% 投入研发，坚持在自主开发的基础上进行开放合作，现在已经与 TI、摩托罗拉、英特尔、AT＆T、ALTERA、SUN、微软等世界一流企业广泛开展技术与市场方面的合作。

新兴高新技术企业的迅猛发展势头，我国企业实力不断的增强，不但他们有信心与世界顶尖级企业合作，而且再次吸引了世界级巨头关注的目光，跨国公司开始积极主动地寻找我国企业合作，如2005年3月，世界500强企业之一的美国泰科（TYCO）电子公司主动提出与深圳市得润电子股份有限公司签约，在深合力打造国内最大的家电、通信连接器生产基地。又如，2008年8月26—29日，第十四届华南国际电子生产设备暨微电子工业展、华南国际电子制造技术展览会在深圳会展中心隆重举行，这次展览是历届规模最大规格最高的展览平台之一。为期4天的展会吸引全球众多知名厂商云集深圳，如美亚科技、安必昂、得可、凯能、富士、欧姆龙、三星、日东、日立、汉高、松下、西门子、环球仪器、Asymtek、Cookson、Dage、Gelec、Heller、Mydata、Nihon Almit、Saki、Speedline、WKK等在展会现场为大家展示了当今最前沿的SMT行业领先的产品、技术和增值服务。

随着CAFTA（中国与东盟自由贸易区计划）的不断发展，到2010年中国东盟将组成世界上最大的自由贸易区，到时，这一区域经济将与我国当前的PECO（泛珠三角区域经济合作组织）和CEPA（内地与香港关于建立更紧密经贸关系的安排）形成类似通道般的南北经济大动脉，这将是区域经济一体化的崭新格局，即学术界所说的"C-P-C通道"经济。当泛珠三角洲以相当于中国南部的地理区位与东盟十国的一体化连接，使得港澳、深圳与珠三角地区成为一个新的、实际的、地理空间的几何中央节点，这对于具有地理优势的深圳电子行业将提供新的发展机遇。

第三节　总部经济的兴起及作用

一、电子信息产业总部经济的兴起

(一)总部经济的兴起是产业结构调整的结果

深圳特区作为中国改革开放"窗口"的独特定位，及其与香港毗邻的地缘优势，决定了其发展必须具有引领全国发展的功能，而其地域有限、能源短缺的现实决定了其必须发展集约型经济。虽然深圳电子信息行业的基础来源于"内联外引"的优惠政策及"三来一补"的粗放模式，但由于电子信息行业利润的核心是技术，简单的引进、制造、组装并不能使经济发生质的变化。深圳人用"拓荒牛"的精神，在国家政策、内地政府及企业的支持下很快发展起来，联合各高校、科研所集中力量搞高新技术产品的研发，而将原来的粗放型生产、制造慢慢转移到内地，真正发挥出深圳对内对外开放的枢纽作用，这样便形成内地生产，深圳出口的经营模式，这一产业结构调整的结果便是深圳企业总部经济的兴起。

近几年，伴随着经济全球化、信息技术的发展和中国经济市场化程度的不断加深，"总部"与"生产制造"环节在空间上的分离现象日趋明显。许多企业已经倾向于将管理、研发、投资、营销、配送、采购以及这些功能的区域指挥中心在一个中心区域集聚，而将生产加工以及网络销售分散到周边地区，从而形成区域合作。例如，赛格电子市场是深圳、中国乃至亚洲的著名品牌，市场规模亚洲最大，享有"亚洲电子第一市"的美誉。赛格电子市场以深圳为中心，在上海、成都、重庆、西安等地设立了连锁经营市场，形成覆盖全国主要中心城市的电子信息产品交易网络，此外，朗讯、达能、惠普电脑、汉莎航空、伊斯曼、柯达、翠丰、吉之岛等前来"加盟"；富士康、以色列RIT公司、奥林巴斯等一批跨国企业相继在深圳组建起了"脑库"。

这种由于特有的资源优势吸引企业将总部在该区域集群布局，将生产制造基地布局在具有比较优势的其他地区，而使企业价值链与区域资源实现最优空间耦合，以及由此对该区域经济发展产生重要影响的经济形态开创了区域经济合作的新途径、新模式。

(二)总部经济的快速发展

产业结构的不断优化调整促使深圳电子信息行业的集聚效益和竞争优势相对明显，已形成产业升级的条件。目前，深圳电子信息行业正在强化和加快信息产业升级，延伸和完善电子信息产业链条，构建完整的电子信息产业集群，提高行业整体配套能力，引进增值率较高的芯片制造环节，强化研发设计和品牌营销环节，闯出一条从研发设计到加工制造再到营销、服务的一体化产业之路。

同时，由产业结构调整促发的总部经济取得了快速的发展，从而确保了以电子信息制造业为代表的主导产业优势地位不断得到加强，出现了既有以华为、中兴等为代表的具有一定全球影响力的先锋企业；也有以迈瑞、比亚迪、腾讯、金蝶、大族激光等为代表的国内行业龙头企业，还有一大批在新兴行业有影响力的初创型企业形成梯队效应。目前，深圳已经成为我国电子信息产品研发、生产和出口的重要基地和战略高地，以电子信息为代表的高新技术产业成为深圳的第一支柱产业。

电子产业的兴盛吸引了各类电子行业展会聚集深圳，如2008年在深举行的第13

届"国际集成电路研讨会暨展览会"，第 71 届中国电子展，第 10 届华南（东莞）国际电子工业制造博览会，等等，纷纷提高展会层次，扩大展位面积，为国际、国内电子采购商、制造商提供更全面的服务平台。地处深圳的展会位置正是连接香港国际通道和内地市场的重要走廊，这又进一步巩固和强化了深圳电子信息产业的总部经济优势，使一批批土生土长的深圳企业不断壮大成以深圳为中心、向内地向海外不断拓展的跨地区跨国界企业。

2008 年初，深圳市委市政府发布"1 号文件"——《关于加快总部经济发展的若干意见》，一展蓝图，提出经过 5—10 年的努力，争取让企业进入世界 500 强、专业领域世界 500 强和中国 500 强。随着今日总部经济的《认定办法》和《实施细则》正式出台，市委市政府加快总部经济发展的政策支持力度显著加大，深圳日益成为越来越多知名大企业、大集团总部或地区总部的首选地、成为深圳本土企业快速崛起和壮大的一方沃土。

二、总部经济对区域经济合作的推动

2007 年 2 月香港特首曾荫权提出深港共建世界级都会，5 月，广东省委书记在广东省第十次党代会报告中提出深圳要建成具有中国特色、中国风格、中国气派的国际化城市。[1]

从宏观经济角度来看，总部经济就是区域经济的核心，而区域经济就是总部经济的外部环境。人类发展的大量历史事实在证明，只有成功的区域经济环境基础，才能有成功的总部经济。[2] 从区域合作的角度来看，深圳在向国际化城市目标迈进过程中，正在经历从自身单个城市的国际化，向珠三角区域连绵型大都市圈核心城市的跨越式发展。这种发展思路决定了深圳建设国际化城市的路径选择，即顺应"城市—城市集群—都市圈（区、带）"的区域城市化、城市国际化的整体发展趋势。也就是说，深圳在今后的发展过程中，一方面要抓住当前深港共建国际化大都会的良好契机，另一方面要更加积极地融入珠三角、泛珠三角区域合作中，形成以深港共建国际大都会为先导，依托珠三角城市群的发展模式。

---

[1]　张德江同志在广东省第十次党代会上所作报告全文：http://www.southcn.com/news。

[2]　张鹏：《总部经济时代》，华夏出版社 2007 年版，第 152 页。

(一)促使本地企业加强内外联动、推动深圳城市转型

近30年的发展，深圳市已具备了工业发展良好的配套环境，形成了以电子信息、通信设备、计算机为主要产品，与国际生产系统接轨，具有可持续发展能力的、以区域核心产业为主干的地方生产系统。同时，深圳毗邻港澳，有利于利用两个市场、两种资源加快产业结构调整和升级。然而，深圳的产业转型和升级明显受到土地空间限制、能源和水资源短缺、人口膨胀压力、环境承载力"四个难以为继"的瓶颈性制约。

实际上，许多企业为了获得可持续发展，本着"立足深圳，放眼全国乃至全世界"的战略眼光，早已开始向内走到内地、向外走到国外去抢占市场，建立生产基地和研发中心，从全球视野和全球资源优化配置的角度来整合资源。例如，华为公司除了在北京、上海、南京、西安、成都成立了研究所外，还在印度、美国等国家建立了研发中心。

企业在向内外扩张的同时，不断地壮大了深圳总部的实力，这在无形中也提升了深圳的城市竞争力。总部集中结算带来了大量的现金流；在异地的连锁店企业统一以总部所在地深圳为纳税地，总部高管人员的所得税也在深圳，扩大了深圳的税源；商品的统一采购、统一配送在深圳，设备的统一采购在深圳，每年订货会议、供应商大会也在深圳，为深圳的工业、物流、会展、旅游、酒店、商务、餐饮、房地产、就业以及相关服务行业的发展提供了广阔的市场空间；物流、信息流及管理技术等都集中在深圳。同时，这些连锁企业在全国市场空间的拓展，一方面输出了深圳商业的成功模式，另一方面也向全国各城市展示了深圳的城市品牌，极大地提高了深圳的城市知名度和美誉度。

一大批中等规模和成长型的先进制造企业将总部设在深圳，将成为深圳新的经济增长点，并将促使深圳真正实现由初级的生产要素聚集地向高级生产要素聚集地转变，由加工基地向研发创新基地转变，最终完成产业结构的优化升级，建立起海外生产基地、营销网络和研发中心，提高深圳在全球范围内配置资源、拓展发展空间的能力。

(二)促进深港大都市的建立、拓展深圳与内地的有机合作

按照深港共建世界级都会的战略目标，谭刚教授认为，深港在配合发展时，总部经济可以帮助其实现三个层面的目标定位：一是吸引珠三角、泛珠三角地区的大中型企业，在深港两地设立全国型海外运营部门；二是吸引南海经济圈周边国家特别是东盟各国的大型企业，在深港两地设立区域型国际总部；三是吸引亚太地区乃至全球各国企业，在深港两地设立洲际型甚至全球型国际总部。一旦这三个层面的目标实现，深圳与香港将共同成为全球总部基地，两地的国际竞争力及其影响都将得到有力提升。

就深圳与香港单独而言，两地地理面积都不是很大，城市人口基数大，资源有限，要单独成为全球总部基地实属困难。但若突破地域的界限，在深港大都市的基础上来完成这一目标就另当别论了，除了拓展了空间范围外，还能充分利用两地的优势，为总部经济创造一流的软硬环境，共同培育全球优秀的总部企业和总部经济。首先，在总部营运领域，以深港两地深水港、航空港、信息港为骨架，搭建具有国际领先水准的城市基础设施和网络化商务体系，使深港共同成为全球经济社会能量的重要聚合体，吸纳和输送全球技术、资金、人才，服务全国和全球，成为运营环境优越、经济活动高效、总部经济发达的总部营运中心。其次，在高端服务领域，依托香港高度发达、功能完善、监管有序的国际金融体系，强化深港国际物流功能，以生产性服务业为重点，着力推进信息、商贸、会展、国际文化交流、传媒，大力发展中介、评估、市场营销等专业服务行业，使深港成为以金融、物流、信息、文化交流、专业服务为支撑的高端服务中心。再次，在创新产业领域，以深圳自主创新和高新技术产业为主导，结合香港创意产业与网络数码技术，通过已具有全球优势的网络信息等创新产业和相关高科技增值服务为重点，抢占国际产业链的全球布局制高点和重要环节，努力建立与国际大都会相适应的新型产业集群，使深港成为创新产业集聚和扩散的全球中心之一，进而对全球经济产生足够的影响力。

深港共建全球总部基地，必须以中国广大腹地为依托，使企业将总部放置深港的同时，能将制造环节放在空间广阔的内地，从而实现生产的一体化和管理的便捷化。因此，应当注意加强对珠三角、泛珠三角区域的区域合作，以此为基础巩固和强化总部经济发展的空间。在深港共建世界级都会及配合发展总部经济进程中，深圳应以主导者或者引领者身份，更为主动、更加积极地融入珠三角、泛珠三角区域合作，从而与香港共同成为这一区域内大中型企业的国家级总部基地和海外运营基地。

深港大都会的建立能够促进总部经济的发展，总部经济的发展又提升了深港的辐射能力，带动了内陆区域的发展。总的来说，总部经济将为深圳总部企业和总部经济的内聚成长带来新的提升。一方面，放宽和拓展了两地之间的要素流动，发展以资本流动、货物流动、技术转移、产业协作等为主要内容的共同经济活动，推动两地从一般制造业合作延伸到高新技术产业和创新产业，从货物贸易延伸到服务贸易，从制造业拓展到服务业，加快培育在全球范围发挥重要影响力的产业链，形成具有显著竞争优势的深港世界级产业体系。另一方面，加快培育以深港为基地、融入国际产业链的"产业总部"，共建以深港为基地的跨国公司营运中心，合力打造港深世界级金融中心、旅游会展之都，大力培育现代都市服务业。

参考文献

1. 刘力：《东盟、中日韩寻求东亚经济合作的新亮点》，原载《瞭望周刊》2001 年第 11 期。

2. 陈泽明：《区域合作通论》，复旦大学出版社 2005 年版。

3. 张敦富主编：《区域经济学原理》，中国轻工业出版社 1999 年版。

4. 宋金平等编著、吴殿廷主编：《区域经济学》，北京科学出版社 2003 年版。

5. 孙久文、叶裕民编著：《区域经济学教程》，中国人民大学出版社 2003 年版。

6. 陆大道等：《中国区域发展的理论与实践》，北京科学出版社 2003 年版。

7. 陆大道：《区域发展及其空间结构》，北京科学出版社 1995 年 4 版。

8. 魏后凯：《当前优化区域竞争中的几个理论误区》，《中州学刊》2005 年第 3 期。

9. 郭晓编：《崛起中的深圳电子工业》，电子工业出版社 1988 年版。

10. 刘中国主编：《纪事：深圳经济特区 25 年》，海天出版社 2006 年版。

11. 《邓小平文选》第 3 卷，人民出版社 2006 年版。

12. 张鹏：《总部经济时代》，华夏出版社 2007 年版。

13. 张德江同志在广东省第十次党代会上所作报告全文：http://www.southcn.com/news。

14. 深圳电子行业信息网 [DN/RL]：http://www.seccw.com/hyfx/2007-11-01/71.html。

第二十章
国际科技合作创新与深圳的发展模式

20 世纪下半叶以来，由于科技革命、产业革命与社会化大生产的发展，突破了国家之间的界线，使世界各国之间的经济联系和贸易往来日益密切，这也是由于各国的自然条件、人力资源、物力资源、社会结构、生产力和科技发展水平、政治经济制度等方面的差异，以及由此产生的经济科技发展的不平衡。正是这种不平衡产生了国际经济技术合作的基础，又由于世界经济全球化和一体化的推动，更进一步引发了国际经济技术大规模的合作与交流。

科技全球化就是以这种大规模的国际经济技术合作与交流为基础，使科技活动在全球范围内得到认同和支持，科技要素在全球范围内得到自由流动和合理配置，科技活动的成果为全球所共享，科技活动的运作规则与制度环境在全球范围内渐趋一致的过程。科技全球化大大地推动了国际科技合作在更大范围、更多领域、更高层次、更加广泛而深入的发展。

当然，目前世界高新科技及其产业的发展，包括国际科技合作在内，均呈现发达国家主导和控制、跨国公司垄断的总体发展格局，他们控制着世界高新技术产业发展的前沿阵地、关键环节和核心技术，并以此为基础占据着国际分工的龙头地位，在科学技术研究和高技术产业发展以及整个世界经济发展的进程中掌握着战略主导权和主动权。这使得发展中国家处在世界高新技术产业发展格局的边缘、国际分工的支流和产业体系下游，在发展过程中处于被动地位。尽管如此，发展中国家仍然重视和致力于高新技术产业的发展，根据自己的国情选择自己的发展道路，也根据自己的比较优势、独特优势去探索参与世界经济和国际科技合作的新途径，因此，国际经济技术合作已经成为不可阻挡的世界性潮流。

我国自改革开放以来，对外经济科技合作与交流日益频繁，特别是深圳作为国家创新型城市，毗邻香港，是我国改革开放的前沿地区，也是我国建立最早的经济特区，具有很高的对外开放度和开展国际经济科技合作的便利条件与基础。特别是深圳以建设国际化、高科技城市为发展目标，国际化与高科技两个内涵的叠加突出了大力开展国际科技合作的地位与重要性。

第一节　科技全球化与国际合作的世界格局与动态

在科技全球化的潮流下，国际科技合作与交流是当今国际经济合作的重要形式之一，包括国际科学技术的共同研究、合作开发与交流活动。随着国际科技合作与交流的明显增多，合作领域越来越宽，合作方式也多种多样，如有双边、多边合作，也有综合性的"一揽子"合作；有签协议的交流合作，也有不签协议达成默契的交流合作；从文献、资料交换到国际会议研讨交流；从互派人员学习到分工协作、共同研发与共同生产。在国际科技合作与交流的过程中，世界各国普遍重视人才引进、技术引进、资金引进、联合研制以及召开能够跟踪国际水平和发展趋势的专业性国际会议。

一、国际科技合作的世界格局与基本走势

(一)科技全球化促使科技国际合作日益加强

科技全球化导致科技活动与科技合作在世界范围内得到广泛的认同。在此过程中，不仅科学研究领域的国际合作日益加强，科技人才亦呈现世界性的跨国流动，而且跨国公司的科技活动加速向全球扩张，跨国专利的申请与许可大幅度增加，有关知识产权保护制度正在全球范围普遍推行，国际技术贸易发展迅速，科技全球化正在冲击着世界所有国家。

国际科技合作由于面对的是探索自然奥秘的重大问题和解决人类面临的共同问题，需要集成人类的智慧与资源，特别是20世纪后期，世界各国通过各种合作方式解决科学技术领域存在的重大问题并分享研究成果的合作日益增多，合作项目越来越多，合作频率越来越快，合作规模也越来越大。如人类基因组计划是近年来国际科技

合作的典型例子，由来自美、英、日、法、德和中国的上千名科学家通力合作，从
1990 年 10 月启动到 2000 年 6 月完成人类基因 30 亿个碱基对的顺序分析，使人类基
因组草图绘制完成，对人类认识生命、把握生命取得了突破性的进展。

(二)科技合作成为各国战略的重要组成部分

　　世界经济全球化和一体化使得各国之间的科技经济联系日益密切，越来越多的国
家和地方政府充分认识到科学技术所形成的核心竞争力，是维护一个国家和地区根本
利益的重要保证：一方面世界各国和地方正致力于完善国家创新体系和区域创新体
系，另一方面则通过频繁的国际科技合作以跟上世界科技发展的先进水平，并以此形
成国家的战略核心和战略选择，使得科技合作已经成为世界各国发展战略的重要组成
部分。虽然科技合作在国际关系中是既有合作又有竞争，但是由于国际科技合作对人
类社会进步有利，对合作各方的经济和科技发展有利，因此各国政府都十分重视，纷
纷采取有力措施，支持本国科技人员参与国际合作，并吸引外国专家、学者参与本国
的科研和技术开发工作。根据国际科技合作作为国家战略的重要性和各国政府对现有
国际科技合作效果的综合评估，各国政府纷纷作出相应的战略调整。

(三)高技术成为国际竞争和合作的焦点领域

　　自 20 世纪下半叶始，美国、西欧和日本作为三足鼎立的世界资本主义大国与地
区，兴起了以高技术为中心的新技术革命，已经对整个世界的经济与社会发展产生了
巨大而深远的影响，一个国家拥有高技术的量能成为衡量综合国力的重要标志之一。
21 世纪世界各国的社会经济发展将建立在高技术及其产业化发展的基础之上，因此，
围绕高技术的竞争将成为 21 世纪国际竞争的焦点。

　　在国际科技合作领域，以往发达国家对发展中国家一般进行"垂直合作"，如
日本科伦坡计划中的中日科技合作，发达国家大多利用这种合作进行民间实用技术
转让和技术援助，并获取发展中国家的智力资源；但近年来发达国家之间的"水平
合作"的地位开始上升，发达国家在高技术、大项目中的双边和多边科技合作有迅
猛发展的趋势。这使得发展中国家的科技进步受到国际政治经济关系的制约，发展
中国家很难与发达国家进行科技的"水平合作"，而"垂直合作"又大部分局限于
成熟的适用技术，使得发达国家和发展中国家在高技术领域的合作中存在着巨大的
差异。

(四)发达国家重视基础研究和科技人才争夺

发达国家一般都注意加强基础领域的研究，并将其置于科技发展战略的中心地位，这是由于科学技术发展变化的周期日益缩短，又由于基础研究是国际科技竞争的前期准备，一般重大科学发现和重大技术突破都依赖于基础研究的突破，同时，只有加强基础研究才能抢占世界科技的前沿阵地，才有可能抢占世界经济的制高点。

与此同时，发达国家更加注重培养科技人才，对教育给予了更大的关注，使教育愈益成为技术创新体制的基础。发达国家还注重大力争夺国外的科技人才，特别是高精尖人才，以优厚的科研条件和生活待遇吸引人才，导致发展中国家科技人才的大量外流，从而进一步扩大了发展中国家与发达国家在经济与科技上的差距。这些动向已经引起部分发展中国家的高度重视，如何有效阻止本国科技人才外流并吸引他们回流成为发展中国家的重要问题。

(五)发展中国家面临科技合作资源和机遇的增多

当前，随着科技全球化进程的加速，科技资源向发展中国家流动的规模和速度正在加大，特别是发达国家的跨国公司向发展中国家投放的研发资金力度加大，技术转移的规模和速度加大，使得发展中国家有机会合理有效地运用和配置这些源源不断流入的科技资源。

同时，发展中国家面临的国际性科技研究合作的机遇增多，获得的国际合作的经费投入也在增多。如改革开放以来，我国科学家或在国内、或到发达国家参加国际高层次的交流与合作研究越来越多，使得我国科学家接触到发展的最前沿，获得最新的科技信息，利用了国外先进的仪器设备，同时还使我国自己的大型科研实验设备建设步伐加快，实验手段和实验设备大大改善，并加快了学科建设。

(六)民间国际科技合作比重呈现不断上升趋势

在国际科技合作领域中，与官方的合作相比，民间科技合作往往方式更灵活，内容更丰富，发展的空间更大，受政治气候变化的影响更小。一方面，作为非官方机构的跨国企业，其科技合作已有发展成为主角的趋势，其发展规模已经占到整个世界国际科技合作的半壁江山；另一方面，以高校、科研院所、民间学术团体以及科学家个人之间的交往和交流，其科技合作方式亦展示了广阔的前景。

与此同时，由于互联网技术的提升和数字化生存的冲击，使得虚拟科技合作组织、合作群体不断出现，并逐步发挥出重要的作用。

二、国际科技合作的市场动态与发展特点

(一)科技成果大量涌现为国际合作奠定基础

当代科技革命和科学技术的发展，一是导致每年的科技成果越来越多，二是导致科技成果转化为生产力的周期越来越短，使得新技术和新产品更新的速度越来越快。在科技成果的拥有量上，如 20 世纪 80 年代世界共有先进技术和专利达 3000 万项，其中美国就拥有 100 多万项有效专利。科技文献以每年 6000 万页的速度增长。进入 90 年代，网络化使各个国家和地区的经济技术与交流更为方便，科技成果和知识的传播速度、广度发生了革命性的变化，进一步促进了科技成果的不断产生；在技术贸易方面，专利、商标许可以及专有技术的许可贸易规模越来越大，如 20 世纪下半叶，许可证贸易的增长规模就高达 300 倍，增长速度平均保持 10 年翻四番。

(二)专业分工使科技成果的国际性需求加快增长

由于技术创新的周期缩短，国际市场的竞争日益激烈，使得发展中国家从外部吸收技术和知识成为一种重要的选择，同时企业也在探索从外部寻求创新知识资源的成功发展道路。

据有关专家测算，70 年代技术创新周期平均为 5—6 年，80 年代缩短为 4—5 年，到了 90 年代，技术创新的寿命平均就只能维持 1.5—2 年，并且技术创新的周期还具有越来越短的趋势。同时，新技术成果的研制成本不断提高，人力资源和财力资源的投入都达到前所未有的高水平，如美国在 40 年代研制 DC-3 型飞机耗资 30 万美元，而当今研制新型飞机的费用已经达到数亿乃至数十亿美元，企业自行研发新技术和新产品的当前成本以及机会成本都显得太高。在这种状况下，依靠外部的科技成果并进行国际科技合作就成为众多国家和企业的共同选择，同时，对科技成果巨大的国际性需求也激发了科技成果的市场供给。

(三)世界技术市场的发展为科技合作提供了平台

世界技术市场发展迅猛，20 世纪 60 年代中期，国际技术贸易总额为 25 亿美元，

70 年代中为 110 亿美元，80 年代中为 550 亿美元，80 年代末增至 1000 亿美元，平均以 5 年翻一番的速度向前推进，到 90 年代中达 3500 亿美元，世纪末则高达 5000 亿美元。世界技术市场的交易平台为国际科技合作提供了场合、机遇和条件。

但是，世界技术市场的交易比重的 80% 以上掌握在发达国家手中，发展中国家的技术贸易所占比重尚不足 10%，因此，进一步导致了世界技术经济发展的不平衡性。在世界范围内形成的技术梯度，划分为技术先进的发达国家、技术进步的新兴国家和技术落后的发展中国家。因此，世界技术市场的转让类型有发达国家之间、发展中国家之间进行的水平型技术转让，也有发达国家对发展中国家进行的垂直型技术转让，此外还有梯度转让，即为延长技术寿命按技术梯度逐级向外转让。在这样复杂的竞争格局中，一方面区域性的技术合作和技术交流不断增多，使世界技术市场出现多极化的技术中心；另一方面高精尖的技术保护和封锁日渐加强，对科技人才的争夺也日趋激烈。据有关测算，国际市场上存在的进口配额、进出口许可证、外汇管制、进口技术和商品标准、包装要求、卫生检疫、环保标准等措施多达 900 多项。这既说明了国际科技合作开展的重要性和必要性，又说明了国际科技合作开展的竞争性和艰巨性。

(四)跨国公司成为国际科技合作的组织、推动与垄断者

跨国公司十分注重制定技术战略，力主科技跨国联合研制，包括国际性的共同研究、承包研究以及因地制宜的开发研究等。他们通过组建科研中心，吸引各国科学精英、吸收各国先进技术进行高精尖的技术攻关，同时亦重视研究利用东道国的资源技术并加以开发。跨国公司的研发中心开始遍布各个中心城市，将当地的人才和技术成果集中于母子公司的研发中心或中央研究机构，进行世界性的技术管理和综合运用。

(五)科技进步与经济发展在国际层面形成了互动关系

以往的国际经济合作往往注重自然资源的丰富和体力劳动的价格，而在当前国际经济的竞争中，自然资源和体力劳动的作用地位相对不再那么重要，以智力为依托的科学技术已经成为全球交易的重点及竞争基础。这是因为科学技术的发展已经成为国家和企业对外竞争的核心力量，而以信息化为基础的国际网络的建设和发展，已经成为国际经济发展的必要条件和重要基础。

比如说，自 20 世纪 60 年代以来的国际商品和服务贸易、国际投资及资本流动、跨国生产和跨国经营均是以现代科学技术、特别是以现代信息技术为依托的。科学技术为世界经济的发展提供了强大动力，而世界经济的发展又更加需要国际科学技术的合作与交流，两者相辅相成，同步发展。

(六)科技合作协调机制不断完善以及合作与竞争并存

国际经济科技合作是在一个非常复杂的、双边或多边的经济主体之间进行，亦会产生各种各样的矛盾，难免产生各种各样的摩擦或冲突。因此，作为国际经济科技合作内容之一的国际科技合作协调机制就应运而生，其目的在于解决矛盾、缓解冲突并促成合作。所以，国际经济科技的合作与竞争是同一事物矛盾着的两个方面，开展国际经济科技合作的目的是为了更快地发展本国经济，而发展经济又必然导致新的竞争。所以，合作与竞争、冲突与协调、单赢与多赢、经济一体化与抢占制高点，始终成为对立统一中的矛盾着的两个方面，使得每个国家和地区必须因势利导扬长避短，才能把握时机赢得发展。

(七)世界各国的优势互补促成科技合作向纵深发展

世界经济的全球化和一体化，使得国际间人员、物资、资本和信息的交流越来越方便，世界各国在经济上的互补与互相依赖，既促成了国际社会分工细化，也促成了科技合作国际化向纵深发展。同时，市场的全球化和产品的国际化，也推动了国际科技合作的不断深化。这些合作既包括基础研究的合作，也包括应用研究和开发研究的合作，因为国际科技合作既可以节省成本，又可以赢得时间。

由于现代科学技术的发展除了高投资以外，还存在科学技术的高精尖与高风险，那种一个国家完全依靠自身的力量进行重大科技突破以获得单赢的可能性越来越小；现代科学技术发展的复杂性、艰巨性、综合性以及跨学科、专业化，也决定了现代科学技术需要世界各国协同努力、共同开拓。因此，任何一个国家，要想迅速发展自己的科学技术并带动经济社会全面发展，都必须与其他国家建立密切联系，以取长补短博采众长，并通过开展国际交流与合作，跟上世界科技发展的潮流。

(八)科技全球化加速了科学技术成果对外的扩散与影响

科技全球化是指科技活动已不局限于一国之内，科技人才与资源、研究对象、研究成果、影响和作用都带上了国际性的色彩。其表现与特点体现在：一是科技活动内容的全球化。当今，许多科学技术问题如低碳、大气、海洋、环境与能源、航天研究与探索问题、人类基因组问题等都是涉及多国利益的区域性或全球性的研究课题，其研究的范围也必然是全球性质的。二是科技活动地域范围的全球化。许多涉及全球性的科技课题，需要积累更多的数据，并在更大范围内进行研究。三是科技活动主体的全球化。现在各国的科研主体一改以往的独立方式，为了共同的利益结成联盟，并共同从事某一方面的科技研究与开发。如美苏的空间合作，欧洲尤里卡计划，美、日、欧三方智能制造计划，等等。四是科技体制的全球化。科技活动要遵循一定的规则和制度，因此科技体制的全球化是科技活动必然的结果。五是科技活动影响的全球化。许多大科学和共性技术是具有国际性的，这一性质决定了其影响必然是全球化的。今天科技的扩散与影响比以往任何时候都快，这就是科技活动影响全球化带来的结果。

第二节   深圳国际科技合作已经步入发展新阶段

一、深圳高新技术产业步入国际化发展新时期

(一)科技革命对高新技术产业国际化的强劲推动

科技革命进一步推动了国际分工的深化，特别是信息技术的革命，使得企业内部跨地区的信息处理和交流能力大大增强，这种变化使得掌握先进技术的跨国公司进一步发挥其技术优势，在全球范围内分布制造企业，促进了高新技术产业在全球展开布局。因此科技革命成为推动高新技术产业国际化的重要力量。

由于高新技术产业一开始就存在着国际化合作与发展的内在要求。当国内难以提供产业继续发展所需资源、技术，或者获取代价太高，而国外能够满足其需求时，这种产业国际化的趋势就成为可能。同时，由于现代高技术的高度交叉与复合，使研发越来越具有合作的性质。近十几年来高技术产业的发展得到了世界各国的普遍重视，不少国家有重点、有选择地发展对本国最有利、最有战略意义的高技术产业内的不同行业部门，形成了各具特色的高技术产业发展格局。

高新技术产业的国际化已经成为当今世界经济发展的一个重要动向，无论是内向型国际化还是外向型国际化，都必须促进高新技术成果的商品化、商品的产业化和产业的国际化，从而形成一个动态的流通系统。

(二)深圳建设国家创新型城市的转型需要

深圳建设国家创新型城市和国际化城市，是一次新的历史跨越、新的伟大实践，也是一项更加艰巨的系统工程，无论深圳的产业结构作怎样的调整，高新技术产业都是深圳最大的产业特色和第一经济增长点。作为国际化的高科技城市，发展高新技术产业、进一步提升拥有自主知识产权的产品品牌，仍然是我们未来工作当中的重中之重，从这点意义上来说，也必然推进深圳的高新技术产业进入国际化发展新阶段。

(三)高新技术产业发展自身提出的要求

深圳作为在全国大中城市进出口总额多年排名第一的城市，其中高新技术产品的出口功不可没，高新技术产品的出口不仅实现了历年大跨度提升的良好格局，也有效地拉动了深圳的经济增长，已经成为深圳经济增长中的亮点。深圳高新技术产业发展自身提出了对国际化的更高要求，这里不仅包括产品市场的国际化，而且包括技术交易、科技合作、人才应用等的国际化。而促使深圳高新技术产业国际化的重要手段就是在更大的范围开展更加广泛的国际科技合作。

二、深圳高新技术产业发展的三个阶段

(一)第一阶段

第一阶段从 80 年代中到 1992 年是深圳传统制造业向高新技术产业的转型阶段。这一阶段产生了第一批高新技术企业，1990 年，深圳制定了 2000 年社会性经济发展规划，确立了"以科技进步为动力，大力发展高新技术产业和第三产业"的战略方针；1991 年 5 月，又颁布了《关于加快高新技术及其产业发展的暂行规定》。市委、市政府明确提出"把发展科技放在经济和社会发展的首要位置"的战略思想。

这一阶段的重要标志和特点是深圳初步形成了包括计算机及其软件、通信、微电子及基础元器件、新材料、生物工程、机电一体化等六大领域的高新技术产业群，1988 年高新技术产品产值 4.5 亿元，约占全市工业总产值的 4.5%，到 1992 年，猛增到 47.3 亿元，占全市工业总产值的 12.7%，约比同期全国高出 7 个百分点。在这期间，工业总产值增长 4 倍，高新技术产品产值则增长 10 倍以上。

(二)第二阶段

第二阶段从 1992 年到 2003 年是深圳高新技术产业的做强做大阶段。1992 年邓小平南方重要讲话发表以后，深圳的高新技术产业迅猛发展，异军突起，引起全国关注。

这一阶段的重要标志和特点：一是高新技术产业的若干重要经济指标不断上升；二是崛起了一批具有一定规模的高新技术产业组织；三是建立了高新技术产业园区；四是初步形成了高新技术产业集群和大中小企业的配套系统和产业链。如 1993—1997 年，深圳高新技术产品产值年均增长 57.6%，1998 年又比 1997 年增长 38.1%，达 655 亿元，占全市工业总产值的 38.7%，1999 年比 1998 年增长 25%，达 819.79 亿元，占全市工业总产值的 40.5%，成为深圳经济的第一增长点；深圳的电子信息设备制造业也发展迅速，1998 年达 967.2 亿元，占全省 48%。深圳生产类和消费类电子信息设备一些主要产品，在全国都占有重要位置。与此同时，崛起了一批如华为、中兴和比亚迪等具有相当规模的高新技术企业及其配套的产业群。

(三)第三阶段

第三阶段从 2003 年开始进入深圳高新技术产业国际化和全面开展国际科技合作阶段。由于深圳已经经历并正在从事高新技术产业的做强做大，使高新技术产品产值大幅递增，2001 年达到 1321.36 亿元，2002 年达到 1709.92 亿元，与此同时，深圳高新技术产业拥有自主知识产权的高新技术产品产值呈现历年递增的态势，2001 年达到 697.96 亿元，比 2000 年增长 30.57%，占全部高新技术产品产值的 52.82%；2002 年达到 954.48 亿元，比 2001 年增长 31%，占全部高新技术产品产值的 55.82%。深圳高新技术产业的发展自身提出了对国际化和国际科技合作的更高要求。

2008 年底国务院出台的《珠江三角洲地区改革和发展规划纲要》，将珠三角改革与发展上升为国家战略，首次从国家层面赋予深圳"一区四市"的重要定位，这就是国家"综合配套改革试验区"、"全国经济中心城市"、"国家创新型城市"、"中国特色社会主义示范市"和"国际化城市"，充分体现了中央对深圳寄予的厚望和赋予的崇高历史使命。

这一阶段的重要标志和特点是深圳的高新技术产业将围绕深圳建设国家创新型城市和国际化城市的目标，实现不断协调化和高度化发展，以自主创新和合作创新为手段，提升产业的核心竞争力和国际化水平。

第三节　深圳国际科技合作的发展现状与合作模式

一、深圳电子信息企业国际科技合作的考察

2003 至 2004 年，我们考察调研了深圳以电子信息企业为主体的数十家高新技术企业，而且通过调查问卷的方式完成，总计发出问卷 100 份，实际收回有效问卷 79 份，被调查企业分布于深圳各行政区内。

首先，通过调查我们可以看到企业对国际科技合作的一般认识：

（1）绝大多数企业充分意识到国际科技合作的重要性，同时对政府在推进国际科技合作中的表现表示满意。

调查结果显示，有 60% 的企业认为当前实行国际科技合作特别重要，认为比较重要的企业也占到 39%，仅有 1% 的企业认为国际科技合作无所谓。

对于政府在推进国际科技合作中的表现，有 37% 的企业认为政府对这一工作特别重视，而认为政府为企业提供了实际支持的企业占到 58%，仅有极少部分企业对政府在该项工作中的行为不甚满意，有 4% 的企业认为政府无为而治，1% 的企业认为政府并未对国际科技合作给予重视。

（2）有 50% 以上的企业要求政府在开拓合作渠道和资金支持方面提供更为完善的服务，同时，民营经济更渴望能够得到与其他经济类型平等的待遇。

根据调查数据分析，有 70.9% 的企业希望政府在合作资金方面给予更大的支持；其次，有 51.9% 的企业要求政府能够更广泛地开辟合作渠道，为企业提供一个更广阔的合作空间；再次，要求政府进一步完善制度环境也是许多企业迫切盼望的，这一比例占到 38%。从不同的经济类型分析，不论是民营经济还是股份制经济，两者都一致地要求政府能够继续在合作渠道和合作资金方面提供更完善的服务，但两者之间存在一个很突出的差异，对于"完善制度环境"这一选项，民营企业的提及率（高达43.2%）要远远高于股份制企业（仅为 15%）。

其次，我们了解到关于企业在国际科技合作中的基本情况：

（1）技术输出与输入已成为企业对技术进行有偿转让的重要方式，而对技术进行无偿转让时，样品展示、技术传授与培训及共同研究、开发、设计、试验项目是其主要方式。

根据数据统计，有 43.1% 的企业采用技术输出与输入的方式进行技术有偿转让，

而对其他转让方式的使用频率较低，均低于8%，技术输出与输入这一转让方式在有偿转让过程中的地位非常重要。另外，有49.4%的企业仅采用一种即单一的转让方式，50.6%的企业采用两种和两种以上的转让方式。

（2）关于企业在国际科技合作中采用的方式，从调查数据来看，仅仅分工协作、共同研发与共同生产这一合作方式的使用率略高，占到31.6%，使用程度最低的是不签协议的交流合作与联合建立科研机构，分别为2.5%和3.8%，这说明深圳企业目前参与国际科技合作的层次还有待于进一步深入。

（3）有82.3%的企业希望能够引进国际上的先进技术，75.9%的企业采用商品输出方式参与国际科技合作。可以看出，技术是目前参与国际科技合作的企业最为注重的引进形式，无论是民营经济、股份制经济，还是其他经济类型，都将引进技术放在首要位置，说明在企业发展所必需的诸多生产要素中，技术是最为稀缺的资源。其次，对于合作资金的迫切需求也在这里再次凸现出来，有45.6%的企业需要引进国外资金，尤其是民营企业，这一比例达到47.7%，超出了整体水平的需求比例（45.6%），解决融资问题同样不容忽视。最后，相对于民营经济而言，股份制经济更加注重对于人才的引进，这一比例达到45%。

调查数据显示，商品输出已成为目前企业最重要的输出方式，其次才是技术输出，但仅有21.5%的企业采用这一方式。

（4）跨国公司和国际中小企业是深圳企业的主要合作对象，并且主要集中在美国、欧盟、中国香港、日本、韩国等国家和地区。

数据显示，有51.9%的企业与国际中小企业进行科技合作。其次，与跨国公司合作的企业比例为41.8%，而与其他对象合作的企业比例较低。与美国进行科技合作的企业比例最高，达到了53.2%。其次为香港、欧盟、日本、韩国依次位居其后，与其他的国家和地区合作的企业比例相对较低。

（5）大多数企业在国际科技合作中主要依赖于企业自身投入，有半数以上企业的合作经费不到其销售总收入的10%。有70.9%的企业解决合作经费的方式之一是依赖企业投入，在对这部分企业进行单独分析时还发现，其中有41.8%的企业完全依靠企业投入而没有其他来源，仅有29.1%的企业有多项经费来源，即除了企业自身投入外，还通过其他途径来筹集经费。

二、深圳以市场为导向的国际科技合作模式

高新技术产业的国际化发展，体现为产业内部企业的国际化经营活动和国际科技合作活动的开展。高新技术企业的成长与发展及其开展国际科技合作的过程各不相同，实现国际化经营的途径也是多种多样的，如我国高新技术企业实现国际化的经营方式有自我成长模式、多元化模式、中外嫁接模式、国外收购模式、国外孵化模式、借机下蛋模式、战略联盟模式等，这些方式都在不同的层面赢得了各自的发展优势。

我们根据 2003 至 2004 年对深圳以电子信息企业为主体的高新技术企业的实地调查，发现这些企业正在根据市场导向的原则，以自觉的行为大规模地从事国际科技合作，并且深圳高新技术企业的国际科技合作模式呈现出八仙过海、各显神通的多样化模式，给人们以极大的启示和震撼，谨举例如下：

(一)中介推动模式

如深圳市黄金屋真空科技有限公司，是从事真空表面技术和玄武岩复合材料的高新技术企业。该企业通过学术交流活动、与驻外使馆科技处的联络以及科技部国际科技合作司独联体处的中介关系，发展与俄罗斯和乌克兰的科技合作，使小企业获得了高速成长，并推崇国外技术与中国技术相结合、引进与创新相结合，实现技术的转移和对接。这一类型企业的国际合作方式形成中介推动模式。

(二)资本带动模式

如宇龙计算机公司从事电讯系统的开发和集成，推出了系统产品、桌面无线终端、手机智能终端等高新技术产品。该公司一方面和美国高通公司从事核心技术合作，如开发 3G 终端产品等，另一方面与日本野村证券合作，引进野村证券资金解决研发需要，并通过资本的国际化带来技术的国际化。

再如深圳民营科技企业融资国际化，有多家企业在国际资本市场如香港创业板等成功融资，通过融资国际化促成科技合作的国际化。如冠日公司在高交会上，获得了来自国际数据集团（IDG）第一笔 2600 万元的风险投资，使冠日公司如虎添翼，在发展公用电话网络技术及其产品方面受益良多，从而使其拥有的技术和产品在中国通讯市场以及国际市场上具有更加广泛的发展前景。这一类型企业的国际合作方式形成资本带动模式。

(三)会展引导模式

如航嘉企业机构——驰源实业有限公司，从事电脑、电源的生产，形成了全球的销售和服务网络体系，目标未来 3—5 年内实现产值 30 亿—50 亿元，成为国际电源界的领先企业。该企业关注台湾计算机及其配件产业的发展，每年 5—6 月参加台北电脑展，通过接单生产、以产定销，产品走向欧、美、日等各国市场。这一类型企业的国际合作方式形成会展引导模式。

(四)市场拓展模式

如泰嘉乐进出口实业有限公司下属四家企业，员工达 2000 余人，自动生产线 20 余条，研发人员占十分之一，生产便携式 DVD、VCD、复读机、电子词典以及 MP3 等系列产品。该企业由贸易型转向科技型，以产品良好的性价比在国际市场与日本同类产品竞争，并挤占了市场相当份额，同时，该企业采取主动的市场拓展行为，积极参加会展、拜访客户，通过提高产品工艺质量并以合理的产品价位销售产品。这一类型企业的国际合作方式形成市场拓展模式。

(五)园区引进模式

如深圳市留学人员龙岗创业园，建园以来，共吸引 80 多家留学生企业入驻。其中，深圳市龙岗远望软件技术有限公司是国家信息产业部和深圳市信息化建设委员会认定的软件企业，在国内主要城市及香港设有分支机构，成为龙岗区计算机应用的牵头单位。

又如深圳市益心达医学新技术有限公司，公司从无到有，20 世纪初保持着每年 50% 左右的发展速度，2002 年公司销售收入达到 2300 万元，其产品包括中心静脉导管、血液透析导管等 30 多个品种，有力地冲击了外国产品对中国市场的垄断。这一类型企业的国际合作方式形成园区引进模式。

(六)专向合作模式

如华粤宝电池有限公司是专业锂离子电池制造商，公司以归国技术精英为技术核心，以海外华人科学家团队提供前瞻性科研支持，在建立公司科研体系的过程中，建立了公司的研发中心作为集团科研机构。公司依托国内科研院所，寻求海外技术支持，为了与同行竞争并拉开距离，力求在制造材料上的突破，因此采取专向合作方式与香港科技大学物理系合作，建立纳米材料与应用实验室，从事纳米碳管的专向研发。这一类型企业的国际合作方式形成专向合作模式。

(七)多元化合作模式

如中讯天创通信有限公司从事通信终端研发和生产，该企业以产品设计引导市场需求和消费需求，公司成立一年即向市场推出小灵通五款机型，年销售额可达4—5个亿，是一个高成长性的高新技术企业。其研发投入占销售总额的10%，是深圳自主研发、自有品牌的企业。该企业在研发上与韩国、美国合作；在制造上委托苏州、宁波的专业工厂生产；在营销上既与当地的营销代理商、也与相关的专业局合作，形成网络式的营销渠道和多方面、系列化合作。

再如北大中基科技有限公司从事国际贸易、医疗投资、药物研发、科技咨询等业务，由于业务范围比较广泛，因此该公司的合作面也比较宽。如药物研发方面，该公司与瑞典合作，利用瑞典在基因领域的前沿地位，合作攻克鼻咽癌的预防和药物研发；在医疗投资方面，该公司以"基地＋技术＋产品"模式进行运作，引进国际知名药业和品牌进园合作；在国际会议合作方面，该公司将"第一届亚洲社区遗传学大会"引进到中国，吸引法国、澳大利亚、英国、印度、马来西亚、新加坡、泰国等来中国参加会议，形成多领域、多元化合作模式。

(八)针对性合作模式

如中兴通讯公司，拥有通信类产品13大类60多种，2003年销售总额达220亿元。中兴通讯的国际合作包括国际科技合作，总共分为三大类：一是为进入东道国市场而建立合资或独资企业，进入发展中国家如巴西、墨西哥、泰国、印度以及俄罗斯等；二是参与"交钥匙"工程的建设与项目营运，同时出口批量设备，并进入孟加拉国、巴基斯坦、肯尼亚、塞浦路斯、刚果金等；三是与发达国家和跨国公司的合作，其研发中心在美国、韩国和瑞典设立了4个研发机构，公司总体研发人员达2000多人，研发费用占销售总额的10%以上，其研发重点全部立足在国际通信技术的发源地，通过国际科技合作强化自己的自主创新能力，基本上形成了独立自主的技术创新体系和完整的产品体系。根据差异化需求而形成了针对性的合作模式。

(九)团队引进合作模式

如创维数码控股有限公司，有着一支国际化的人才专业队伍，有着遍布世界各地的研究发展机构和营销网络，目前公司已经拥有 12 项自有核心技术。与此同时，创维公司利用日本松下公司大量裁员的机会，采取团队引进的办法，引进日本人才团队，投资 8700 万元，建立中日合作的创维光电科技有限公司，在短期内研发出 43 寸健康 3D 背投，有效地解决了光学系统的技术难关，形成国际团队合作模式。

(十)网络框架式合作模式

如华为技术有限公司，2002 年实现合作销售额 250 亿元人民币，海外销售额 5.5 亿美元，国税、地税共计 20.6 亿元，海关关税、增值税等共计 7.55 亿元。华为的合作模式主要是：一是在研发合作方面，该公司建立了全球性的研发体系，建立了如美国硅谷研究所、达拉斯研究所、瑞典研究所、印度研究所和俄罗斯研究所等；二是在技术共享方面，该公司与摩托罗拉、英特尔、微软、NEC 等跨国公司或成立联合实验室或联合公司；三是在市场营销方面，与众多国际主流营运商建立合作关系，并在全球建立销售及服务网络，使 8 个地区分部和 32 个分支机构遍布全球，各类产品进入 40 多个国家和地区；四是在研究、开发与生产的技术标准上努力向国际先进水平看齐，华为公司在技术研发合作方面，积极加入国际标准组织和论坛，争取在通信行业国际标准领域占有一席之地，到 2001 年底，华为已经加入 38 个国际组织和论坛；五是遵循人才本土化原则大量聘用外籍员工，华为公司与世界一流企业、研究机构广泛开展技术研发合作，外籍科技人员和中方科技人员共同进行研发活动，目前外籍研究人员已达 3000 人。由此而形成网络框架式合作模式。再如中兴通讯、创维、比亚迪等大型企业都具有同类型的特点，成为多方位、网络框架式的国际科技合作企业。

参考文献

1. 魏达志著：《特区企业集团跨国经营论》，海天出版社 1994 年版。

2. 肖元真宗：《环球科技创新发展大趋势》，科学出版社 2000 年版。

3. 吴国蔚等编著：《高技术产业国际化经营》，中国经济出版社 2002 年版。

4. 查振祥主编：《深圳国际化之路》，湖北科学技术出版社 2003 年版。

5. 傅家骥等著：《技术经济学前沿问题》，经济科学出版社 2003 年版。

6. 凌国平主编：《国际科技合作与交流案例教程》，上海大学出版社 2001 年版。

7. 中华人民共和国科学技术部：《2003·国际科学技术发展报告》，科学出版社 2003 年版。

8. 丁厚德编著：《中国科技运行论》，清华大学出版社 2001 年版。

9. 冯宋彻编著：《科技革命与世界格局》，北京广播学院出版社 2003 年版。

10. 国家发展计划委员会高技术产业发展司编：《"十五"重大问题研究：中国高技术产业发展报告》，中国计划出版社 2001 年版。

11. 谈斌昭：《科技全球化的对策思考》，《科技进步与对策》2001 年第 5 期。

12. 李宪奇：《目前国际科技合作的基本走势》，《安徽科技》2001 年第 8 期。

13. 张景安：《科技全球化在中国：挑战与对策》，《中国信息导报》2002 年 12 期。

14. 杨平：《在全球范围内获取智力资源》，《国际科技合作》2000 年第 5 期。

15. 魏达志主编：《深圳高科技与中国未来之路》丛书，海天出版社 2001—2003 年版。

第二十一章

跨国经营创新与"走出去"战略的实施

随着中国改革开放脚步的加快，以及深圳电子信息产业发展环境的不断优化，许多发达国家纷纷将其电子信息产业的制造环节迁移至深圳，促进了深圳电子信息产业的高速发展。同时，深圳也培育了一批具有国际竞争力的本土电子信息企业，具备了实施"走出去"战略的条件。深圳特区成立以来，电子信息产品的出口贸易高速增长，电子信息企业的跨国经营作用也日益突出。深圳许多电子信息企业"走出去"战略的实施具有借鉴作用。

第一节 "走出去"战略

一、"走出去"战略的由来及内涵

(一)"走出去"战略的由来

早在 1997 年，十五大报告就提出了"鼓励能够发挥大陆比较优势的对外投资，更好地利用两个市场、两个资源"的"走出去"战略。1998 年，十五届二中全会明确提出"积极扩大出口的同时，要有领导有步骤地组织和支持一批有实力有优势的国有企业走出去，到国外，主要到非洲、中亚、中东、中欧、南美等地投资办厂"。国务院办公厅于 1999 年下发了"关于鼓励企业开展境外加工装配业务意见的通知"（国发办 [1999] 17 号），2000 年又连续下发了 32 号、35 号、50 号文件，采取了一系列政府扶持措施，大力支持"走出去"战略。2000 年，《中共中央关于制定国民经济和社会发展第十个五年计划的建议》指出："实施'走出去'战略，努力在利用国内外两种资源、两个市场方面有新的突破。鼓励能够发挥我国比较优势的对外投资，扩大经济技术合作领域、途径和方式，支持有竞争力的企业跨国经营，到境外开展加工贸易或开发资源，继续发展对外承包工程和劳务合作，在竞争中形成一批有实力的对外承包工程企业。"同年，中共中央再次确定了"走出去"战略的地位，将其确定为对外开放的新战略，把"走出去"战略与"西部大开发"战略放到同等地位，从此"走出去"战略成为关系到中国的发展全局和前途的战略。

2001年的"十五"规划在"扩大对外开放，发展开放型经济"一章中阐述了实施"走出去"战略的措施。2002年年初，中共中央提出要加快实施"走出去"战略，推动"引进来"和"走出去"共同发展，极大地调动了我国企业实施"走出去"战略的积极性。

2002年，十六大报告将我国实施"走出去"战略推进到新的发展阶段，将实施"走出去"战略视为对外开放新阶段的重大举措，再次强调要坚持"引进来"和"走出去"相结合，提出在经济全球化和加入世贸组织的新形势下，应全面提高对外开放程度，积极参与国际经济技术合作与竞争，充分利用国内外市场，优化资源配置，以开放促改革、促发展。鼓励和支持具有比较优势的企业对外投资，从而带动商品和劳务出口，打造一批有实力的跨国企业和知名品牌。在2007年十七大中，"走出去"战略仍然是开放型经济的重点。十七大报告提出"把'引进来'和'走出去'更好结合起来；创新对外投资和合作方式，支持企业在研发、生产、销售等方面开展国际化经营，加快培育我国的跨国公司和国际知名品牌"。由此可见，"走出去"战略在我国经济发展中具有很高的地位。

(二)"走出去"战略的内涵

广义上，"走出去"战略是指国家以贸易发展为基础，有步骤、有重点地引导国内企业，通过出口贸易，夺取国外市场，获得经济效益，开展跨国投资，并通过投资带动出口贸易和其他国际经济合作方式的发展。狭义上，"走出去"战略就是对外投资战略，即国内企业到国外市场投资开办企业，就地生产、销售产品的跨国经营活动。

理论上，"走出去"战略是指中国的产品、资本、技术、劳动力、服务、管理以及企业走向国际市场，跨国发展竞争与合作；实践中，"走出去"战略主要指企业的产品出口以及国际投资活动。本书采用的是实践中对"走出去"战略的解释，即深圳电子信息企业的产品出口以及国际投资活动。

"走出去"是所有国家经济发展的必然趋势，是企业国际商务活动的基础。一个国家的对外经济活动最初的形式一般都是商品的进出口贸易。当产品对某个国家的出口发展到一定规模，或者在进口国严格限制该商品进口，但又积极鼓励外国企业直接投资时，就会导致外国企业在该进口国进行投资，进行产品的生产和销售。"走出去"的产生和发展还可以用邓宁的国际生产折中理论来解释。根据该理论，如果一个国家的某企业具有所有权特定优势、内部化优势或者区位优势，就可能在国家间发展各种形式的商务活动；当一个企业同时具有三个优势时，该企业就具备了跨国投资的条件。在经济发展初期，一国基本上处于国际产业单向移入阶段；随着该国经济的发展、人均 GDP 的增加、产业的升级，以及企业国际竞争力的增强，该国将逐渐走上国际化的道路，通过对外直接投资，改变国际产业单向移入的形式，真正加入到国际产业转移的队伍中。

深圳电子信息企业"走出去"战略的实施方式主要有两种：一是将企业的生产经营活动嵌入跨国公司生产经营链条中，利用跨国公司的资源、营销渠道以及先进的技术发展自己；二是在国外创建并发展跨国公司，并在全球竞争中获得竞争力。目前，从功能上分，深圳电子信息产业"走出去"包括出口、兴办加工制造企业、构筑全球营销网络以及设立海外研发中心等；从形式上看则包括投资、合资、并购等多种形式。

二、深圳"走出去"战略的制定

2007 年 6 月 15 日中共深圳市委、深圳市人民政府在《深圳市人民政府公报》上公布了关于大力实施"走出去"战略的决定。该决定把"走出去"战略纳入深圳发展的重大战略，指出"新形势下实施'走出去'战略是应对经济全球化挑战的客观要求，是深圳新的历史阶段的内在需求和未来发展的关键所在，更是中央和省赋予我市的使命和责任。要牢牢抓住有利时机，增强紧迫感，积极利用改革开放 20 多年来积累形成的经济实力和龙头企业跨国经营探索的有效经验，统筹谋划、精心组织，在全市重大规划设计、相关法规制定、重要资源配置中，对'走出去'工作予以支持和倾斜，坚定不移地把'走出去'作为城市发展的重大战略切实贯彻落实"。该决定明确了实施"走出去"战略的发展目标和指导原则，还指出为实施"走出去"战略应该做如下的努力：创新和完善公共服务机构，建立适应国际化的政府运作机制，包括构筑政府海外代表机构网络、配套完善投资促进服务设施、加强"走出去"主管部门力量、加强部门间合作与协调；加大财政、信贷支持力度，搭建畅顺的融资渠道，包括加大"走出去"工作的财政支持力度、用足用好国家鼓励政策和相关扶持措施、建立金融机构服务"走出去"合作机制、鼓励跨国经营企业到国际资本市场发行债券和股票、加强与中国出口信用保险公司的合作；多渠道造就外向型人才，建设"走出去"人才队伍，包括创新人才培育方式、大力吸引精英人才、合理利用当地人才；大力扶持航母型企业，培育打造深圳本土跨国公司，包括建立"走出去"先进企业排行制度、实施跨国公司培育工程、培植企业"走出去"梯队群体；积极探索建设境外经贸合作园区，打造企业"走出去"的海外发展基地；加强营销推广力度，大力拓展海外市场，包括加强海外拓展活动的规划指导、促进服务和政策支持、高度重视城市综合形象的营销推广、充分发挥贸促会、行业协会在海外市场拓展中的作用、加强境外组展参展服务；建立企业跨国经营的综合支持平台，为企业"走出去"提供全面的资讯服务，包括开发"走出去"综合管理系统、建设"走出去"工作网站、建立多方位的"走出去"专项数据资料库、培育完善的中介服务体系；高度重视跨国经营风险防范与应急保障，包括建立海外风险防范制度、完善"走出去"应急保障机制、建立"走出去"知识产权应急和预警机制。

从中共深圳市委、深圳市人民政府关于大力实施"走出去"战略的决定可以看出，深圳对"走出去"战略是高度重视的，并且将对企业"走出去"战略的实施进行辅助。

三、"走出去"战略实施的意义

随着经济全球化和科技化程度的提高，世界变得更加市场化，开放程度、相互依赖程度也变得更高，企业实施"走出去"战略具有极其重要的意义。深圳电子信息企业通过"走出去"战略的实施，可以有效地规避贸易壁垒，打造一批有实力的跨国企业和知名品牌，促进深圳电子信息产业结构的优化升级，从而推动深圳电子信息产业由大向强转变。

企业"走出去"战略的实施，可以有效地规避贸易壁垒。当企业在那些对我国设置贸易壁垒的国家或其他国家进行直接投资时，就可以在东道国销售或出口产品，以替代国内企业的出口，从而绕过了目标国的贸易壁垒。深圳电子信息企业通过实施"走出去"战略，不仅能打入国际市场，利用各种国外资源，还能通过本土化生产来规避贸易壁垒，减少深圳电子信息产品的直接出口，从而缓解我国电子信息产品对外贸易不平衡的压力。

企业"走出去"战略的实施，可以打造一批有实力的跨国企业和知名品牌，培育出具有全球影响力的跨国公司和国际知名品牌。在中国市场竞争激烈、资源短缺、与他国贸易摩擦剧增的背景下，企业通过对外直接投资，可以实现规模经济，从而提高企业的国际竞争力；培养出一批国际经营管理人才，打造出实力雄厚、技术管理水平先进的企业，并可能成为具有全球影响力的跨国公司。如深圳信息产业中现有的知名品牌：华为、康佳、中兴、比亚迪等。电子信息产业是国民经济的支柱产业，我国电子信息产业已经得到了一定程度的发展，但仍然大而不强，因此要鼓励深圳电子信息企业中有实力的企业积极开拓国际市场，与跨国同行企业共享资源，通过合作与竞争，提升深圳电子信息企业的国际竞争力。

企业"走出去"战略的实施，能促进深圳电子信息产业结构的优化升级。特区成立以来，深圳电子信息产业发展迅速。但处于"微笑曲线"两端利润丰富的研发和营销却主要被国外跨国企业掌握。国外跨国公司通过控制先进的技术、知识产权保护措施和营销渠道来降低对深圳电子信息产品的采购价格，使深圳企业只能获得微薄的利润，无法进入全球电子信息产业价值链中的高端。

因此，深圳电子信息企业"走出去"战略的实施不仅满足了企业发展的要求，也适应了经济全球化的趋势。

第二节 "走出去"战略的实施历程

一、"走出去"战略实施的探索阶段

深圳电子信息企业创立初期，特别是在20世纪80年代以及90年代初，许多企业"走出去"战略实施的主要方式都是出口贸易。"走出去"战略实施的探索阶段的初期，深圳电子信息企业的出口主要以加工贸易为主，而且主要是通过香港转口。深圳华裕电子公司在成立一年半的时候就将产品汽车收放机和电话机出口到日本、

美国、英国、德国、意大利等 20 多个国家和地区。1985 年成立的开发科技（蛇口）有限公司，在成立之初其主要产品计算机温盘磁头全部出口。深圳华发电子有限公司借助香港和国外的力量，通过中电深圳工贸公司走向国际市场，其彩色电视机在 80 年代 70% 左右出口，销往美国、英国等国家和地区，其出口彩电的国产化自配率在 25% 左右，创汇的同时，促进了国内的配套企业的发展；其印制电路板产品在 80 年代就打入美国、英国、加拿大、澳洲和中国香港等国家和地区，1984 年到 1986 年，其生产的各种规格的单、双面电路 75% 以上都出口。[1]1990 年，深圳市晶华显示器材有限公司的液晶显示器主要销往北美、西欧、香港以及东南亚地区。深圳天马微电子公司在 1992 年出口创汇就高达 1700 万美元，荣登 1992 年深圳市 100 家"三超"企业金榜。[2]

这一阶段，许多深圳电子信息企业"走出去"主要承接那些短时间要完成的大订单。1989 年 7 月，深圳市晶华显示器材有限公司仅一周就完成了美国客户的 LCD 仪表屏大订单。以生产收录机为主的深侨电子有限公司，1990 年上半年生产的 4.8 万多台收录机，全部销往东欧、南美洲和中东的 28 个国家和地区，而且都是以接收外商订单为主。1992 年创办的宝安区新通射流机械公司，仅几个月就打入了国际市场，在 1993 年承接了意大利客商高达 3 万台的高压清洗机的订单。

深圳电子信息企业的出口一般都会在国外寻找代理商，或是利用其合资公司的网络关系打入海外市场。在 20 世纪 80 年代，深圳市机械工贸公司每年召开两次产品订货会，邀请港澳地区的纸箱包装生产厂商参加，同时与香港运高国际有限公司合作，利用香港和海外寻求代理商为其提供海外市场信息和推销产品[3]。开发科技（蛇口）有限公司利用合资外方专家广阔的营销渠道和关系网，较快地争取到订单，产品也顺畅地打入了国际市场。1988 年出口就达到了 3000 万美元的中国电子进出口总公司深圳工贸公司，与 38 家美国公司签订了代理协议。

在"走出去"战略实施的探索阶段，深圳电子信息企业的出口的又一特点就是先引进再出口。20 世纪 80 年代，风光集成电路有限公司是深圳市集成电路主要生产企业，其先从美国、荷兰引进金丝球焊机、装接机、气动冲床、油压冲床、高频预热

---

[1] 深圳华发电子有限公司经理部：《面向国际市场　积极开拓新产品　努力办成外向型企业》，《特区经济》1987 年第 3 期。

[2] 《天马行空——深圳天马微电子有限公司创业纪实》，《特区企业文化》1994 年第 1 期。

[3] 宋振光、钟达全：《革新　改造　开拓前进——深圳市机械工贸公司的调查》，《特区经济》1987 年第 2 期。

机、塑材机等技术和设备，然后将生产的产品 90% 出口。[1]

为国外大企业进行配套生产也是这一阶段深圳电子信息企业"走出去"的一个特点。20 世纪 80 年代，深圳中和音响有限公司，80% 的产品出口国际市场，是深圳桑达电子总公司、深圳宝安电子有限公司和香港赛达公司合资的音响专业配套厂商，1989 年后又为荷兰飞利浦生产配套音箱。

"走出去"战略实施的探索阶段后期，深圳电子信息企业也慢慢地从加工贸易向自主品牌贸易转变。1984 年成立的深圳天马微电子公司，成立之初采取补偿贸易形式与港方合作经营，购销渠道全部被港方控制，其获得的利润微薄；在补偿贸易合同期满后，开始自主经营，80 年代末天马公司建立了自己的购销渠道，以自主商标出口产品，开拓海外市场，出口率保持在 95% 以上，改变了微利的局面。

部分深圳电子信息企业开始建立高效的运行机制，以适应海外事业的发展。深圳赛格集团按照国际市场竞争的需要，改革集团的管理体制，成立了赛格进出口总公司，并设立了海外部，以负责该集团海外事业日常行政和业务的协调管理。建立本国母公司控制的国际部——五大地区总部，集中有限的资源和人力创办海外网点。[2]

许多深圳电子信息企业开始建立以深圳为中心的电子产品出口基地，部分深圳电子信息企业开始将产品输出与海外投资相结合。在"走出去"战略的实施中，根据世界各地区的具体情况，有的设立销售网点以贸易为主，有的投资办厂以生产经营为主。"走出去"战略实施的探索阶段后期，深圳电子信息企业因地制宜，采取灵活的跨国经营方式。欧洲、美国、日本的市场容量大，产品更新换代较快，对产品质量和交易条件要求严格，同时，这些国家有先进的技术，雄厚的资本，在对这些国家实施"走出去"战略时，主要通过各种渠道，引进资本、先进技术和设备、先进管理软件，同时不失时机地打入其市场。而对苏东、中东、非洲市场实施"走出去"战略时，主要是把产品和技术输出到这些国家和地区。在对中国香港和台湾地区、韩国、澳大利亚、马来西亚等国家和地区实施"走出去"战略时，采取的是综合性战略，即引进外资、先进技术和输出产品、技术及投资设厂相结合。

---

[1] 深圳市政府计划办公室：《方兴未艾的深圳新兴工业》，《特区经济》1988 年第 2 期。

[2] 陶炎民：《深圳赛格集团跨国经营的实践与对策》，《特区经济》1991 年第 5 期。

二、"走出去"战略实施的起步阶段

20 世纪 80 年代末，许多深圳电子信息企业在出口的同时，开始尝试到海外投资建厂，独资或合资办企业，设立分支机构，建立海外销售网络。20 世纪 90 年代，这种趋势在逐步延续，深圳电子信息行业"走出去"战略的实施进入了一个新的阶段。

这一阶段，深圳电子信息企业"走出去"战略实施的主要特点是在海外建立分支机构、办事处、代表处等。1993 年深圳求实技术开发有限公司在美国洛杉矶建立美国求实国际有限公司。早在 1987 年，深圳电子集团就在海外建立了若干分支机构和代销点，其中香港 8 处，东京、新加坡、加拿大、美国、德国、比利时、肯尼亚等各一处。其主要方式有：通过独资（或与中资单位合资）建立海外分支机构，如深业赛格有限公司、华赣赛格有限公司；利用外资在国外建立工贸公司，如肯尼亚赛格有限公司；与国外互派贸易代表处，如与日本互惠交易株式会社互派代表；在国外建立开发公司，如在加拿大与 STM 公司合资建立开发公司。20 世纪 80 年代末，深圳电子集团利用当地条件在国外建立了办事处和代表处，如在纽约、休斯敦、洛杉矶等地设立办事处或代表处；与肯尼亚在肯尼亚的第二大城市蒙巴萨市合资兴办"肯—赛格电子有限公司"。[1] 中国电子进出口总公司深圳工贸公司 1988 年在美国纽约成立第一家国外企业。1992 年，赛格集团已经在全世界许多国家和地区建立区域总部或办事机构，并开始利用与赛格有合资、合作与贸易关系的外商渠道，采用委托代理、联合销售等方式，将赛格产品销往海外市场；采取收购国外公司的部分股份，直接参与经营的办法，建立起自己的供销关系。90 年代赛格积极到海外建立分支机构，90 年代初期就建立了亚澳、美洲、西欧、东欧和中东、非洲等区域总部，先后在中国香港、中国澳门、美国、德国、泰国、肯尼亚、莫斯科设立了赛格公司，还在日本、加拿大和法国开设了办事机构，与全世界 115 家企业建立了经济技术合作与信息交流关系。1996 年，新力达在美国塞班岛成立新力达赛班百货公司，专业经营日用品的出口贸易，1997 年，香港新力达公司成立。康佳 1999 年在印度设立彩电生产厂。

这一阶段，深圳电子信息企业"走出去"的另一特点是建立自己的海外营销渠道。1987 年深圳电子集团公司与肯尼亚 HETMUS 公司合作，在肯尼亚蒙巴萨合资建立了"肯—赛格电子有限公司"，共同研发、生产和经营各类电子产品，投产后产品

---

[1]　马福元：《市场导向与横向经济联合——深圳电子集团的发展实践与探索》，《特区经济》1987 年第 3 期。

全部销往肯尼亚、非洲和阿拉伯市场，这两个企业在 80 年代末，在美国、德国、日本等国家和地区设立了销售机构。深圳电子集团公司在 80 年代末在美国、日本、新加坡、英国、法国、肯尼亚、加拿大、德国、香港等十多个国家和地区建立海外分支机构和销售网点，创办了香港深业赛格公司，在美、日、加、肯尼亚等国建立分支机构，在新加坡、秘鲁、孟加拉开展了筹办分支机构的业务洽谈，与 100 多家公司合作，产品不仅仅在香港转口，还直接出口到美国、德国、东南亚和海外其他市场。中国电子进出口总公司深圳工贸公司 1988 年就在美国东部、东南部和中部地区建立了 23 个分销网点。飞达表业有限公司 90 年代就在洛杉矶、纽约、汉堡、巴黎、伦敦、东京以及香港等地建立了自己的分销网点以及维修服务点。深圳赛格集团结合"走出去"战略和经济特区的优势，自 1986 年创办后的 5 年内，通过直接投资、合资经营、收购股权、委托经营、自主经营等方式与世界 30 多个国家和地区的 100 多家公司建立了合作关系，分别在中国香港、美国、肯尼亚、日本、苏联等地建立了营销网点，并设立了北美、西欧、苏东、中东、非洲等五大海外总部。[1]

　　20 世纪 90 年代，深圳市电子信息企业迅猛发展，内引外联，把国内先进的科技成果与国外的资金、生产工艺结合起来，争夺海外市场。不少电子信息企业，开始到美国等发达国家加工部件，回到深圳组装出口商品，赚取整体商品利润。

　　深圳电子信息企业"走出去"战略的实施已经走向多元化，但份额最大的还是产品的出口。但是这一阶段的产品出口已经和探索阶段有很大的区别，在探索阶段，深圳电子信息企业的产品出口主要是以加工贸易为主，这一阶段则更注重国际市场信息的获取，根据需求信息，进行生产、营销、建立分支机构等。20 世纪 90 年代深圳华源公司紧跟市场动态，调整生产规模，1991 年下半年，国际市场电脑软磁盘需求结构发生重大变化，3.5 英寸电脑软磁盘的需求量猛增，华源公司根据这一市场动态，引进先进设备，及时调整产品结构，扩大 3.5 英寸软磁盘生产线，满足市场的需求。1990 年，为了顺应国际市场的变化，在国际贸易以现货贸易为主的情况下，分别在美国、德国、意大利和中国香港地区设立办事处和海外直销机构。华源公司收购了美国 MIC 有限公司的全部股权，使之成为其在海外设立的专门从事销售业务和收集信息的全资附属企业，从而获得 MIC 公司的国际营销网络及其固定客户，以及在国际

---

[1]　陶炎民：《深圳赛格集团跨国经营的实践与对策》，《特区经济》1991 年第 5 期。

市场知名的 MIC 注册商标的使用权。[1]

许多深圳电子信息企业，开始通过参加国际展会等方式实施"走出去"战略。1999 年 4 月，中兴巴基斯坦公司成立，并进行本地化生产，这标志着中兴海外本土化的开始；1995 年，中兴第一次参加国际展会——日内瓦电信展；1996 年 5 月，中兴国际部正式成立；1997 年，中兴通过在孟加拉的合作伙伴，参与了孟加拉电信公司的投标项目，拿到了 150 万美金的合同，实现了"零"的突破。

"走出去"战略实施的起步阶段，一些深圳电子信息企业已经开始尝试在国外建立主要从事技术开发的子公司，根据国际市场最新动态研制开发新产品。深圳开发科技公司 20 世纪 90 年代初就在新加坡、美国、中国香港等计算机硬盘生产基地建立子公司，紧跟国际市场动态，从事尖端技术研究与产品开发。

三、"走出去"战略实施的推进阶段

进入新世纪后，深圳电子信息行业"走出去"战略的实施进入了推进阶段。深圳电子信息企业"走出去"的目标市场越来越大；"走出去"的方式也越来越多元化；而且已经由以出口为主向建立海外企业或机构转变。

深圳许多电子信息企业的目标市场越来越大，并且在一些目标市场开始占据重要的地位。2002 年底，创维出口的产品中，俄罗斯的市场占有率为 10%，墨西哥为 10%，以色列为 20%，马来西亚为 15%，澳洲为 7%；2003 年又进入了日本和韩国市场，同年创维彩电还出口到西班牙，这是欧盟对中国彩电企业 15 年的封锁解除后，中国彩电第二次出口欧盟。自 2001 年中兴成功进入印度市场以后，中兴先后与印度多个电信企业建立长期合作关系，为印度提供 CDMA 网络设备和横跨 40 个邦的传输干线；2002 年7 月中兴通讯首获印度全国传输干线大订单，为横跨全印度 40 个邦的 CDMA 干线网络提供设备，之后又与印度的 BSNL 在班加罗尔签订协议，为其 CDMAWLL 全国网络提供设备和整体解决方案；2003 年中兴通讯采用 2001xCDMA 技术，为印度 50 万线用户提供话音和数据业务；在第 11 届印度电信展会上，印度为中兴专设展区，展会期间，中兴与印度当地电信巨头 ITI 签订了长期合作的谅解备忘录。

越来越多的深圳电子信息企业开始尝试在海外进行研发，在海外建立研发中心，

[1] 彭建军：《借水行舟　发展自我——深圳华源公司经营战略》，《特区企业文化》1994 年第 1 期。

充分利用海外人力资源和技术成果。研发是电子信息企业的源泉，在海外建立研发网络，可以提高现有技术，缩短与跨国公司之间的技术差距，还能把握新技术的动向。TCL集团2004年成功与汤姆逊公司合资，并于2004年7月正式开始运作；同年，TCL又与阿尔卡特签署备忘录，建立从事移动通信产品研发生产的合资公司。华为在瑞典斯德哥尔摩、美国达拉斯和硅谷、印度班加罗尔、俄罗斯莫斯科等地建立研发中心，还与美国3COM、西门子等企业开展技术合作。中兴在美国、韩国等也建立了研发中心。高端家电领域的康佳、创维、TCL等科技型企业也都在境外进行研发。这些电子信息企业通过在海外建立研发中心，利用当地的人力资源、技术条件以及市场信息等，来推进他们"走出去"战略的实施进程。

2006年，我国台湾的全球IC设计知名公司普诚科技与TCL工业研究院在深圳签订了LCD-TV数字视频动态背光控制技术成果的许可使用协议，这标志着中国企业开始从输出产品转向输出技术，结束了平板电视长期由欧美和日韩企业提供技术许可的历史。

深圳许多电子信息企业通过"网络框架式合作模式"来实施"走出去"战略。如华为技术有限公司在研发合作方面，建立了全球性的研发研究所，如美国硅谷研究所、达拉斯研究所、瑞典研究所、印度研究所和俄罗斯研究所等；在技术共享方面，与摩托罗拉、英特尔、微软、NEC等跨国公司联合成立了实验室或公司；在市场营销方面，与许多国际主流营运商合作，在全球建立销售及服务网络，建立了22个地区部，100多个分支机构，产品进入全球五大洲100多个国家和地区；在技术标准方面，努力向国际先进水平靠近，积极加入国际标准组织和论坛，截至2009年6月底，华为加入91个国际标准组织，如ITU、3GPP、3GPP2、ETSI、IETF、OMA和IEEE等；在本土化方面，遵循人才本土化原则聘用外籍当地员工，外籍和中方科技人员共同进行研发活动。此外，中兴通讯、创维、比亚迪等大型深圳电子信息企业都具有相同的特点。

第三节 "走出去"战略实施的典型例证

中兴通讯等企业的"走出去"战略是从发展中国家做起的，从海外机构数目、海外业务比例、海外经营业绩来看，这些公司都初具跨国公司的实力，是深圳电子信息企业"走出去"战略实施的成功典范。此外，还有很多深圳电子信息企业同样在国际化的运作中发展壮大，如康佳、TCL、比亚迪等一大批企业都在"走出去"战略的实施中取得了佳绩。

一、中兴：海外工程承包模式

中兴通讯是全球领先的综合性通信制造业上市公司和通信解决方案提供商之一。2008年，凭借其优异的全球业绩，中兴通讯跻身全球IT企业百强。凭借有线产品、无线产品、业务产品、终端产品等四大产品领域的卓越实力，中兴通讯在全球设立了13个区域平台，已向140多个国家和地区的500多家运营商提供优质的、高性价比的产品与服务。其"走出去"的主要形式就是海外工程承包。

1998年3月，中兴凭借技术优势和合理的价格，在孟加拉通信网扩建项目的国际招标中中标，获得我国通信企业通过国际竞标取得的第一个工程总承包项目。该工程完成后，1999年2月，中兴又中标孟加拉3个汇接局的"交钥匙"工程。1998年10月，中兴中标巴基斯坦电信网改建项目，签订了涉及15个城市36个交换局的27万线交换和传输"交钥匙"合同。中兴自2001年成功进入印度市场以后，先后与印度最大的几个电信企业建立了长期合作关系。在2002年7月中兴通讯首获印度全国传输干线大单，紧接着又与印度最大的国有运营商BSNL在班加罗尔签订协议。2003年中兴通讯采用2001xCDMA技术，为印度50万线用户提供话音和数据业务。2003年中兴通讯中标越南450MHzCDMA项目；中标非洲最大的CDMAWLL无线接入网络——阿尔及利亚全国性CDMA无线接入项目。2004年，中兴通讯成功获得越南铁路通信网络建设订单。2005年中兴承建了加纳首个CDMA2000网络。2006年，中兴与FT在固网接入、业务、终端等领域进行深度合作；与加拿大Telus签署3G终端合作协议。2008年，与Vodafone签署系统设备全球合作框架协议；获得香港CSL的UMTS订单，为客户实现基于SDR的HSPA+网络交付。2009年，先后取得TeliaSonera、SingTel、Telefonica、Sistema等全球一流运营商的订单。

二、康佳：海外直接投资模式

康佳的主导业务涉及多媒体消费电子、移动通信、信息网络、汽车电子，以及上游元器件等多个产业领域，是深圳市重点扶持发展的外向型高科技企业集团。其"走出去"的主要形式是海外直接投资。

在打入国际市场时，康佳主要通过设立分公司、商务代表处、海外建厂和建立客户联盟等方式，基本形成满足全球化战略的市场运营体系，其中海外建厂是康佳"走出去"最主要的方式。多年来，康佳以国际化战略为指导，将自主品牌打入海外市场。自1996年，康佳在澳大利亚、俄罗斯、印度、美国、中国香港、南非、中东等国家和地区设立海外销售机构，通过这些销售机构出口产品。1997年，康佳在美国进行了第一次对外投资，成立了美国康佳公司，并在硅谷投资建立实验室。1999年，康佳与香港伟特集团在印度的首都合资建立康佳电子（印度）公司，在菲律宾的首都合资建立康佳三龙电子公司。后来，康佳又与印尼当地企业合作在印尼生产彩电。2003年，康佳在墨西哥建立生产基地。2004年，康佳在土耳其建立了康佳基地，并正式投入生产。康佳在进入东南亚市场的时候，采取的是渐进式的方法：首先进行产品出口贸易，通过出口了解东南亚市场的经营法规和环境，在出口达到一定规模后，再在境外投资建厂。目前，康佳集团的海外业务已拓展至南亚、东南亚、中东、澳洲、非洲、欧洲和美洲等100多个国家和地区，产品分别进入美洲、亚太、欧洲等主流市场，康佳正在打造一个世界级电子企业的形象。康佳"走出去"主要的模式是：选择合适的国家投资办厂，由商品出口转向资本输出，开展跨国经营。

三、TCL：兼并与收购模式

目前TCL集团在全球拥有TCL、Thomson、Alcatel、RCA、乐华等多个品牌。其"走出去"的主要形式是兼并与收购，这种模式加快了其技术研发和转化速度，规避了海外市场的技术和贸易壁垒。

TCL在具有一定的国际化运作能力后，以兼并与收购作为主要方式，于2002年收购了德国彩电企业施耐德公司（Schneider）和美国电子企业高威达公司（Govideo），于2003年与法国汤姆逊公司（Thomson）合并重组彩电业务。通过兼并与收购，TCL打造了全球彩电领先企业TCL汤姆逊电子有限公司（TTE）和世界主流移动终端产品供应商TCL阿尔卡特移动电话有限公司（TA），全面提升了TCL的企业竞争力，打通欧美成熟市场，提升了TCL品牌的知名度。

TCL 集团的兼并与收购规避了许多国家的贸易壁垒。TCL 与汤姆逊的合资企业 TTE 在法国、墨西哥、波兰、泰国和越南共有 5 个生产基地，TTE 可以通过法国和波兰的生产基地，直接进入欧盟市场，利用墨西哥的生产基地，自由进入北美市场，使产品绕过贸易壁垒。

TCL 集团的兼并与收购规避了知识产权的风险。随着世界各国对知识产权保护的加强，核心技术已成为制约中国企业发展的重要因素。与汤姆逊彩电业务合并之后，TCL 共享了汤姆逊 3.4 万项彩电专利技术。TCL 可以借助汤姆逊等在欧美市场的知名度，进入欧美的主流渠道。TCL 通过利用汤姆逊等品牌，节约了时间，缩短了其国际化进程。[1]

四、比亚迪：海外营销渠道模式

比亚迪股份有限公司创建于 1995 年，由 20 多人的规模起步，迅速成长为如今的 IT 及电子零部件的世界级制造企业、全球第二大移动能源供应商。

比亚迪股份有限公司的"走出去"战略与中国许多企业不同，它不是在海外投巨资建设生产基地、购买技术等，而是在海外投资营销渠道。比亚迪所有的分公司、办事处都由其直接投资、直接控制。比亚迪通过海外渠道网络，获得海外客户关系、资源、信息等。在海外投资并控制海外渠道体系，是比亚迪"走出去"战略实施的主要特点。早在 1998 年，比亚迪股份有限公司就开始向海外发展，成立了欧洲分公司；1999 年 4 月，又在香港成立了分公司；同年 11 月，比亚迪股份有限公司美国分公司成立；2001 年 4 月，在韩国设立了办事处；2005 年 8 月，比亚迪日本办事处升级为分公司；2006 年 3 月，丹麦子公司建成；2006 年 12 月，匈牙利子公司建成；2007 年，印度分厂建立；2007 年 9 月，罗马尼亚子公司建成；2008 年 1 月，芬兰子公司建成。比亚迪股份有限公司的海外营销渠道使其掌握市场动态，深入了解市场竞争情况，从而有效地进行海外营销活动；海外营销渠道模式的中间环节少，加强了比亚迪的产品价格管理；直接在海外建立自己的分销机构，使其可在海外销售其生产的所有产品，市场涉及面较广，有利于新产品的推广。

---

[1] 武勇：《TCL 并购汤姆逊公司的动机、风险与整合》，《管理现代化》，2005 年第 4 期。

参考文献

1. 王志乐主编：《2007 走向世界的中国跨国公司》，中国经济出版社 2007 年版。

2. 赵伟等：《中国企业"走出去"——政府政策取向与典型案例分析》，中国经济出版社 2004 年版。

3. 司严：《中国企业征战海外：企业国际化理论与实践》，中国发展出版社 2006 年版。

4. 上海国际经济贸易研究所编著：《走出国门的"金钥匙"——上海实施"走出去"战略的重点研究》，中国商务出版社 2005 年版。

5. 陈小洪主编，国务院发展研究中心研究所课题组著：《中国企业国际化战略》，人民出版社 2006 年版。

6. 石建勋、孙小琰编著：《中国企业跨国经营战略——理论、案例与实操方案》，机械工业出版社 2008 年版。

7. 中共中央党校第 20 期一年制中青班"走出去"战略课题组编著：《关于"走出去"的思考》，人民出版社 2005 年版。

8. 米周、尹生：《中兴通讯：全面分散企业风险的中庸之道》，当代中国出版社 2005 年版。

9. 张婷、李林：《国际营销渠道的自建与优化的对策研究》，《法商论丛》2008 年第一卷。

10. 孙莉苹、龙茜：《论我国中小企业的"走出去"战略》，《企业发展》2007 年第 3 期。

11. 叶红玉：《浙江纺织服装企业"走出去"战略分析》，《江苏商论》2008 年第 1 期。

12. 中共深圳市委、深圳市人民政府：《中共深圳市委、深圳市人民政府关于大力实施"走出去"战略的决定》，《深圳市人民政府公报》2007 年第 28 期。

13. 程剑鸣：《深圳高新技术企业跨国经营的现状与策略》，《深圳职业技术学院学报》2004 年第 1 期。

14. 彭朝林：《深圳高新技术企业国际化战略初探》，《沿海企业与科技》2004 年第 1 期。

15. 唐元恺：《华为的国际化之路》，《中国电子商务》2004 年第 7 期。

16. 党的十六大报告全文：http://www.cs.com.cn/csnews/20021118/300508.asp。

17. 党的十七大报告全文：http://news.sina.com.cn/c/2007-10-24/205814157282.shtml。

18. 比亚迪股份有限公司：http://www.bydit.com/docc/about/gsjj。

19. 康佳集团：http://www.konka.com/about/about.jsp。

20. 中兴通讯股份有限公司：http://www.zte.com.cn。

21.TCL 集团：http://www.tcl.com/main/index.shtml。

22. 赛格集团：http://www.seg.com.cn。

后记

随着世界经济全球化与科技全球化的进程加速，科技经济、信息经济、网络经济、数字经济、低碳经济、循环经济等新的经济类型不断崛起，现代城市正面临着人类有史以来最广泛、最深刻的社会变革和创造性的重构，人类社会正在经历着一场改变文明方式，包括创新方式、生产方式、生活方式和发展方式的深刻革命。

科技文明给了深圳更为广阔深远的国际视野、高瞻远瞩的产业定位引领了城市的不断发展，这一此起彼伏、波澜壮阔、创造性的历史进程，见证了这块充满创新活力土地的辉煌。人类总是不断地用自己的智慧和力量来改变自己的生存状况，这种勇往直前的精神，就是人类的创新精神。

经济学家从来都不藐视技术进步对经济增长的贡献，特别是 20 世纪 50 年代，美国经济学家索洛和丹尼森等应用计量经济的定量分析，论证了技术进步是经济增长最主要的因素，从而揭示了一个以技术进步为中心的崭新的经济发展时代。

深圳，正面临全新的内生变量和外生变量，正在顺应这个崭新的时代并面临经济发展方式的转型。2007 年深圳人均 GDP 超过 10000 美元，意味着深圳的发展类型正在经历由资本驱动型向创新驱动型的转变，城市动力结构的改变，表明自主创新将成为深圳未来经济发展重要的内生变量；与此同时，我们还面对科技全球化的全新景观，科技创新能力正在大规模地跨国界转移，科技发展的相关要素在全球范围内优化配置，科技创新越来越多的部分跨越国界成为全球性的系统，全新的外生变量，使得深圳正在面临更加国际化的发展目标与更加国际化的竞争方式。

深圳，作为中国改革开放的前沿城市，作为敢闯敢试的经济特区城市，不仅成长在这个崭新的经济发展时代，而且正在跨越工业文明并经受科技文明时代的全新洗礼。

深圳，作为国家创新型城市，其以高新技术产业、金融产业、物流产业和文化产业作为支柱产业的现代产业集群正在崛起。而在高新技术产业集群之中，电子信息产业几乎占到了 90% 左右。因此电子信息产业，不仅成为深圳的特色产业，而且也是深圳城市崛起的支柱产业。

研究改革开放 30 年来深圳电子信息产业的崛起，特别是研究深圳电子信息产业改革创新的发展历程及其方方面面，既具有回顾总结的历史价值，亦具有开拓未来的创新价值。

为了纪念深圳经济特区创建 30 周年，我带领深圳大学国际贸易专业 2007 级研究生共同创作这部《深圳电子信息产业的改革与创新》。2008 年，我们用了整整一个学期来讨论我们的研究提纲和内容，今年我又与大家全力以赴地投入了修改工作，特别是我的研究生郭燕、刘玲玲、赵凌英三位，先后对全书各章进行了收集和整理，投入了大量的时间和精力，她们的德才兼备、学问基础在这里得到了深刻的体现，使得本书能够在深圳大学的支持下出版，亦使得我们能够为深圳经济特区创建 30 周年献上一份心情，一份厚礼！

本书体例上应用了"纪事本末体"与"编年体"的交叉写法，既按门类、事件、特点进行分析、研究与编写，比如分别对观念创新、理论创新、体制创新、组织创新、管理创新、技术创新、资融创新、文化创新等进行了分门别类的研究、归纳与表述；而在具体的某一方面又按年代、分阶段进行分析、研究与编写。使得历史的时间与空间、事件与进程纵横交错、交相辉映。

全书的具体分工如下：第一章，詹昌亮；第二章，万希；第三章，王欢；第四章，张涛；第五章，吴旭艳；第六章，袁东任；第七章，刘玲玲；第八章，朱佐华；第九章，郭燕；第十章，胡晟斌；第十一章，郑丕贤；第十二章，周然、赵凌英；第十三章，郭明霞；第十四章，徐孟颜；第十五章，施勇；第十六章，冯牡丹；第十七章，段强；第十八章，阳善术；第十九章，丘林英；第二十章，魏达志；第二十一章，赵凌英。

魏达志

2010 年 5 月 18 日记于深圳耕砚斋